Einzelkonstruktionen aus dem Maschinenbau
Herausgegeben von Professor Dipl.-Ing. C. Volk VDI, Berlin · Neuntes Heft

Schweißkonstruktionen

Grundlagen der Herstellung, der Berechnung und Gestaltung
Ausgeführte Konstruktionen

Von

Dipl.-Ing. **R. Hänchen**
Berlin

Mit 491 Abbildungen

Springer-Verlag Berlin Heidelberg GmbH

ISBN 978-3-662-01742-5 ISBN 978-3-662-02037-1 (eBook)
DOI 10.1007/978-3-662-02037-1

Ursprünglich erschienen bei Julius Springer in Berlin 1939

Vorwort.

Zur erfolgreichen Durchführung des Vierjahresplanes ist es dringend geboten, daß die Eisen und Stahl verarbeitende Industrie mit den zur Verfügung stehenden Werkstoffen äußerst sparsam umgeht. Ein ausgezeichnetes Hilfsmittel, dieser Forderung Rechnung zu tragen, ist die neuzeitliche Schweißtechnik, die es ermöglicht, leicht und doch fest zu bauen.

Aufgabe des vorliegenden 9. Heftes der „Einzelkonstruktionen aus dem Maschinenbau" ist es, den jungen Ingenieur und den mit dem Schweißen noch nicht vertrauten Konstrukteur in das Berechnen und Entwerfen der geschweißten Bauteile einzuführen. Auch dem Schweißingenieur kann das Heft bei seiner Tätigkeit Anregungen geben.

Herausgeber und Verfasser sind sich darüber klar, daß ein erstmals erscheinendes rechnerisch-konstruktives Werk bei dem rastlosen Fortschreiten der Schweißtechnik noch nicht allen Anforderungen entsprechen kann. Sie waren jedoch bemüht, den Stoff klar und übersichtlich darzustellen und — soweit dies möglich war — dem neuesten Stand der Schweißtechnik anzupassen.

Der erste Abschnitt behandelt die Schweißverfahren und Werkstoffe und geht auf das Zuschneiden und Formen der Grundteile ein, das für das wirtschaftliche Herstellen der Schweißkonstruktionen von vornherein ausschlaggebend ist.

Der Abschnitt „Berechnung der Schweißverbindungen" bringt die Festigkeitswerte der verschiedenen Verbindungsarten, die Ermittelung der vorhandenen Spannungen und die Grundlagen für die Berechnung auf Dauerhaltbarkeit. Wenn diese Angaben, welche durch die laufenden Versuchsarbeiten dauernd ergänzt und berichtigt werden, auch keinen Anspruch auf allgemeine Gültigkeit erheben können, so ermöglichen sie es doch, die Sicherheit der entworfenen Bauteile durch Vergleichsrechnungen nach einheitlichen Gesichtspunkten nachzuprüfen.

Der Abschnitt „Gestaltung" gibt die Elemente (Grundformen und Hilfsformen) sowie die schweißtechnischen Einzelheiten für das Entwerfen der Bauteile.

Der zweite Teil bringt „Ausgeführte Konstruktionen" aus den wichtigsten Gebieten des Maschinenbaues. Die Bauteile sind nach der Art ihres Verwendungszweckes, ihrer Form und ihrer Beanspruchungsart zusammengefaßt. Maßgebend für die Auswahl der einzelnen Bauteile war die Möglichkeit, an ihnen die schweißtechnischen Grundsätze für das Berechnen, Gestalten und Herstellen erläutern zu können. Ein Abschnitt „Stahltragwerke der Krane" geht kurz auf das Berechnen der Vollwand- und Fachwerkträger dieses Gebietes ein.

Angaben über das Schrifttum wurden nur in beschränktem Maße gemacht. Das Weitere über das Schrifttum findet der Leser in den „Kritischen Schnellberichten" des Fachausschusses für Schweißtechnik beim VDI, sowie in den Schrifttumsnachweisen der Fachzeitschriften.

Berlin, im Mai 1939. **Der Verfasser.**

Inhaltsverzeichnis.

Erster Teil

I. Grundlagen der Herstellung.

Seite

A. Die Schweißverfahren 1
1. Einteilung 1. — 2. Einzelheiten (Elektrische Lichtbogenschweißung — Gasschmelzschweißung — Gas-elektrische Schweißverfahren — Elektrische Widerstandsschweißung) 1.

B. Die Werkstoffe und ihre Schweißbarkeit 6
Unlegierte Kohlenstoffstähle 6. — Einsatz- und Vergütungsstähle 7. — Legierte Stähle 7. — Stahlguß und Stahl 8.

C. Vorbereitung zum Schweißen 8
1. Zuschneiden der Grundteile 8. — 2. Durch Abkanten und Biegen hergestellte Formen 11. — 3. Vorbereiten der Schweißkanten 12.

D. Nahtformen 13
1. Stumpfnähte 13. — 2. Kehlnähte 15.

E. Kurzzeichen für die Schweißnähte 16

II. Berechnung der Schweißverbindungen.

A. Festigkeit der Schweißnähte (Einfluß der Elektrode — Schweißgüten — Verbesserung der Schweißnähte durch Nachbehandlung — Schweißspannungen — Abhängigkeit der Festigkeit von Nahtform und Belastungsart. Ermittelung der Spannungen in den Schweißnähten.) . . . 17

B. Sicherheit und zulässige Spannung im Maschinenbau 29

C. Berechnung der geschweißten Maschinenteile auf Dauerhaltbarkeit 29
1. Angriff und Arten der Schwingungsbeanspruchung 29. — 2. Steigerung des Angriffs 30. — 3. Grenzspannung und Spannungsverhältnis 31. — 4. Beiwerte zur Bestimmung der Grenzspannung (Dauerfestigkeit der Schweißanschlüsse) 33. — 5. Beispiele 34.

III. Gestaltung der geschweißten Bauteile.

A. Grundformen (Hauptformen). Ebenflächige Grundformen — krummflächige Grundformen — zusammengesetzte Formen 37

B. Hilfs- und Nebenformen (Verstärkungen — Querversteifungen — Flanschen — Rippen — Füße und Pratzen — Anschweißenden — Ösen) 43

C. Elemente der Rohrkonstruktionen 50

D. Gestaltung geschweißter Flugzeugteile 51

Zweiter Teil

Ausgeführte Konstruktionen.

A. Stangen — Hebel — Handkurbeln 54

B. Räder und Scheiben — Seiltrommeln — Läufer für elektrische Maschinen . . . 57

C. Lager und Lagerböcke — Wandlager (Konsollager) 69

D. Stützungen 76
1. Untersätze — Grundplatten — Rahmen 76. — 2. Lagerstühle — Lagerböcke — Windenschilde 79. — 3. Lagerbrücken — Hinterachsbrücken — Armkreuze — Lenkbügel 81. — 4. Radschemel — Rollenwagen — Schwingen 83. — 5. Zapfenbefestigungen — Tragarme 85. — 6. Maschinenständer, -gestelle und -untersätze 86. — 7. Vorrichtungen für Fertigungszwecke 91.

E. Räderkästen und Maschinengehäuse 91
1. Räderkästen (Getriebekästen) 91. — 2. Maschinengehäuse (Gehäuse für Kraft- und Arbeitsmaschinen — Magnetgestelle und Gehäuse für elektrische Maschinen) 95.

F. Rohre — Formstücke und Stutzen — Absperrorgane 99
1. Allgemeines über Rohrleitungen 99. — 2. Rohrverbindungen 100. — 3. Dehnungsausgleicher (Kompensatoren) 102. — 4. Rohrsysteme und Heizschlangen 103. — 5. Formstücke und Stutzen 103. — 6. Absperrorgane 105.

G. Behälter und Kessel 106
1. Dampfkessel 106. — 2. Behälter (geschlossene Behälter — offene Behälter und Gefäße) 110.

H. Stahltragwerke der Krane 114
1. Berechnungsgrundlagen 114. – 2. Berechnung und bauliche Durchbildung der Laufkranträger 116.

Erster Teil.

I. Grundlagen der Herstellung.

A. Die Schweißverfahren.

1. Einteilung[1].

Nach der Arbeitsweise unterscheidet man zwei Hauptgruppen:

a) Schmelzschweißung. Die beiden Teile (z. B. zwei Stahlbleche) werden an der Schweißstelle durch örtliche Erwärmung geschmolzen. Bei den meisten Verfahren wird noch ein zusätzlicher, gleicher oder ähnlicher Werkstoff (der Zusatz- oder Schweißdraht) mit abgeschmolzen. Der flüssig gewordene Werkstoff füllt die Fuge aus und es ergibt sich nach dem Erkalten eine feste Verbindung beider Teile.

1. Elektrische Lichtbogenschweißung oder Elektroschmelzschweißung (Verfahren von Slavianoff, Bernados und Zerener).
2. Gasschmelzschweißung oder autogene Schweißung (meist mit Azetylen und Sauerstoff).
3. Sonstige Verfahren (Arcatom- oder atomare Wasserstoffschweißung, Arcogen- oder gas-elektrische Schweißung).

b) Preßschweißung. Die beiden Grundteile werden in teigigem Zustand und unter Druck miteinander vereinigt.

1. Hammerschweißung (Feuer- und Wassergasschweißung).
2. Elektrische Widerstandsschweißung (Stumpf- und Abbrennschweißung; Punkt- und Nahtschweißung).

2. Einzelheiten.

a) Elektrische Lichtbogenschweißung oder Elektroschmelzschweißung. Arbeitsweise (Abb. 1): Die Stromquelle *a* ist mit dem einen Pol an das Werkstück *b* (bzw. den Arbeitstisch) und mit dem anderen an eine Metallelektrode (den Schweißdraht) *c* gelegt. Zum Führen der Elektrode dient eine isolierte Zange (der Elektrodenhalter) *d*. Durch Berühren der Elektrode mit dem Arbeitsstück wird der Lichtbogen gezogen, der Werkstoff an der Schweißstelle wird infolge der starken Erwärmung flüssig und die ebenfalls abschmelzende Elektrode füllt die Schweißfuge aus (Verfahren von Slavianoff).

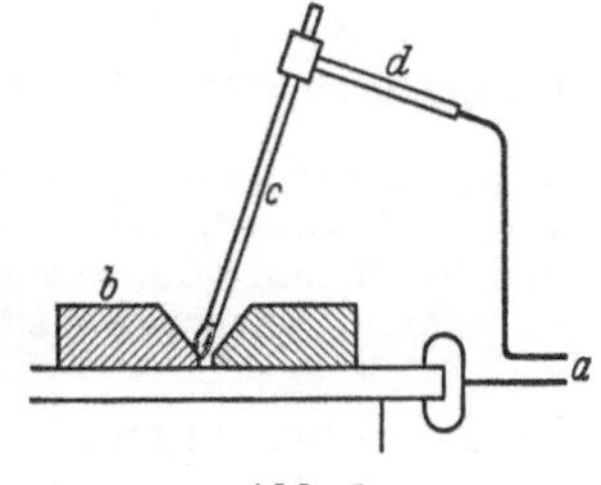

Abb. 1.

Schweißstrom: Gleich- oder Wechselstrom.

Bei Gleichstrom werden Schweißumformer verwendet, bei denen der Antriebmotor meist mit dem Schweißgenerator zu einer Einheit zusammengebaut ist. Kleinere Umformer sind fahrbar, große ortsfest. In zunehmendem Maße werden Gleichrichter verwendet.

Bei Wechselstrom dient ein Umspanner (Transformator) zur Herabsetzung der Netzspannung auf die Gebrauchsspannung. In neuerer Zeit werden auch rotierende Umformer angewendet.

Schweißspannung: 15—70 V; meist bis 30 V ausreichend.

Zündspannung (Leerlaufspannung): Bei Gleichstrom 100 V, bei Wechselstrom 70 V. Meist übliche Stromstärke (bei Stahl- und Gußeisenkaltschweißung): 60—250 A. Schweißtemperatur: $\sim$ 3500° C.

Werkstoffdicke beim Stahlschweißen: 1—80 mm.

[1] Nach DIN 1910, 1911 u. 1912.

Die Güte der Schweißungen hängt in hohem Maße von der Art der verwendeten Elektrode ab. Blanke Elektroden lassen sich nur bei Gleichstrom und nicht bei Wechselstrom verschweißen. Mit hochwertigen (umhüllten) Elektroden sind Schweißungen von hoher Güte, insbesondere großer Verformungsfähigkeit ausführbar (s. S. 17 Einfluß der Elektrode).

Die elektrische Lichtbogenschweißung (*L*) eignet sich besonders zum Schweißen solcher Teile, bei denen das Verziehen infolge des Schrumpfens der Schweiße möglichst gering sein soll.

Selbsttätige (maschinelle) Schweißeinrichtungen ermöglichen eine große Erhöhung der Schweißleistung (mm Nahtlänge je Std.) und ergeben infolge der stets gleichbleibenden Lichtbogenlänge und des regelmäßigen Elektrodenvorschubs Nähte von besserer Beschaffenheit und besserem Aussehen als bei der Handschweißung.

Die Schweißmaschinen sind wirtschaftlich, wenn lange gleichartige Nähte (z. B. bei der Herstellung von Vollwandträgern) auszuführen sind oder wenn große Mengen gleichartiger Schweißstücke herzustellen sind. Den verschiedenen Anforderungen entsprechend werden Schweißmaschinen für Längsnähte (in einer Richtung oder in zwei senkrecht zueinander stehenden Richtungen), für Rundnähte oder für Sonderzwecke hergestellt. Da der Schweißdraht an den Schweißmaschinen in Rollen aufgesetzt wird, sind umhüllte Drähte z. Zt. noch nicht verwendbar.

Bei dem Verfahren von Bernados wird der Lichtbogen mittels eines Kohlestabes gezogen und ein Zusatzdraht mit abgeschmolzen. Nach Zerener wird der Lichtbogen zwischen zwei Kohlestäben gezogen und durch einen Elektromagneten auf die Schweißstelle geblasen. Ein Zusatzstab wird ebenfalls mit abgeschmolzen. Anwendung der Verfahren bei selbsttätigen Schweißmaschinen.

b) Gasschmelzschweißung (autogene Schweißung). Arbeitsweise: Die zum Schweißen erforderliche Wärme wird durch die Stichflamme eines Schweißbrenners

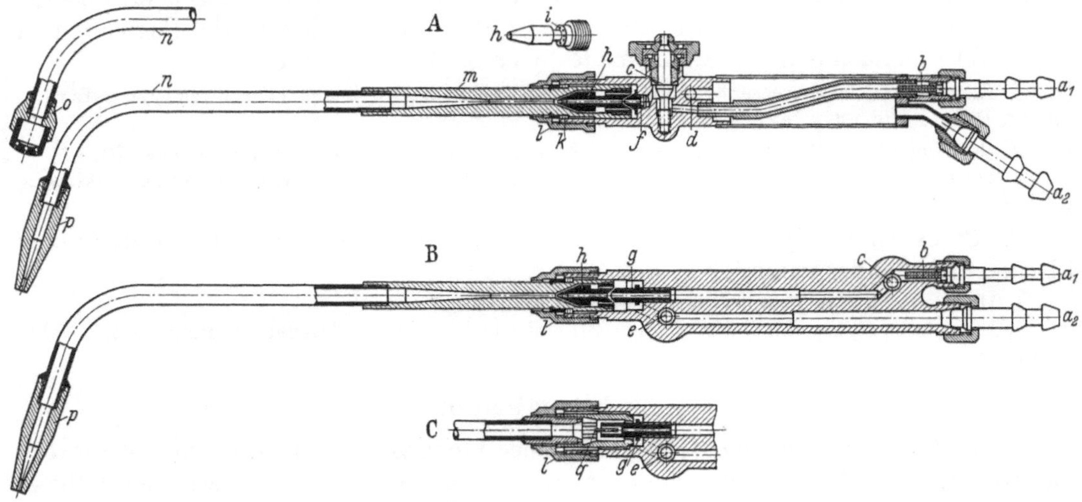

Abb. 2—4: Schweißbrenner (Bauarten).

A Injektorbrenner (Abb. 2); *B* Injektorbrenner aus Leichtmetall (Abb. 3); *C* Druckgasbrenner (injektorloser Mischdrüsenbrenner), Abb. 4.

a_1 Sauerstoffanschluß; a_2 Brenngasanschluß; *b* Sieb; *c* Sauerstoffventil; *d* Brenngasführung; *e* Brenngasventil; *f* Dichtnippel; *g* Sauerstoffdichtnippel (aus Hartmetall); *h* Sauerstoff-Druckdüse; *i* Bohrungen für Brenngasdurchgang; *k* Weichmetalldichtungsringe; *l* Anzugmutter; *m* Mischdüse; *n* Mischrohr; *o* Anwärmmundstück; *p* Schweißmundstück; *q* Dosierstift zum Druckgasbrenner.

(Abb. 2—4) hervorgerufen und entsteht durch die Verbrennung eines Heizgases mit Sauerstoff. Der Werkstoff der zu verbindenden Teile wird in der Schweißzone flüssig und durch einen Zusatzdraht von gleichem Werkstoff ergänzt.

Als Heizgas wird meist Azetylen verwendet. Weitere Heizgase sind: Wasserstoff, Benzol, Blaugas, Methan, Leuchtgas u. a.

Der Schweißbrenner ist je nach der Wirkungsweise ein Saugbrenner (Injektorbrenner) oder ein Druckbrenner (injektorloser Mischdüsenbrenner).

Bei dem Saugbrenner (Abb. 2 u. 3)[1] saugt der unter höherem Druck stehende Sauerstoff das Brenngas (Heizgas) durch den Injektor an; bei dem Druckbrenner (Abb. 4) dagegen haben beide Gase den gleichen Druck und vereinigen sich in der Mischdüse. Um verschiedene Flammengrößen (je nach

[1] Griesogen, Frankfurt a. M.-Griesheim.

der Werkstoffdicke) einstellen zu können, sind die Mundstücke auswechselbar und haben verschieden große Bohrungen.

Eine gute Mischung der Gase und eine richtige (neutrale) Flammenbildung sind für den Schweißvorgang wesentlich.

Das Mischungsverhältnis ist bei Verwendung von Azetylen als Heizgas: 1 Raumteil Sauerstoff und 0,9—1 Raumteil Azetylen. Das für das Schweißen jeweils richtige Mischungsverhältnis wird nach der Flammenbildung eingestellt.

Flammentemperatur: 3100—3200° C.

Das Arbeiten mit anderen Heizgasen ergibt niedrigere Flammentemperaturen (Wasserstoff: ~ 2100°, Benzol: 2500°, Blaugas: 2300° und Leuchtgas: ~ 2000°).

Die schweißbare Stahlblechdicke hängt von dem verwendeten Heizgas (und der entsprechenden Brennergröße) ab.

Sie beträgt: Bei Azetylen: $s = 0{,}2$—40 mm, Wasserstoff und Leuchtgas: $s = 0{,}2$—6 mm, Blaugas: $s = 0{,}2$—10 mm und Benzol: $s = 0{,}2$—15 mm.

Dünnblechschweißungen ($s \leq 3$ mm) sind mit der Gasschmelzschweißung leichter als mit der Lichtbogenschweißung auszuführen, wobei die sog. Linksschweißung (Z. VDI **1936** S. 619) angewendet wird.

Die Gasschmelzschweißung (*G*) liefert zähe, dichte und dehnbare Nähte, hat jedoch, der Lichtbogenschweißung gegenüber, den Nachteil einer stärkeren Erwärmung der Schweißzone, woraus sich ein stärkeres Verziehen der Werkstücke nach dem Abkühlen ergibt.

Ein großer Vorzug der Gasschmelzschweißung ist der, daß der Schweißbrenner zum Vorwärmen der Arbeitsteile verwendbar ist und gegen einen Schneidbrenner ausgewechselt werden kann (s. S. 9 „Brennscheiden“).

Die meisten größeren Betriebe sind daher für Lichtbogen- und Gasschmelzschweißung eingerichtet.

Für das Schweißen der Nichteisenmetalle kommt fast ausschließlich die Gasschmelzschweißung in Betracht.

c) Gas-elektrische Schweißverfahren. *1. Arcatom- oder atomare Wasserstoffschweißung*[1]. Der durch eine blanke Metallelektrode (nach Alexander) oder durch zwei Wolframelektroden (nach Langmuir) gezogene Lichtbogen erhält einen Schutzmantel aus einem neutralen Gas. Dieses Schutzgas, für das am besten Wasserstoff geeignet ist, verhindert die schädliche Einwirkung des Luftsauerstoffs und -stickstoffs auf das Schmelzbad. Es hat also die gleiche Wirkung wie eine umhüllte Elektrode, deren Mantel gasende Bestandteile enthält (s. S. 18).

Der aus einer Stahlflasche (mit Reduzierventil) entnommene Wasserstoff wird bei der hohen Lichtbogentemperatur in seine Atome zerlegt. Diese vereinigen sich sofort wieder hinter dem Lichtbogen, wobei die gesamte Wärme wieder abgegeben wird und eine Temperatursteigerung bis auf etwa 4000° C eintritt.

Als Stromart kommt Wechselstrom in Frage, der einem Umspanner entnommen wird.

Die Arcatomschweißung eignet sich zum Schweißen von Stahlblech mit Dicken von 1—80 mm. Bleche unter 4 mm Dicke lassen sich ohne Abschrägen der Schweißkanten und ohne oder mit Zusatzdraht schweißen. Das Verfahren liefert gleichmäßige Nähte von guter Dichtigkeit, Zähigkeit und Dehnung. Die Schweißgeschwindigkeit ist größer als bei den vorstehend aufgeführten Verfahren.

Chromnickel- und Manganstahl (bis 14% Mn) sind ebenfalls gut schweißbar. Das gleiche gilt auch für die meisten Nichteisenmetalle mit Ausnahme von Kupfer und Nickel, die zur Wasserstoffaufnahme neigen.

2. Arcogen-Schweißverfahren[2]. Es stellt eine Vereinigung der elektrischen Lichtbogen- und der Gasschmelzschweißung dar. Die Elektrode ist entweder eine normale Metallelektrode oder eine Kühldraht-Doppelelektrode, die die zu große Wärmezufuhr vermindert und ein Überhitzen bzw. Verbrennen der Schweißstelle vermeidet. Der Azetylen-Sauerstoffbrenner wird unabhängig von der Elektrode geführt. Seine Flamme dient nicht nur zum Vorwärmen, sondern schützt auch die Schweißstelle vor der Einwirkung des Luftsauerstoffs und -stickstoffs.

Als Stromart kommt nur Wechselstrom in Betracht. Das Verfahren eignet sich nur für waagerechtes Schweißen. Es lassen sich Bleche von 2—50 mm Dicke schweißen. Bei stärkeren Blechen (von 10 mm an aufwärts) werden die Schweißkanten in der üblichen Weise abgeschrägt.

Das Verfahren ist auch für höher gekohlte und legierte Stähle, sowie für das Schweißen der meisten Nichteisenmetalle anwendbar.

d) Elektrische Widerstandschweißung. *1. Stumpfschweißung.* Arbeitsweise (Abb. 5): die zu verbindenden Teile (z. B. zwei Rundstahlteile) a_1 und a_2 werden in

[1] AEG., Berlin. [2] Griesogen, Frankfurt a. M.-Griesheim.

den kupfernen Spannbacken *b* der Stumpfschweißmaschine eingespannt. Der an die Spannbacken (Klemmen) gelegte Strom von niedriger Spannung und hoher Stärke findet an der Stoßstelle einen großen Widerstand (Ohmschen Widerstand) und erzeugt daselbst eine so hohe Wärme, daß der Werkstoff an den Stoßflächen in teigigen Zustand gerät. Die beiden Arbeitsstücke werden nun stark gegeneinander gepreßt und in kurzer Zeit verschweißt.

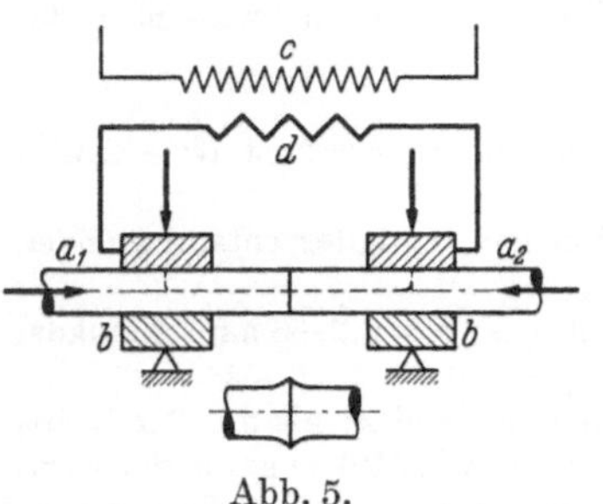

Abb. 5.

Stromart: Wechselstrom von 2—10 V. Stromentnahme aus einem Umspanner (*c*—*d* in Abb. 5).

Wesentlich für den Schweißvorgang sind glatte Stoßflächen und gleiche Querschnitte. Größere Unterschiede in den Querschnitten haben ein Verbrennen der kleineren Fläche zur Folge bevor die größere genügend erhitzt ist.

Die Stumpfschweißung kommt hauptsächlich für das Schweißen zahlreicher gleichartiger Stücke, sowie für Stab- und Formstahl, Rohre u. dgl. in Betracht.

Kleinster schweißbarer Querschnitt (bei Stahl): 0,07 mm², entsprechend einem Durchmesser von 0,3 mm; größter Querschnitt: etwa 40 000 mm², entsprechend einem Durchmesser von etwa 225 mm.

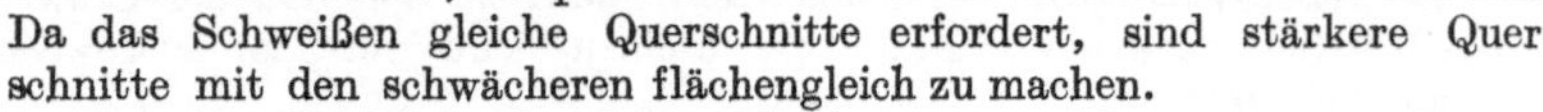

Da das Schweißen gleiche Querschnitte erfordert, sind stärkere Querschnitte mit den schwächeren flächengleich zu machen.

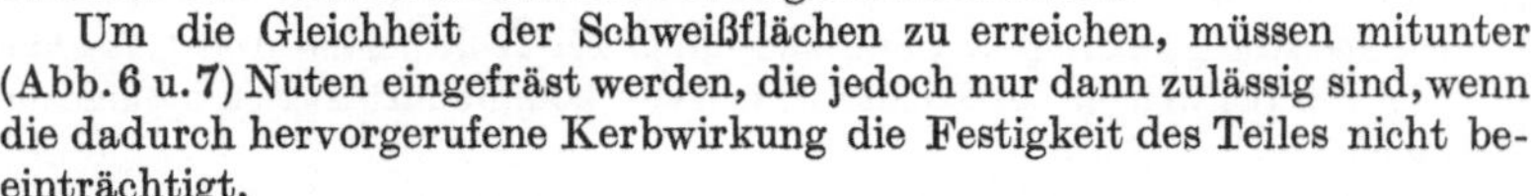

Um die Gleichheit der Schweißflächen zu erreichen, müssen mitunter (Abb. 6 u. 7) Nuten eingefräst werden, die jedoch nur dann zulässig sind, wenn die dadurch hervorgerufene Kerbwirkung die Festigkeit des Teiles nicht beeinträchtigt.

Abb. 6. Abb. 7.

Geschlossene Teile wie Rahmen, Ringe u. dgl. lassen sich ebenfalls schweißen, jedoch wird der Stromverbrauch infolge des Nebenschlusses erhöht. Der im Werkstück auftretende Nebenschlußstrom läßt sich durch einen Eisenkern abdrosseln, der in seiner Wirkung ähnlich wie eine Drosselspule ist.

Die Festigkeit der Stumpfschweißung ist nahezu gleich der des Grundwerkstoffes (im Mittel: 80—90 %).

Außer Stahl, Stahlguß und Temperguß sind auch verschiedene Nichteisenmetalle (Kupfer, Messing, Bronze, Aluminium und dessen Legierungen) stumpf schweißbar. Auch verschiedenartige Metalle wie Stahl und Temperguß, Stahl und Kupfer lassen sich zusammenschweißen.

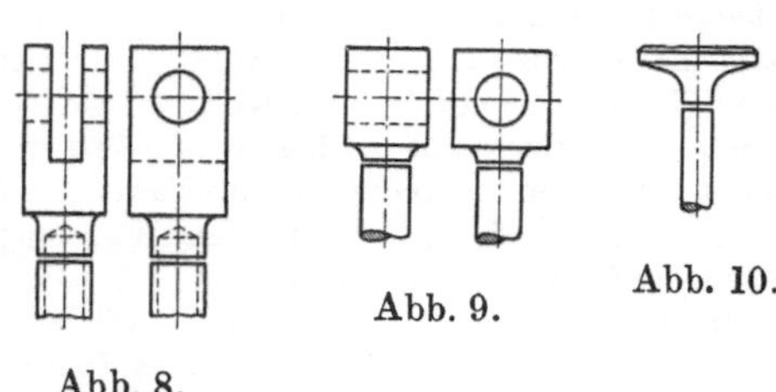

Abb. 8. Abb. 9. Abb. 10.

Abb. 8. Gabelstück. Abb. 9. Stangenauge. Abb. 10. Ventil zu einer Brennkraftmaschine.

Abb. 8—10.: Beispiele für Stumpfschweißung.

2. *Abbrennschweißung* (*Abschmelzverfahren*). Arbeitsweise: die zu verbindenden Teile werden wie auf der Stumpfschweißmaschine (Abb. 5) eingespannt. Nach Einschalten des Stromes werden sie dann in Berührung gebracht und durch leichtes Entfernen wird ein Lichtbogen gezogen. Dies wird so lange wiederholt bis sich der Lichtbogen über den ganzen Querschnitt gebildet hat. Durch die Wärmewirkung wird der Werkstoff an den Stoßflächen unter starken Funkensprühen abgeschmolzen und die Flächen werden auf Schweißtemperatur gebracht. Nun wird der Strom abgeschaltet und die beiden Teile werden schnell und mit der erforderlichen Kraft zusammengepreßt.

Infolge der Fortschleuderung des abgeschmolzenen Werkstoffs wird der Schweißwulst kleiner als beim Stumpfschweißen (Abb. 5). Er hat ein perliges Aussehen und ist leicht zu entfernen.

Die Spannung ist beim Abbrennschweißen etwas höher als beim Stumpfschweißen. Dagegen sind Stromverbrauch und Arbeitsverbrauch niedriger. Die Schweißzeit ist bei beiden Verfahren annähernd gleich.

Die Festigkeit der nach dem Abschmelzverfahren gemachten Schweißungen ist höher als die bei der gewöhnlichen Stumpfschweißung.

Das Verfahren wird hauptsächlich zum Stumpfschweißen schwierigerer Querschnitte (z. B. Formstahl, Rohre, Kraftwagenfelgen u. dgl.) angewendet. Es läßt auch das Schweißen legierter Stähle und solcher mit höherem Kohlenstoffgehalt zu.

Auf einer selbsttätigen Vielzweck-Abbrenn-Stumpfschweißmaschine [1] werden Querschnitte von 2500 bis 25000 mm² geschweißt. Dem größten Schweißquerschnitt entsprechend können noch I-Träger Nr. 60 mit 600 mm Höhe und 254 cm² Querschnitt einwandfrei geschweißt werden.

Das Abbrennschweißverfahren ist in letzter Zeit soweit entwickelt worden, daß seine Anwendung größer als die der gewöhnlichen Stumpfschweißung ist.

Sinnbilder (DIN 1911): Stumpfschweißung: ⌶.
Abbrennschweißung: ‡.

Abb. 11—14 geben einige, im Maschinenbau oft vorkommende Beispiele von Stumpf- bzw. Abbrennschweißungen.

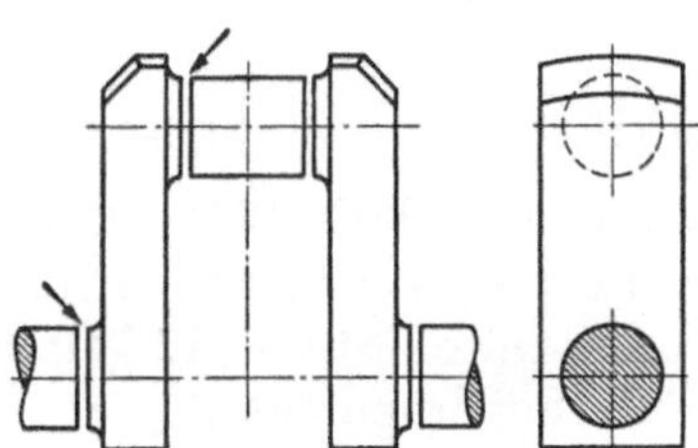

Abb. 11. Kurbelwelle.

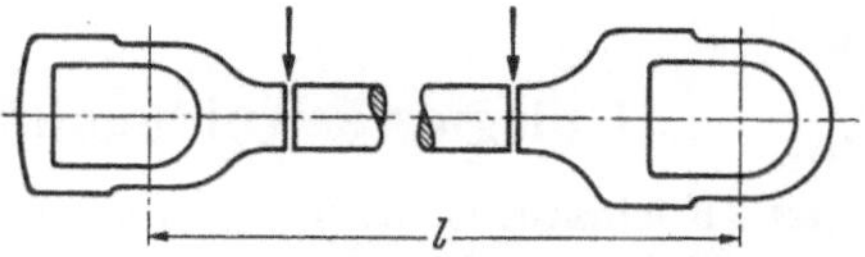

Abb. 12. Nach dem Abschmelzverfahren stumpf geschweißte Pleuelstange.

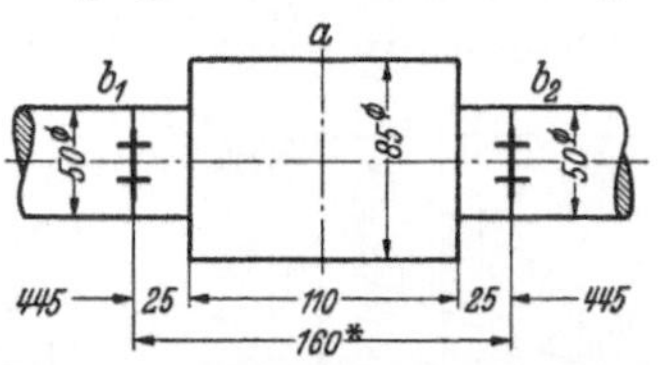

Abb. 13. Schneckenwelle. Die Schnecke *a* ist aus Chromnickelstahl (VCNS$_2$h, geglüht), während die beiden Wellenteile aus gewöhnlichem Wellenstahl (St 50 · 11) bestehen. Hierdurch wird wesentlich an dem teuren VCN-Stahl gespart.

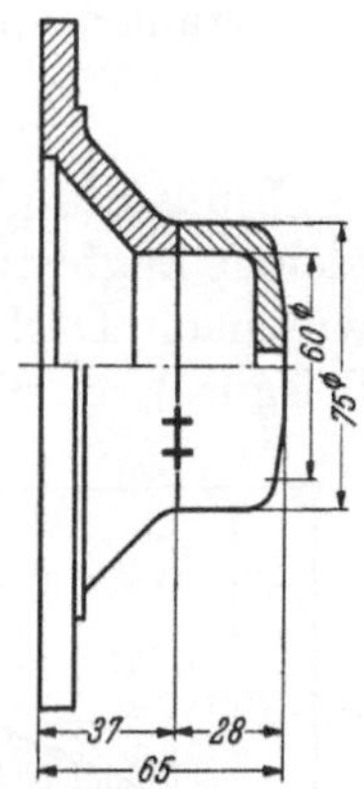

Abb. 14. Teil zu einem Spezialgelenk für Lastkraftwagen [2].

3. *Punktschweißung.* Die beiden überlappt gelegten Bleche werden durch einzelne Schweißpunkte vermittels zweier Elektroden und unter Druck miteinander verbunden. Die größte Gesamtdicke der miteinander zu verbindenden Bleche beträgt 25 mm. Hierbei können die beiden Bleche (oder mehrere) verschiedene Dicke haben. Auch lassen sich dünne Bleche auf Formstahl (z. B. Flach- oder Winkelstahl) aufschweißen. Anwendung hauptsächlich in Blech verarbeitenden Betrieben, im Maschinenbau zur Herstellung von Getriebeschutzkästen u. dgl.

4. *Nahtschweißung.* Die Arbeitsweise ist die gleiche wie bei der Punktschweißung, nur werden die beiden Elektroden durch Rollen ersetzt, die beide angetrieben werden. An Stelle der Schweißpunkte treten daher fortlaufende Nähte. Größte Gesamtdicke der miteinander zu verbindenden Bleche: 5 mm.

Sinnbilder für Punkt- und Nahtschweißung s. DIN 1911.

Ihre Hauptanwendung findet die Nahtschweißung bei der Herstellung dünnwandiger Behälter für Benzin, Öl und sonstige Flüssigkeiten, Eimern, Kotflügeln für Kraftwagen, Rohren, sowie sonstigen Blechteilen der verschiedensten Art.

Schrifttum.

Bardtke: Gemeinfaßliche Darstellung der gesamten Schweißtechnik. Berlin: VDI-Verlag 1931. — Deutsch. Ausschuß f. techn. Schulwesen: Gasschmelzschweißung, 3. Aufl.; Anleitung zum Lichtbogenschweißen (Lehrblätter), 4. Aufl. Berlin und Leipzig: B. G. Teubner. — Holler: Leitfaden für Autogenschweißer. 1938. — Desgl. Vorkalkulation und Praxis der Autogenschweißung. — Klosse: Lichtbogenschweißen (Werkstattbücher, Heft 43). Berlin: Julius Springer 1937. — Meller: Elektrische Lichtbogenschweißung, 2. Aufl. Leipzig 1937. — Neumann: Elektrische Widerstandschweißung und Erwärmung. Berlin: Julius Springer 1927. — Schimpke: Die neueren Schweißverfahren (Werkstattbücher, Heft 13), 3. Aufl. Berlin: Julius Springer 1934. — Schimpke und Horn: Praktisches Lehrbuch der gesamten Schweißtechnik; 1. Bd.: Gasschmelz- und Schneidtechnik; 2. Bd.: Elektrische Schweißtechnik. Berlin: Julius Springer 1938. — Rimarski: Forschungsarbeiten auf dem Gebiete des Schweißens und Schneidens mittels Sauerstoff und Azetylen. — Intern. Beratungsstelle für Karbid- und Schweißtechnik, Genf: Sammelwerk für Autogenschweißung. — Werkstattblätter (Beilage zur Ztschr. Werkstatt und Betrieb), Bl. 46ff. Lichtbogenschweißung. München: Carl Hanser 1938. — Ricken: Grundzüge der Schweißtechnik. Berlin: Jul. Springer 1938.

[1] AEG., Berlin. [2] Büssing-NAG., Braunschweig.

Zeitschriften: Die autogene Metallbearbeitung. — Die Schmelzschweißung. — Elektroschweißung. — Technisches Zentralblatt. — The Welding Engineer, Journal of the American Welding Society.

Hausmitteilungen: Arcos-Gesellschaft f. Schweißtechnik m. b. H. Aachen. — Schorch-Werke AG., Reydt. — Sécheron-Werke, AG., Genf.

B. Die Werkstoffe und ihre Schweißbarkeit.

Zur Herstellung der Schweißkonstruktionen des allgemeinen Maschinenbaues werden die verschiedenen Arten der Baustähle in Form von Blechen, Stab- und Formstählen verwendet[1].

1. Unlegierte Kohlenstoffstähle.

Flußstahl gewalzt (Formstahl, Stabstahl und Breitstahl) nach DIN 1612 hat die gleiche Zugfestigkeit und die gleichen Bruchdehnungen bei Probedicken von 8—30 mm wie nach DIN 1611 (Abb. 15). Markenbezeichnungen und Güte: St 00 · 12 (Handelsgüte), St 37 · 12 (Normalgüte), St 42 · 12 und St 44 · 12 (Sondergüten).

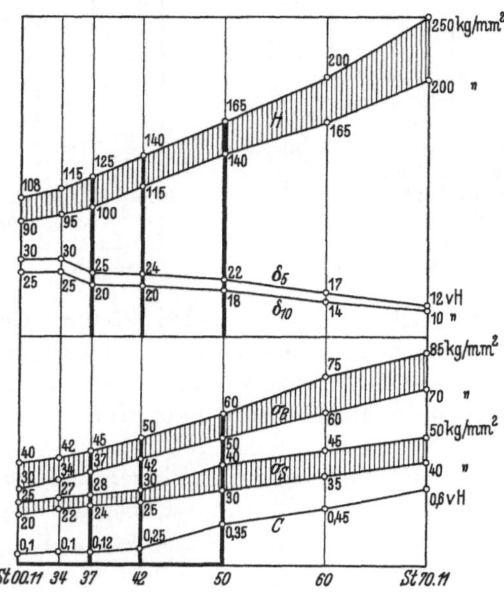

Abb. 15. Festigkeitseigenschaften der genormten Kohlenstoffstähle nach DIN 1611 (Flußstahl gewalzt oder geschmiedet, sog. „Maschinenbaustahl"). Klasse A: St 00 · 11 und St 37 · 11; Klasse B: St 34 · 11 und St 42 · 11 bis St 70 · 11.
C = Kohlenstoffgehalt in %; σ_B = Zugfestigkeit in kg/mm²; δ_5 = Bruchdehnung am kurzen Proportionalstab ($l = 5\,d$), δ_{10} desgl. am langen Proportionalstab ($l = 10\,d$) in %; σ_S = Streckgrenze in kg/mm²; H = Brinellhärte in kg/mm².

Flußstahl gewalzt (Stahlbleche über 4,75 mm, sog. Grobbleche) nach DIN 1621 hat ebenfalls die gleiche Zugfestigkeit und die gleiche Bruchdehnung (δ_{10}) bei Dicken über 10 mm wie bei DIN 1611. Markenbezeichnungen und Benennungen): St 00 · 21 (gewöhnliche Baubleche), St 37 · 21 (Baubleche I) und St 42 · 21 (Baubleche II).

Der Kohlenstoffgehalt, der hauptsächlich die Festigkeitseigenschaften beeinflußt, beträgt 0,1—0,6% (Abb. 15).

Die Stähle mit einem Kohlenstoffgehalt bis 0,35% (St 00, St 34 · 11, St 37, St 42 und St 50 · 11) sind „gut schweißbar".

Neben dem Kohlenstoff enthalten die Stähle noch Schwefel, Phosphor, Silizium und Mangan. Für gute Schweißbarkeit soll der Gehalt an Schwefel und Phosphor einzeln nicht mehr als 0,04% und zusammen nicht mehr als 0,06% betragen. Ein Siliziumgehalt von mehr als 0,3% führt zu porigen Schweißnähten, während ein normaler Mangangehalt das Schweißen nicht beeinflußt.

Die höher gekohlten Stähle St 60 · 11 (0,45% C-Gehalt) und St 70 · 11 (0,60% C-Gehalt) neigen beim Schweißen zur Rißbildung. Durch geeignete Schweißdrähte lassen sich rißfreie Nähte herstellen.

Für die große Mehrzahl der Schweißkonstruktionen des allgemeinen Maschinenbaues kommen St 00, St 37, St 42 und St 50 · 11 als Werkstoff in Betracht.

St 00 (Handelsgüte) wird bei untergeordneten Teilen, die keinen wesentlichen Beanspruchungen ausgesetzt sind, angewendet.

St 37 (Normalgüte) ist der am meisten verwendete Werkstoff.

Statische Festigkeitswerte (Zugfestigkeit, Bruchdehnung und Streckgrenze) s. Abb. 15.

[1] Die Konstruktion geschweißter Bauteile aus „Nichteisenmetallen" wird einer besonderen Arbeit vorbehalten.

Die Dauerfestigkeit der Werkstoffe (σ_D) wird im Maschinenbau meist i. Abhängigkeit von der Mittelspannung (σ_m) dargestellt (Schleifenbild von Smith) Abb. 16: Dauerfestigkeitschaubild für St. 37.

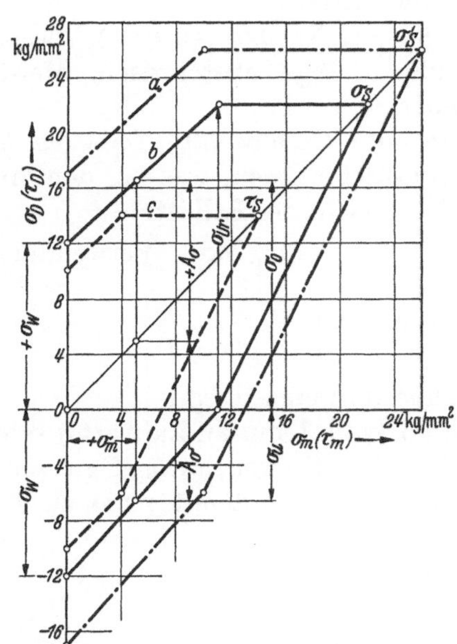

Abb. 16. Dauerfestigkeitschaubild für St 37. *a* Biegung; *b* Zug-Druck; *c* Drehung. σ_m (τ_m) Mittelspannung (s. S. 30); σ_D (τ_D) Dauerfestigkeit; $+A_\sigma$, $-A_\sigma$ Spannungsausschlag; σ_0 Oberspannung; σ_u Unterspannung; σ'_S, σ_S, τ_S Streckgrenzen σ_{Ur} Ursprungsfestigkeit; $+\sigma_W$, $-\sigma_W$ Wechselfestigkeit.

Mittlere Zusammensetzung $C = 0{,}12\,\%$; $Si = 0{,}1\,\%$; $Mn = 0{,}4\,\%$. Mittlere statische Festigkeitswerte: $\sigma_B = 37$ kg/mm²; $\sigma_S = 22$ kg/mm²; $\delta_{10} = 23\,\%$.

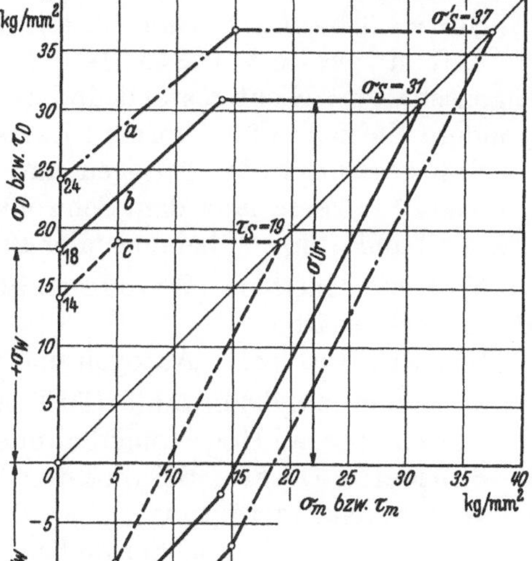

Abb. 17. Dauerfestigkeitsschaubild für St 50 · 11. Mittlere Zusammensetzung: $C = 0{,}35\,\%$; $Si = 0{,}25\,\%$; $Mn = 0{,}1\,\%$. Mittlere statische Festigkeitswerte: $\sigma_B = 55$ kg/mm², $\sigma_S = 31$ kg/mm²; $\delta_{10} = 18\,\%$.

St 50 · 11. Dieser Stahl wird bei höherer, insbesondere Schwingungsbeanspruchung angewendet. Statische Festigkeitswerte s. Abb. 15, Dauerfestigkeitschaubild Abb. 17.

Abb. 18 gibt eine Zusammenstellung der Festigkeitswerte der Maschinenbaustähle nach DIN 1611 für Zug-Druck (σ_S, σ_{Ur} u. σ_W) und Biegung (σ'_S, σ'_{Ur} u. σ'_W), die den Dauerfestigkeitschaubildern des Fachausschusses für Maschinenelemente beim VDI[1] entnommen sind. Die Bezeichnungen sind die gleichen wie in den Schaubildern Abb. 16 u. 17.

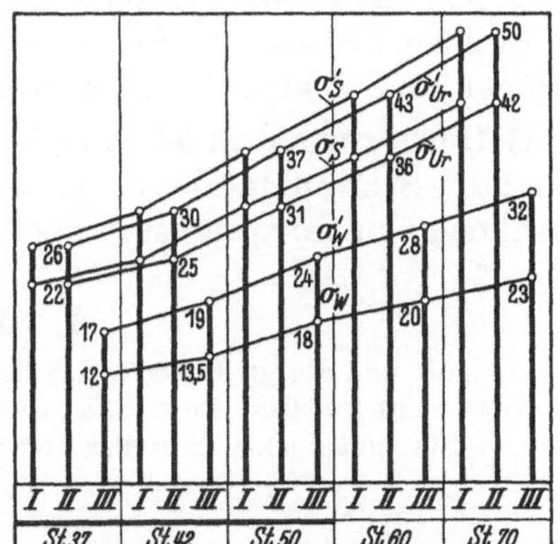

Abb. 18. Streckgrenze und Dauerfestigkeitswerte der Maschinenbaustähle nach DIN 1611.

2. Einsatz- und Vergütungsstähle (DIN 1661).

a) Einsatzstähle. St C 10 · 61 (0,06—0,13% C-Gehalt) und St C 16 · 61 (0,11—0,18% C-Gehalt).

Schweißbarkeit: Verbindungsschweißungen kommen für diese Stahlsorten kaum in Frage. Bei Ausbesserungsarbeiten Vorwärmung auf 300—400°.

b) Vergütungsstähle (ausgeglüht bzw. vergütet). St C 25 · 61 (0,25% C-Gehalt) bis St C 60 · 61 (0,60% C-Gehalt).

Schweißbarkeit: Werden praktisch kaum geschweißt.

3. Legierte Stähle.

a) Nickel- und Chromnickelstähle (DIN 1662).

1. Einsatzstähle. EN 15 — ECN 25 — ECN 35 — ECN 45.

[1] Arbeitsblätter Nr. 1—4. Beilagen zur Z. VDI 1933 und 1934.

Schweißbarkeit: Sind im allgemeinen schweißbar. Verbindungsschweißungen kommen verhältnismäßig wenig in Frage.

2. Vergütungsstähle. VCN 15 bis VCN 45.

Schweißbarkeit: Sind im allgemeinen schweißbar.

3. Kruppsche VA-Stähle (18—25% Cr, 8—9% Ni, 0,07—0,10 C). Besondere Eigenschaften: Nicht rostend und säurebeständig, Gefüge: austenitisch. Meist verwendete Marken: V2A (Normal, Extra und Super).

Schweißbarkeit: Autogen und elektrisch gut. Geschweißte Teile der Marke „Normal" müssen nach dem Schweißen nachvergütet werden, was bei den Marken „Extra" und „Supra" bei normaler Beanspruchung nicht der Fall ist.

b) Molybdänstähle (Warmfeste Stähle mit 0,15—0,40% Mo). Verwendung für Hochdruckbehälter.

Schweißbarkeit: Autogen und elektrisch sehr gut.

c) Chrom-Molybdänstähle (DIN 1663).

Anwendung bei Hochdruckdampfleitungen und im Flugzeugbau.

Schweißbarkeit: Bei dickeren Werkstoffen (von 3 mm an aufwärts) sehr gut schweißbar (Nachvergütung). Bei dünnen Werkstoffen (Rohren) autogen gut schweißbar (Rechtsschweißung). Schweißen mit Sonderdrähten und mit nicht zu starker Flamme, da der Stahl leicht überhitzt wird.

d) Kupfer-Molybdänstähle (Warmfeste Stähle).

Verwendung im Kesselbau.

Schweißbarkeit: Sehr gut.

e) Hitzebeständige Kruppsche Legierungen.

1. Nichrothermlegierungen (NCT-Legierungen). Gefügeaufbau: austenitisch.

Schweißbarkeit: Autogen und elektrisch gut.

2. Ferrothermlegierungen. Gefügeaufbau: ferritisch.

Schweißbarkeit: Bei Verwendung besonderer Schweißdrähte (Krupp WDI) autogen und elektrisch gut schweißbar.

f) Hochbaustahl St 52. Bei Verwendung geeigneter, der Legierung sorgfältig angepaßter Schweißdrähte unter bestimmten Voraussetzungen gut schweißbar. Der Stahl neigt zu Härterissen in der Übergangszone.

4. Stahlguß und Stahl.

Stahlguß- und Stahlteile lassen sich bei angenähert gleicher Zusammensetzung (C-Gehalt unter 0,3%) gut zusammenschweißen. So z. B. ist es vorteilhaft, an Stelle eines vielgestaltigen Stahlgußstückes ein einfaches Stahlgußstück herzustellen und an dieses bestimmte Stahlteile anzuschweißen.

Schrifttum.

H. Cornelius (DVL.): Schweißen von Stahlguß, Gußeisen und Temperguß. ZVDI. 1938, S. 1079.

C. Vorbereitung zum Schweißen.

1. Zuschneiden der Grundteile.

Die aus gewalztem Flußstahl (Blech oder Formstahl) bestehenden Grundteile der Schweißkonstruktionen werden den geforderten Abmessungen entsprechend zugeschnitten.

Mehrere Blechteile von gleicher Form sind so zuzuschneiden, daß der Werkstoffabfall möglichst gering ist. Wenn erforderlich wird für derartige Teile eine besondere Schnittskizze gegeben, die auf die vorhandenen Lagergrößen von Blechtafeln u. dgl. Rücksicht nimmt.

Abb. 19—21 geben einige Beispiele für das sparsame Zuschneiden gleichartiger Blechteile.

Schwierige und umfangreiche Schweißkonstruktionen erfordern besondere Zeichnungen für das Zuschneiden, Biegen und sonstige Vorbereitungsarbeiten.

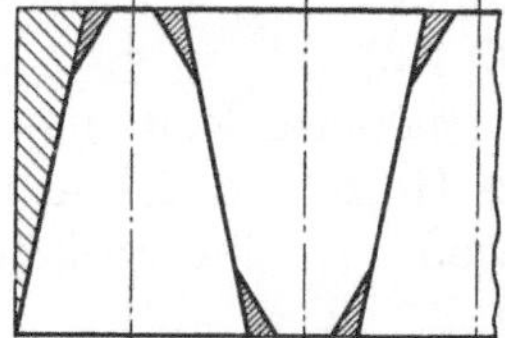

Abb. 19. Schildbleche für Handkabelwinden.

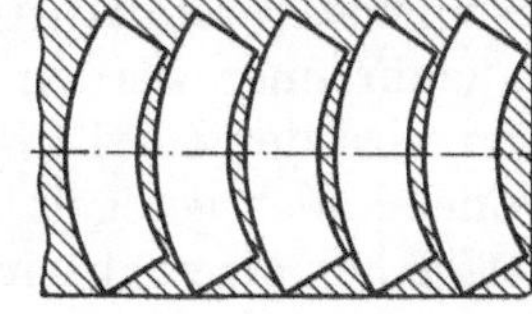

Abb. 20. Ringabschnitte.

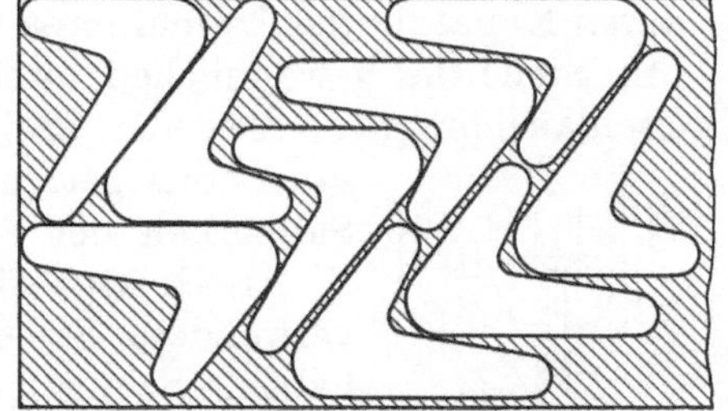

Abb. 21. Teile für Winkelhebel.

Der in den Verarbeitungswerkstätten anfallende Schrott (Blech- und Formstahlteile) läßt sich zum größeren Teil für kleinere Schweißkonstruktionen (z. B. als Rippen u. dgl.) nutzbar machen. Um eine gute Ausnutzung der noch verwendbaren Schrotteile zu ermöglichen, ist es zweckmäßig, wenn der Betrieb dem Konstruktionsbüro regelmäßig Listen dieser Teile zugehen läßt. Teile, über die das Konstruktionsbüro verfügt hat, werden in den Listen gestrichen.

a) Maschinelles Zuschneiden. Die Blechtafelscheren werden der Länge und Breite der zu schneidenden Bleche entsprechend in verschiedenen Größen geliefert.

Auf einer Kurbel-Blechtafelschere mit 800 mm Ständerausladung können z. B. Bleche bis 26 mm Dicke und 2600 mm Länge zugeschnitten werden.

Die Blechtafelscheren werden auch mit einer Einrichtung zum Schneiden der schrägen Schweißkanten (s. S. 12) ausgerüstet.

An Stelle der mit geraden Messern arbeitenden Tafelscheren werden auch Rollenscheren verwendet, deren Schnittlänge unbegrenzt ist.

Bei der elektrisch betriebenen Rollenschere[1] wird das Blech auf dem Tisch festgespannt. Das Schneiden geschieht durch zwei angetriebene Kreismesser (Abb. 22), die an einem längsfahrbaren Scherenkörper (dem Support) angeordnet sind. Infolge der zwischen den Rollen und dem festgespannten Schneidgut herrschenden Reibung wird der Scherenkörper an dem Schneidgut entlang gezogen und dieses geschnitten.

Blechdicke 6—20 mm, Streifenbreite 400—600 mm.

Zum Schneiden schräger Schweißkanten (s. S. 12) kann der Scherenkörper bis zu einer Neigung von 45° gekippt werden.

Abb. 22.

Durch eine einstellbare Zentriervorrichtung ist die in die äußerste Stellung gefahrene und dort festgestellte Schere wie eine Kreisschere benutzbar, so daß kreisrunde Scheiben zugeschnitten werden können.

Zum Schneiden von Formstahl werden Maschinen verwendet, die so ausgebildet sind, daß sie zum Blechschneiden, Ausklinken und Gehrungsschneiden von Formstählen, sowie zum Lochen verwendbar sind.

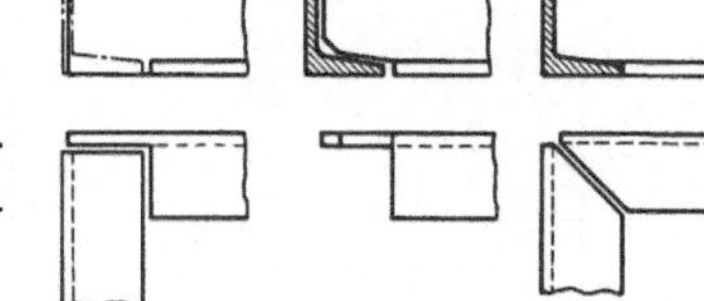

Abb. 23. Ausklinken von ⊏-Stahl zum Winkelstoß.
Abb. 24. Ausklinken von ⊏-Stahl zum ⊤-Stoß.
Abb. 25. ⊏-Stahl zum Winkelstoß, auf Gehrung geschnitten.

Abb. 23—25.

Zum Zurichten von Formstahl, insbesondere Stab- und Rundstahl werden in beschränktem Maße auch Sägen verwendet.

b) Brennschneiden (autogenes Schneiden). Arbeitsvorgang (Abb. 26): Durch die Vorwärmflamme eines Brenners wird der zu schneidende Stahl an der Anfangstelle des Schnittes auf seine Verbrennungstemperatur (etwa 1800° C) gebracht. Durch Zuführen eines Sauerstoffstrahls auf die in heller Weißglut befindliche Stelle tritt ein lebhaftes Verbrennen des Stahls ein, wobei die verbrannten Stahlteilchen durch den Druck des Sauerstoffstrahls (1,5—13 at) fortgeschleudert werden. Die so entstandene Schnittstelle wird durch Fortführen des Brenners in beliebiger Richtung und bis zum Zertrennen des Arbeitsstückes fortgesetzt.

[1] Henry Pels & Co., Berlin.

Da der Stahl hierbei sehr schnell verbrennt, so wird der nahe der Schneidzone liegende Werkstoff nur sehr wenig erwärmt und kann daher nicht schmelzen.

Der Schneidbrenner ist dem Schweißbrenner (s. S. 2) ähnlich und hat einen weiteren Kanal für das Durchführen des Schneidsauerstoffs (Abb. 26).

An Stelle der gewöhnlichen Zweischlauchbrenner werden in neuerer Zeit meist Dreischlauchbrenner verwendet. Bei diesen wird der Zutritt des Heiz- und Schneidsauerstoffs getrennt voneinander geregelt, wodurch eine größere Sauberkeit der Schnittflächen erreicht wird.

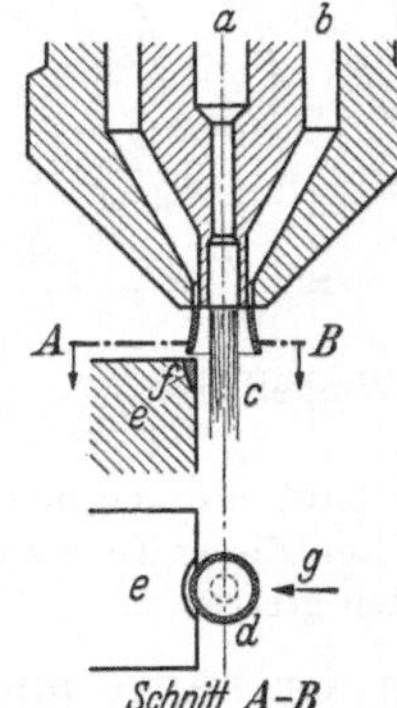

Abb. 26. Schneidbrenner (Arbeitsweise).
a Sauerstoffeintritt;
b Heizgaseintritt;
c Schneidstrahl;
d Ringheizflamme;
e Werkstück;
f Überhitzungszone am Anschnitt;
g Schneidrichtung.

Als Heizgas wird meist Azetylen benutzt. Der zum Schneiden verwendete Sauerstoff muß einen hohen Reinheitsgrad (99%) haben. Schnittlänge und Schnittgeschwindigkeit hängen von der Dicke und Form des zu schneidenden Stahls, dem Druck des Sauerstoffs und der Führungsart des Brenners ab.

Die Schneidbrenner sind nach der größten, zu schneidenden Blechdicke genormt. Z. B. „Schneidbrenner 50" für Blechdicken von 2—50 mm, und „Schneidbrenner 300" für Dicken bis 300 mm. Zum Schneiden sehr dicker Teile (300—800 mm stark) werden besondere Brenner, sog. Vierschlauchbrenner benutzt.

Der Schnitt (Spalt) hat je nach der Werkstoffdicke (3 bis 400 mm) eine Breite von 3—8 mm. Stahl mit geringem Kohlenstoffgehalt wird an den Schneidflächen nur auf eine kleine Tiefe (etwa 0,1 mm) in seinem Gefüge beeinflußt. Die Oberfläche

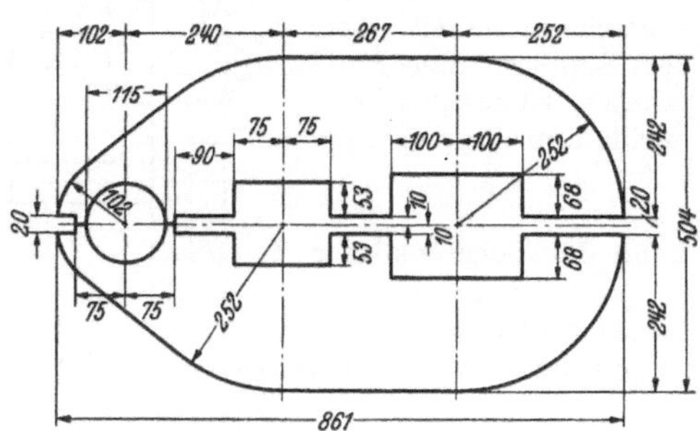

Abb. 27. Wand zum Räderkasten Abb. 379 S. 94.

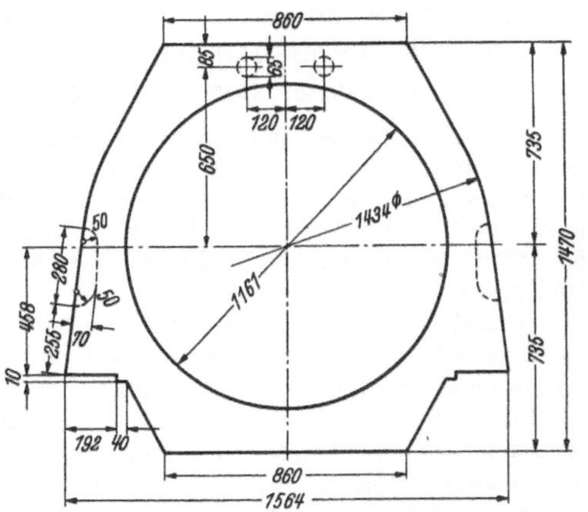

Abb. 28. Mittel- und Seitenwand zu einem Generatorgehäuse. Dicke: 10 bzw. 13 mm.

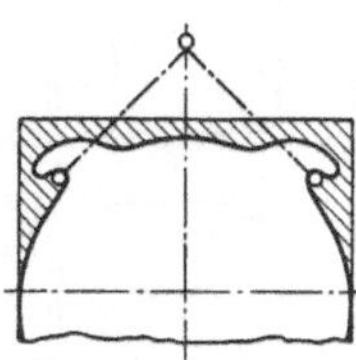

Abb. 29. Wand zu einem Generatorgehäuse mit Haken zur Kranbeförderung.

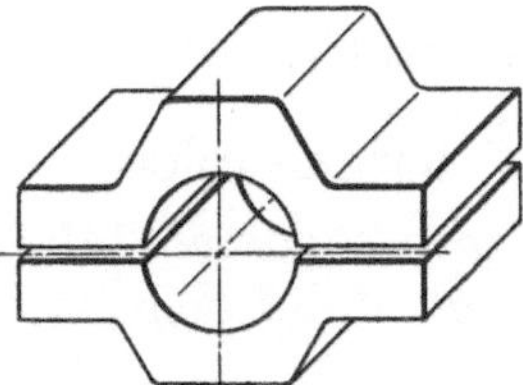

Abb. 30. Lagerteile für einen Räderkasten. (Supportschnitt.)

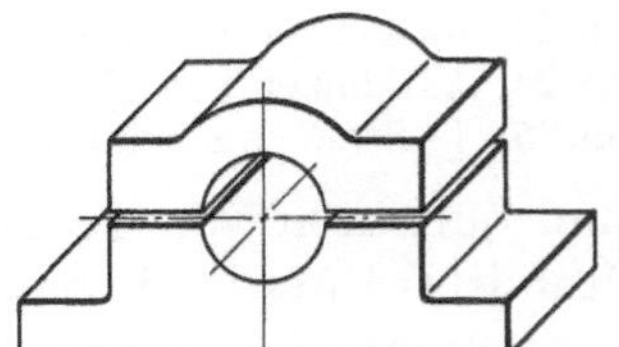

Abb. 31. Schweres Stehlager für Baggerbetrieb (Supportschnitt).

behält ihre ursprüngliche Dehnbarkeit und weist auch keine Anrisse auf. Bei Stählen mit höherem C-Gehalt und bei legierten Stählen treten an den Brennschnittflächen leicht Anrisse auf, was in manchen Fällen eine Bearbeitung dieser Flächen vor dem Schweißen bedingt.

Es lassen sich Werkstoffdicken bis etwa 1000 mm, dagegen nicht mehrere aufeinander liegende Bleche schneiden.

Wird der auf zwei Rollen laufende Schneidbrenner von Hand geführt, so sind die Schnittflächen unregelmäßig und die zugeschnittenen Teile sind nur zum Schweißen untergeordneter Werkstücke verwendbar, oder sie müssen bearbeitet werden.

Glatte und saubere Schnittflächen werden durch maschinelle Führung des Brenners erreicht. Den verschiedenen Anforderungen entsprechend werden Maschinen zum Längsschneiden, Kreisschneiden, zum Schneiden von Wellen, Rohren und Formstahl, sowie zum Kurvenschneiden hergestellt. Je nach Größe sind die Maschinen ortsbeweglich und werden nach dem Werkstück gebracht, oder sie sind ortsfest und haben einen mehr oder weniger großen Arbeitsbereich.

Bei den Universalschneidmaschinen kann der Brenner nach Bedarf geradlinig, kreisförmig oder in Kurven (nach einer Schablone) geführt werden.

Mit einer sog. Kreuzwagen-Schneidmaschine (mit magnetischer Führungsrolle)[1] lassen sich beliebige Gerad-, Kreis- und Kurvenschnitte sowie Lochschnitte ausführen. Die Maschine schneidet nach Schablonen bei unbegrenzter Länge und einer Breite bis 300 mm. Der Schneidbrenner ist ein Dreischlauchbrenner für den Betrieb mit Druckazetylen. Schneiddicke: Bis 300 mm, bei Sonderausführung des Brenners bis 600 mm.

Abb. 27—31 geben einige Beispiele von Teilen, die auf der Brennschneidemaschine zugeschnitten sind.

Schrifttum.

Wiss: Arbeiten mit dem Schneidbrenner. 6. Bd. der „Ausgewählten Schweißkonstruktionen". Herausgegeben v. Fachausschuß für Schweißtechnik beim VDI. Berlin: VDI-Verlag 1934.

2. Durch Abkanten und Biegen hergestellte Formen.

Die Ausführung der Schweißkonstruktionen läßt sich durch geeignete Formgebung der Grundteile wesentlich vereinfachen und verbilligen. Dies gilt insbesondere für Bleche, die den verschiedensten Anforderungen entsprechend auf Abkantpressen und Biegemaschinen geformt werden.

Abkantpressen ermöglichen das Herstellen der verschiedenartigsten Formen aus Blechtafeln oder -streifen.

Abb. 32 zeigt das einfache, rechtwinklige Abkanten eines Bleches. In den festen Teil der Maschine (den Tisch) wird eine Matritze 1 eingesetzt. In dem senkrecht geführten Stößel wird das Preßlineal 2 befestigt. Nach Einführen des Bleches bis zu dem verstellbaren Anschlag *3* und Ingangsetzen der Maschine wird der Stößel unter entsprechend hohem Druck abwärts bewegt und das Blech wird abgekantet.

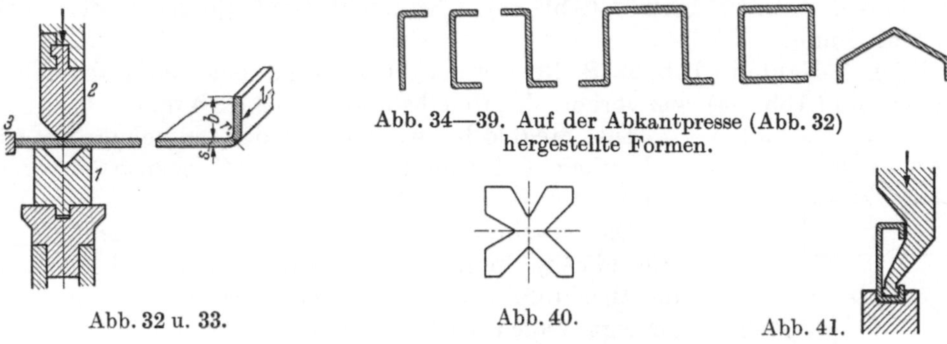

Abb. 34—39. Auf der Abkantpresse (Abb. 32) hergestellte Formen.

Abb. 32 u. 33.

Abb. 40.

Abb. 41.

Die jeweils in Betracht kommende Maschinengröße hängt von der größten zu bearbeitenden Blechdicke s (Abb. 33), der größten Abkantlänge l, der kleinsten Abkantbreite b, dem kleinsten inneren Abrundungshalbmesser r und von der Festigkeit des Werkstoffes ab.

Abb. 34—39 zeigen einige oft vorkommende, auf der Abkantpresse hergestellte Formen. Je nach Art der Form sind verschiedene Werkzeuge (Unter- und Oberwerkzeug, *1* bzw. *2* in Abb. 32) erforderlich.

[1] Griesogen, Frankfurt a. M.-Griesheim.

Das Unterwerkzeug (die Matritze) (Abb. 40) hat vier Kerben und ermöglicht das Abkanten mit verschieden großem Winkel. Zu jeder Kerbe der Matritze gehört ein Lineal mit dem entsprechenden Winkel.

Das Ausführen der Form (Abb. 41) erfordert eine besondere, abgekröpfte Form des Lineals.

Auf einer Universal-Abkant-, Rund- und Kastenbiegemaschine[1], die einen ausschwenkbaren Einspannbalken hat, lassen sich geschlossen gebogene Kasten herstellen. Größte Blechdicke: 18 mm; größte Blechlänge: 3000 mm. Auch hat die Maschine eine Einrichtung zum Biegen von Rohren bis 500 mm Durchmesser.

Das Biegen von Blechen, wie Kessel- und Behälterschüssen u. dgl. geschieht auf Biegemaschinen, die mit drei Walzen ausgerüstet sind.

Auf einer Rollenbiegemaschine mit senkrecht oder schräg stehenden Biegerollen (Henry Pels) können geschlossene Ringe aus Flach-, L-, T-, [- und I Stahl gebogen werden.

Infolge der neuartigen schräg liegenden Biegerollen kann die Maschine Winkeleisen mit nach innen liegendem waagerechtem Schenkel auf kleinere Durchmesser biegen, als es bisher auf kaltem Wege möglich war.

3. Vorbereiten der Schweißkanten.

Bei den Stumpfnähten erfordert die I-Naht (Abb. 49 S. 13), die bei Blechdicken $s \lessgtr 4$ mm angewendet wird, keine Vorbereitung der Schweißkanten.

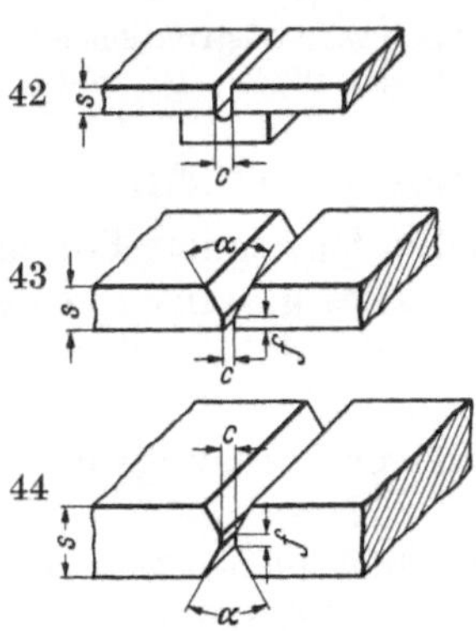

Abb. 42—44.

c = Kantenabstand beim Schweißen (Abb. 42). Vorteile der untergelegten gerillten Kupferschiene s. S. 13, im Absatz „I-Nähte“.

Die V-Nähte (Abb. 50 u. 51 S. 13) bedingen ein Abschrägen der Schweißkanten entsprechend einem

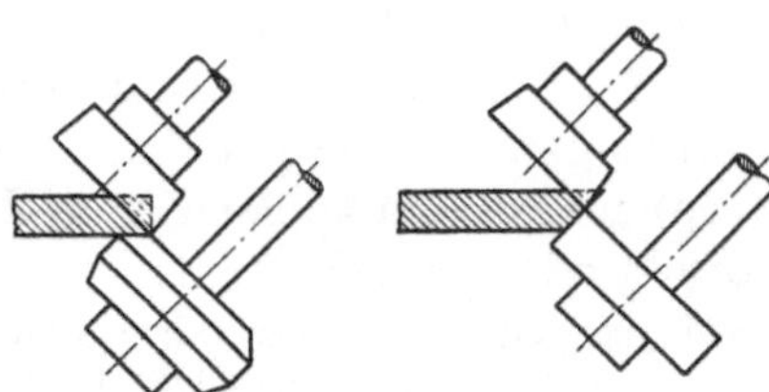
Abb. 45 u. 46.

Muldenwinkel $\alpha = 60$ bis 80° (Abb 43). Kantenabstand (je nach Blechdicke): $c = 1{,}5$ bis 3 mm.

Bei den X-Nähten (Abb. 53 S. 13) werden die Kanten beiderseitig abgeschrägt. Muldenwinkel (Abb. 44) wie vorher. Kantenabstand: $c = 2$ bis 4 mm.

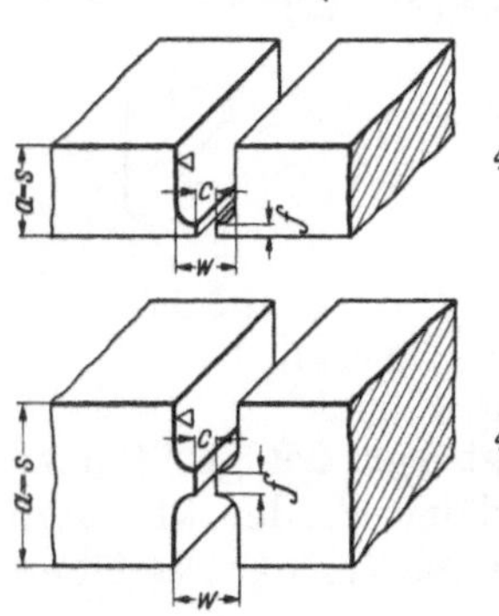

Abb. 47 u. 48.

Die Stegbleche werden bei der einfachen und doppelseitigen Eckstumpfnaht (s. S. 14) ebenso vorbereitet, wie bei der V- und X-Naht.

Das Abschrägen der Schweißkanten geschieht (je nach Blechdicke) durch Hobeln, Fräsen oder Schleifen. Auf der Blechtafelschere lassen sich die schrägen Kanten durch geneigte Lage des Bleches und Unterlegen von Stützenwinkeln schneiden.

Bei der Rollenschere Bauart Pels (s. Abb. 22 S. 9) wird der Scherenkörper der Neigung der Schweißkante entsprechend gekippt. Beim Schneiden der Kanten von V-Nähten wird eine Gegenrolle mit abgeschrägtem Kranz eingesetzt (Abb. 45). Wird die zweite Schrägkante einer X-Naht geschnitten (Abb. 46), so sind die Rollen die gleichen wie beim senkrechten Schnitt (Abb. 22 S. 9).

Die Herstellung der schrägen Schweißkanten kann auch mit dem Schneidbrenner erfolgen, der in geneigter, dem Muldenwinkel der Naht entsprechender Lage geführt wird.

[1] Schieß-Defries A.-G., Düsseldorf.

U- und Doppel-U-Nähte (Abb. 59 u. 60 S. 14), die nur für ganz dicke Bleche in Frage kommen, erfordern ein Hobeln oder Fräsen der Schweißkanten (Abb. 47 u. 48) und sind daher in der Vorbereitung teuer. Muldenweite: $w = 0{,}65\,s$ bis $0{,}7\,s$. Maß f je nach Elektrodendurchmesser: 3—6 mm. Kantenabstand: $c = 3$ bis 5 mm.

Kehlnähte (s. S. 15) erfordern außer dem Zuschneiden der Grundteile keine besondere Vorbereitung zum Schweißen.

D. Nahtformen.

Die Form der Schweißnähte ist von der Lage der miteinander zu verbindenden Teile, dem Schweißverfahren und der Werkstoffdicke abhängig.

1. Stumpfnähte.

a) Flachstumpfnähte. Die miteinander zu verbindenden Teile liegen in einer Ebene. Die Nahtform (Abb. 49—54) ist durch die Blechdicke und durch die an die Schweißkonstruktion zu stellenden Anforderungen (Belastungsart, Dichtheit usw.) bedingt.

1. I-Nähte (Abb. 49) sind nur für dünne Bleche (bis $s = 4$ mm) verwendbar und erfordern keine Vorbereitung der Blechkanten. Schweißung je nach Blechdicke von einer Seite (Abb. 49) oder von beiden.

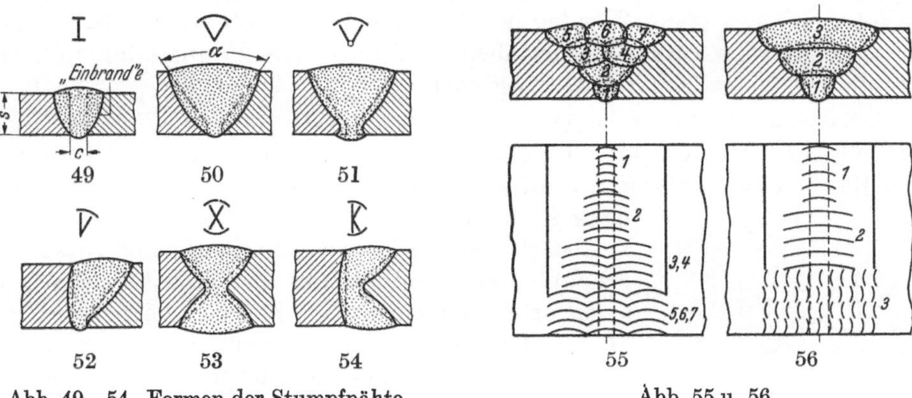

Abb. 49—54. Formen der Stumpfnähte (Flachstumpfnähte).

Abb. 55 u. 56.

Die beiden Bleche haben einen von ihrer Dicke abhängigen Kantenabstand. Das an sich schwierige Schweißen dünner Bleche wird bei einseitiger Schweißung durch Unterlegen einer gerillten Kupferschiene erleichtert (Abb. 42 S. 12). Diese gewährleistet ein gutes Durchschweißen an der Nahtwurzel und ergibt ein gutes Aussehen der Naht an der Unterseite. Wesentlich für eine gute Festigkeit und Dichtheit der Naht ist ein guter Einbrand (e in Abb. 49).

Stumpfnähte, die bei größerer Blechdicke erhebliche Kräfte zu übertragen haben, werden allgemein als V- oder X-Nähte ausgebildet.

2. V-Nähte (Abb. 50 u. 51). Anwendung bei Blechdicken von $s = 5$ bis 15 mm. Die Schweißfuge wird durch Abschrägen der beiden Bleche vergrößert. Muldenwinkel: $\alpha = 60$ bis $80°$, i. M. $70°$.

Ausführung der Nähte erfordert bei größerer Blechdicke ein mehrlagiges Schweißen. Werden die Decklagen 5 bis 7 in Längsrichtung der Naht hergestellt (Abb. 55), so sind sie, um eine gute Bindung zu erhalten, möglichst flach zu legen. Das Querlegen der Decknähte 3 (Abb. 56) ergibt weniger Bindungsfehler.

Die halbrunde Überhöhung der Naht, der sog. Schweißwulst, darf nicht zu groß sein, da sonst die Kerbwirkung am Nahtübergang erhöht wird. Die Kerbwirkung an der Nahtwurzel führt bei Nähten, die dynamisch (auf Schwingungsfestigkeit, s. S. 30) beansprucht sind, leicht zu Brüchen. Derartige Nähte sind an der Nahtwurzel sorgfältig nachzuschweißen (Abb. 51).

Werden zwei verschieden dicke Bleche zusammengeschweißt, so richten sich Abschrägung und Kantenabstand nach dem dünnerem Blech.

Bei den ½ V-Nähten (Abb. 52) ist nur die eine Blechkante abgeschrägt. Diese Nähte sind daher billiger als die Vollnähte, eignen sich jedoch weniger zur Übertragung größerer insbesondere wechselnder Kräfte.

Bei Teilen, die bearbeitet werden, sind die Schweißnähte so zu legen, daß sie möglichst wenig geschwächt werden. V-Nähte sind daher so anzuordnen, daß die Bearbeitungsfläche an der Wurzelseite (Abb. 57) und nicht oben, an der größeren Nahtbreite, liegt (Abb. 58).

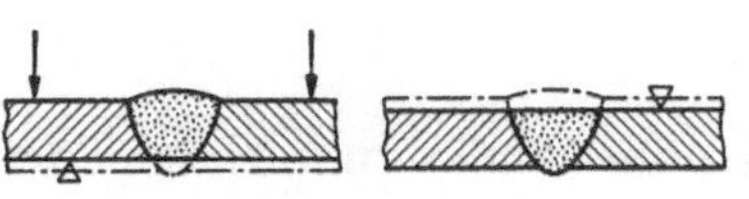

Abb. 57 u. 58.

Wird der Stumpfstoß (Abb. 57) auf Biegung beansprucht, so soll die Nahtwurzel Druckspannungen und nicht den gefährlicheren Zugspannungen ausgesetzt werden.

3. X-Nähte (Abb. 53). Anwendung bei Blechdicken $s = 10$ bis 30 mm. Bei der X-Naht sind die Bleche oben und unten abgeschrägt. Muldenwinkel (α) und Kantenabstand sind die gleichen wie bei der V-Naht.

Die X-Naht hat den Vorzug, daß ihr Schweißinhalt wesentlich kleiner als der einer V-Naht von gleicher Dicke ist. Auch ist das Verformen der Bleche infolge des Schrumpfens bedeutend kleiner als bei dieser. Dagegen ist die Bearbeitung der Schweißkanten teurer, auch muß — im Gegensatz zur V-Naht — von beiden Seiten geschweißt werden, was ein Wenden des Arbeitsstückes bedingt. Bei Schwingungsbeanspruchung ist ein gutes Vorschweißen der Nahtwurzel Hauptbedingung, da von dieser Stelle aus leicht Dauerbrüche beginnen.

Für ½ X-Nähte, sog. K-Nähte (Abb. 54) gilt das bei den ½ V-Nähten Gesagte.

4. U-Nähte. Die U- oder Kelchnaht (Abb. 59) wird angewendet, wenn bei dickeren Blechen (von 20 mm an aufwärts) das Schweißen einer X-Naht nicht angängig ist. Die schwach geneigten Blechkanten müssen bearbeitet werden, was die Nahtkosten entsprechend erhöht. Der Schweißinhalt der U-Naht ist wesentlich geringer als der einer X-Naht von gleicher Blechdicke. Da bei der U-Naht die Schweißkanten nur wenig geneigt sind, tritt das Schrumpfen über den ganzen Querschnitt fast gleichmäßig ein und das bei der V-Naht auftretende Verwerfen der Bleche ist geringer.

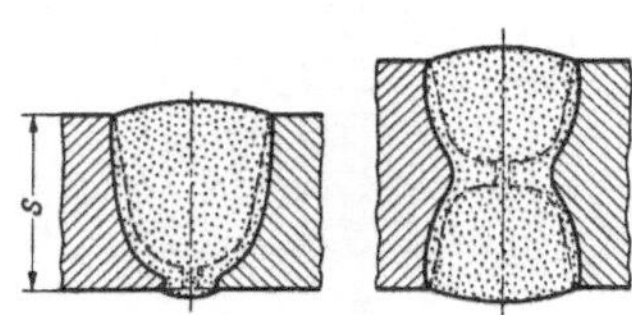

Abb. 59 u. 60.

Die Doppel-U-Naht (Abb. 60) wird nur selten und bei ganz dicken Blechen (von 50 mm an aufwärts) angewendet.

b) Eckstumpfnähte. Die Eckstumpfnähte (Abb. 61—64) werden angewendet, wenn die zu verbindenden Bleche senkrecht aufeinander stehen (Winkel- oder T-Stoß).

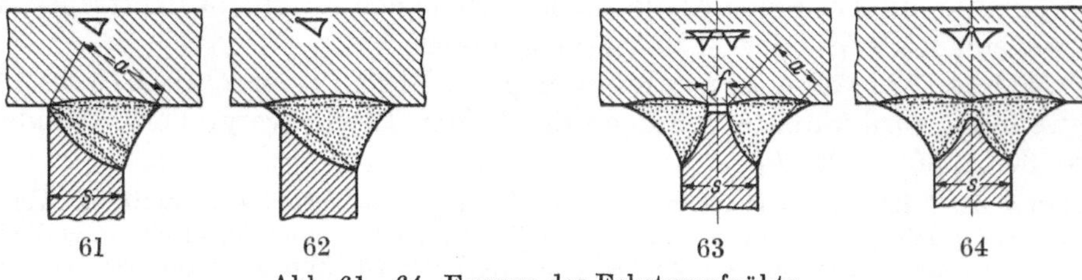

Abb. 61—64. Formen der Eckstumpfnähte.

1. Einfache Eckstumpfnaht. Ausführung meist als Hohlnaht (Abb. 61). Ist die Naht auf Schwingungsfestigkeit (z. B. Zug oder Zug-Druck) beansprucht, so ist die Kerbe an der Nahtwurzel der Ausgangspunkt für den Dauerbruch. Durch Wurzelverschweißung an dieser Stelle (Abb. 62) wird die hohle Eckstumpfnaht zu einer vollwertigen Stumpfnaht.

2. Doppelseitige Eckstumpfnaht. Ausführung mit Fuge f (Abb. 63) oder ohne Fuge (Abb. 64). Diese Nähte sind bei Schwingungsbeanspruchung bedeutend günstiger als die doppelseitige Kehlnaht (Abb. 70). Trotzdem sie mehr Vorbereitungsarbeit als diese bedingen, gibt man ihnen gegebenenfalls den Vorzug.

Bei der doppelseitigen Eckstumpfnaht mit Fuge (Abb. 63) geht der Dauerbruch von der Fuge aus. Bei guter Wurzelverschweißung (Abb. 64) fällt die Fuge fort und die Naht erhält die größtmögliche Festigkeit.

2. Kehlnähte.

Kehlnähte werden angewendet beim überlappten Stoß (Stirnkehlnähte Abb. 98 S. 26, Flankenkehlnähte Abb. 86 S. 24 und beim T-Stoß (Abb. 69 u. 70). Der Hauptvorzug der Kehlnähte ist der, daß sie — im Gegensatz zu den Stumpfnähten (Flach- und Eckstumpfnähten) — keine Bearbeitung der Schweißkanten erfordern.

Die Vollnaht oder überwölbte Kehlnaht (Abb. 65) hat den Nachteil, daß sie infolge ihres schroffen Übergangs zum Grundwerkstoff an diesem starke Einbrandkerben hervorruft, die dessen Festigkeit schwächen. Betrachtet man die rechnerische Nahtdicke (a), so hat diese Naht einen übergroßen Schweißinhalt und ist daher entsprechend teuer.

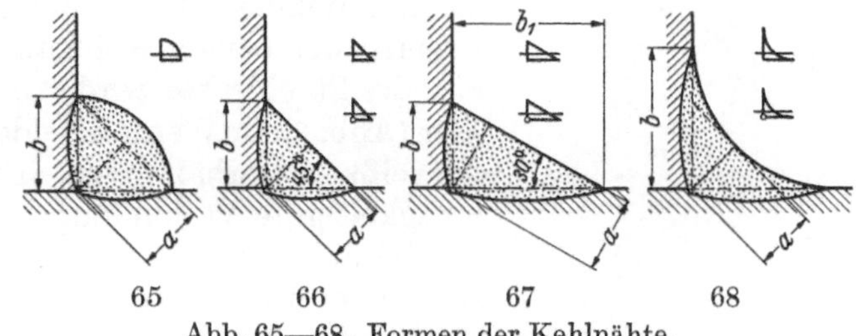

Abb. 65—68. Formen der Kehlnähte.

An ihre Stelle tritt allgemein die Flachnaht (Abb. 66). Diese ist hinsichtlich der Kerbwirkung günstiger und hat den wirtschaftlichsten Schweißinhalt. Die Grundform der Naht ist ein gleichschenkelig rechtwinkeliges Dreieck mit den Katheten b. Rechnerische Nahtdicke: $a = b : \sqrt{2} = 0{,}707\ b$. Nachprüfung der Naht auf Maßhaltigkeit kann mit dem Zirkel geschehen, der auf die Länge der Hypothenuse $= 2a$ eingestellt wird.

In besonderen Fällen wird auch die ungleichschenkelige Flachnaht mit einem Winkel von 30° (Abb. 67) angewendet. Sie ergibt z. B. bei Stirnkehlnähten (s. S. 26) größere Dauerfestigkeiten als die gleichschenkelig rechtwinkelige Naht.

Die Hohlnaht (Abb. 68) hat wegen ihres allmählichen Übergangs zum Grundwerkstoff die geringste Kerbwirkung. Bei gleicher Nahtdicke (a) ist ihr Schweißinhalt etwas größer als der der Flachnaht (Abb. 66).

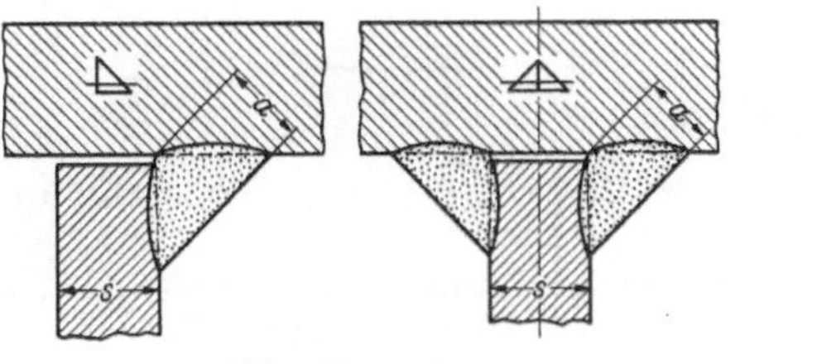

Abb. 69 u. 70.

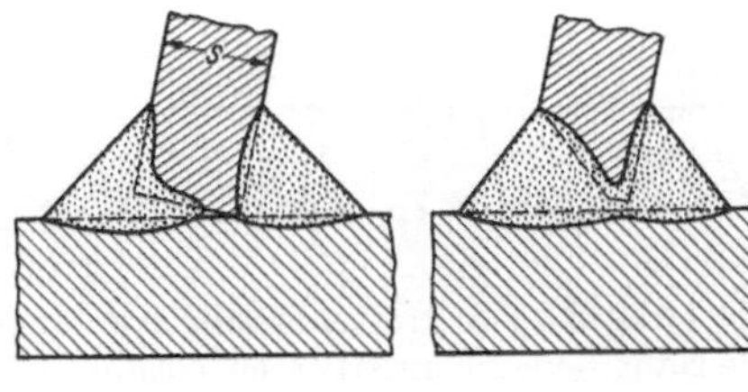

Abb. 71 u. 72.

Die Kehlnähte werden im allgemeinen durchlaufend ausgeführt. Unterbrochene Nähte (einseitig, zweiseitig oder zickzack, DIN 1912 Bl. 1 S. 2 und Bl. 2 S. 1 u. 2) vermeide man möglichst und ersetze sie durch dünnere, durchlaufende Nähte.

Die kleinste, mit einer 4 mm-Elektrode herstellbare Kehlnaht hat eine Nahthöhe $b = 3{,}5$ mm und eine Dicke $a \approx 2{,}5$ mm. Im allgemeinen sollte man mit der Nahtdicke nicht unter 3 mm gehen. Kehlnähte, die auf Schwingungsfestigkeit beansprucht sind, müssen in der Nahtwurzel (mit dünnen Elektroden) gut vorgeschweißt sein.

a) Einseitige Kehlnaht (Abb. 69). Die beim T-Stoß in Betracht kommende einseitige Kehlnaht wird nur dann angewendet, wenn die doppelseitige Kehlnaht (Abb. 70) nicht ausführbar ist. Ist das Stegblech durch eine Zugkraft belastet, so treten wegen des außenmittigen Kraftangriffs hohe Spannungen in der Naht, insbesondere in der Kehle ein (s. S. 27), von wo aus der Bruch eintritt.

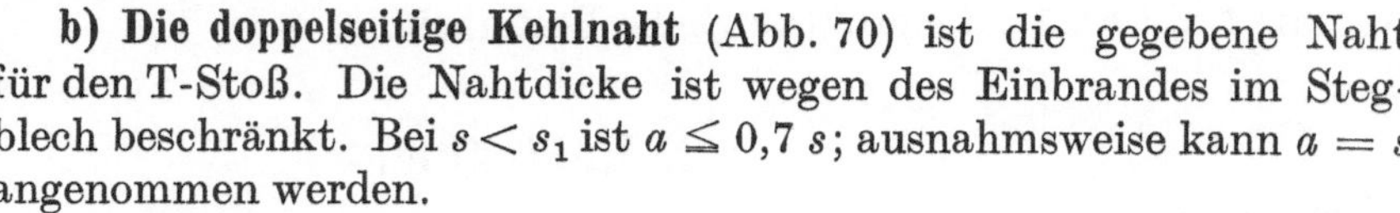

Abb. 73.

b) Die doppelseitige Kehlnaht (Abb. 70) ist die gegebene Naht für den T-Stoß. Die Nahtdicke ist wegen des Einbrandes im Stegblech beschränkt. Bei $s < s_1$ ist $a \leqq 0{,}7\, s$; ausnahmsweise kann $a = s$ angenommen werden.

Werden an Stelle der Flachnähte in Abb. 70 Hohlnähte angeordnet (Abb. 68), so ist die Kerbwirkung am Übergang zum Stegblech geringer und der T-Stoß erhält die hinsichtlich der Dauerfestigkeit günstigste Form.

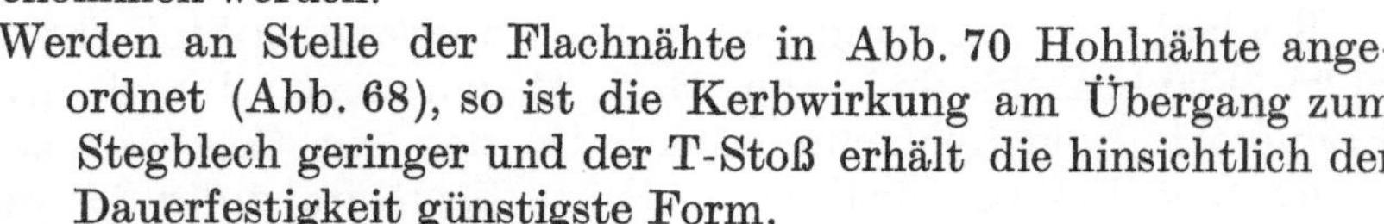

Liegt das Stegblech nicht unter 90°, sondern unter einem spitzen Winkel zur Anschlußplatte (Abb. 71)[1], so sind die Formen der beiden Kehlnähte nicht gleich. Durch Abschrägen des Stegbleches wird die linke Kehlnaht zur Eckstumpfnaht(Abb. 72). Werden beide Nähte an der Wurzel gut verschweißt, so erhält man eine, auch hinsichtlich der Dauerfestigkeit gute Verbindung.

Bei Schweißstücken, die bearbeitet werden, ist darauf zu achten, daß die Kehlnähte durch die Bearbeitung nicht verletzt und in ihrer Festigkeit nicht geschwächt werden (Abb. 73).

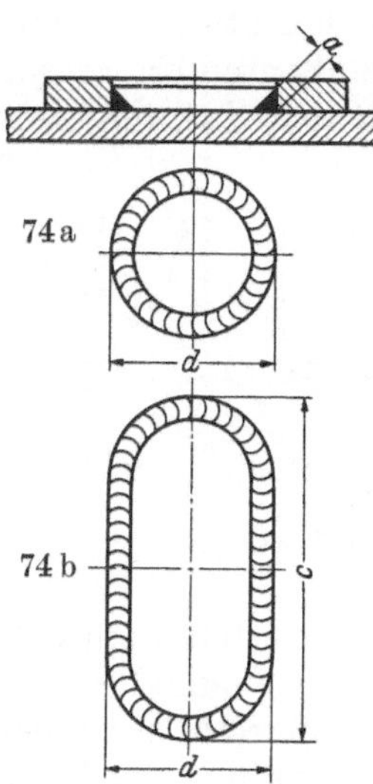

Abb. 74a u. b.

c) Loch- und Schlitznähte (Abb. 74a u. b) sind im allgemeinen behelfsmäßiger Natur. Sie werden im Stahlbau als Zusatznähte angewendet, wenn die vorhandenen Kehlnähte des Schweißanschlusses nicht ausreichen. Die Loch- und Schlitznähte haben den Nachteil, daß sie den Stabquerschnitt schwächen, auch sind sie hinsichtlich der Vorbereitung und Schweißung unvorteilhaft. Sinnbilder s. Abb. 75d und e.

Eine Anwendung der Lochnähte zeigt Abb. 254, S. 60.

E. Kurzzeichen für die Schweißnähte.

Tafel 1 S. 17 gibt die Kurzzeichen nach DIN 1912, 3. Ausg. Mai 1937 Bl. 1 S. 1.

Bei Stumpfnähten ohne Wulst werden statt Kreisbogen gerade Linien gezeichnet (z. B. Abb. 75a). Außer der Dicke a der Schweißnaht (z. B. 7 mm) kann noch die Länge der Schweißnaht (z. B. 200 mm) angegeben werden (Abb. 75b).

Verdeckte Nähte werden nach Abb. 75c dargestellt.

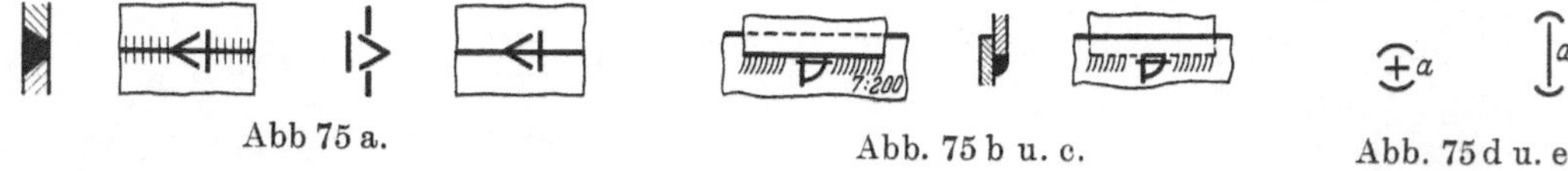

Abb 75 a. Abb. 75 b u. c. Abb. 75 d u. e.

DIN 1912 Bl. 1 S. 2: Sinnbilder für den Stirnstoß (Kehlnaht einseitig) — überlappter Stoß, durchlaufende Naht — desgl. unterbrochene Naht — desgl. unterbrochene und durchlaufende Naht — Laschenstoß, durchlaufende Naht.

DIN 1912 Bl. 2 S. 1 u. 2: Sinnbilder für den T-Stoß, durchlaufende Naht — desgl. unterbrochene Naht — desgl. unterbrochene und durchlaufende Naht — Winkelstoß, durchlaufende Naht.

Kehlnähte überwölbt, unterbrochen — desgl. hohl, unterbrochen — desgl. überwölbt zickzack — Schlitznähte, Langloch und Rundloch.

Abb. 75d: Sinnbild für Lochnähte (Abb. 74 a).

Abb. 75e: Sinnbild für Langlochnähte (Abb. 74 b).

[1] Nach DIN 4100 dürfen Kehlnähte, die nicht einwandfrei geschweißt werden können und solche mit einem kleineren Scheitelwinkel als 70° nicht als tragend herangezogen werden.

Tafel 1. Maßstäbliche Darstellungen und Sinnbilder der Bördel-, Stumpf- und Kehlnähte (DIN 1912).

Benennung		Maßstäbliche Darstellung	Sinnbild
Bördelnaht			
Stumpfnaht	I-Naht		
	V-Naht		
	X-Naht		
Kehlnaht	überwölbte Kehlnaht durchlaufend	a a	a a
	flache Kehlnaht durchlaufend	a a	a a
	hohle Kehlnaht durchlaufend	a a	a a

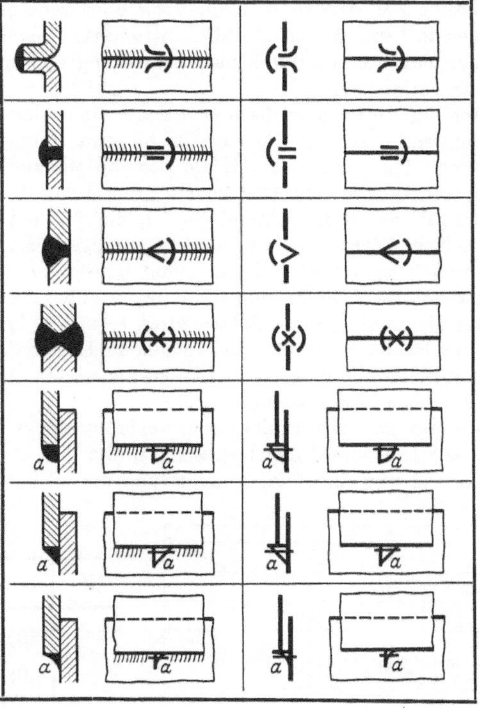

II. Berechnung der Schweißverbindungen.

A. Festigkeit der Schweißnähte.

Die Festigkeit der Schweißnähte ist vom Grundwerkstoff, von dem angewendeten Schweißverfahren, von der Geschicklichkeit und Sorgfalt des Schweißers, von den Eigenschaften der niedergeschmolzenen Schweiße, der Art und Form der Schweißnähte, sowie der Belastungsart abhängig.

Für die Festigkeit der mit dem elektrischen Lichtbogen hergestellten Schweißnähte ist außerdem die Art der verwendeten Elektrode (Zusatz- oder Schweißdraht) ausschlaggebend.

1. Einfluß der Elektrode.

Von den unter Belastung stehenden Schweißungen wird eine statische Festigkeit verlangt, die der des Grundwerkstoffs mindestens gleich ist. Ebenso müssen die Schweißungen in Rücksicht auf Verformungsfähigkeit eine genügende Dehnung, Kerbzähigkeit und Schmiedbarkeit aufweisen.

Diesen Forderungen wird durch die Wahl einer geeigneten Elektrode (blank, mit Seele oder umhüllt) in verschiedenem Maße Rechnung getragen.

Die an die Elektroden gestellten Anforderungen sind in den „Bedingungen für die Lieferung und Abnahme von Zusatzwerkstoffen für die Gas- und Lichtbogenschweißung von Stahl", 1933 und in den DIN-Vornormen 1913 festgelegt.

a) Schweißen mit blankem Draht. Stromart. Nur Gleichstrom. Beim Blankdrahtschweißen ist der ungünstige Einfluß des in der Luft enthaltenen Sauerstoffs und Stickstoffs auf das Schmelzbad nicht zu vermeiden. Die Schweiße hat eine geringe Dehnung und Kerbzähigkeit. Die mit blankem Draht hergestellten Schweißnähte sind am Übergang zum Grundwerkstoff weniger regelmäßig und enthalten mehr Poren als bei der Verwendung umhüllter Elektroden.

Da jedoch das Schweißen mit blankem Draht wesentlich billiger als das mit umhülltem ist, kann es aus wirtschaftlichen Gründen nicht entbehrt werden. Es ist jedoch auf solche Nähte zu beschränken, bei denen nur geringe Anforderungen hinsichtlich der Verformungsfähigkeit gestellt werden. Auch bei der Herstellung von Nähten, die vorwiegend dynamisch (auch Schwingungsfestigkeit) beansprucht sind, sollten blanke Schweißdrähte nicht verwendet werden.

b) Schweißen mit umhülltem Draht[1]. Stromart: Gleich- oder Wechselstrom. Die Nachteile der Blankdrahtschweißung werden durch die Verwendung von umhülltem Draht (Mantelelektrode) in weitgehendem Maße vermieden.

Das Zutreten des Luftsauerstoffs und -Stickstoffs in das Schmelzbad wird dadurch verhindert, daß die Umhüllung gasende Bestandteile enthält, die eine Schutzzone aus neutralen Gasen um den Lichtbogen hervorrufen. Auch sind in der Hülle Bestandteile zum Reduzieren und Denitrieren, Überschüsse an Kohlenstoff und Mangan zum Ausgleich der durch den Ausbrand verloren gegangenen Mengen, sowie sonstige Legierungsbestandteile (Chrom, Nickel, Molybdän, Vanadium, Titan, Wolfram u. a.) enthalten. Durch die richtige Wahl an Schutz- und Legierungsstoffen erhält die Schweiße die jeweils geforderten Festigkeitseigenschaften. Auch wird eine leicht flüssige Schlacke erzielt, die während des Schmelzvorganges über der Schweiße lagert und diese gegen äußere Einflüsse schützt.

Tafel 2 zeigt die Analyse eines Schweißdrahtes mit 34 kg/mm² Festigkeit (E 34) bzw. die Analysen der niedergeschmolzenen Schweißen bei folgenden Elektrodenarten[2]:

Nr. 1. Blanker Draht, mit Gleichstrom niedergeschmolzen.
Nr. 2. Draht mit Flußmittelumhüllung.
Nr. 3. Draht mit gasender (vollständig verbrennender) Umhüllung.
Nr. 4. Blanker Draht mit Leuchtgasschutzhülle.
Nr. 5. Elektrode mit Gashülle, Auflegierung und Schutzschlacke.

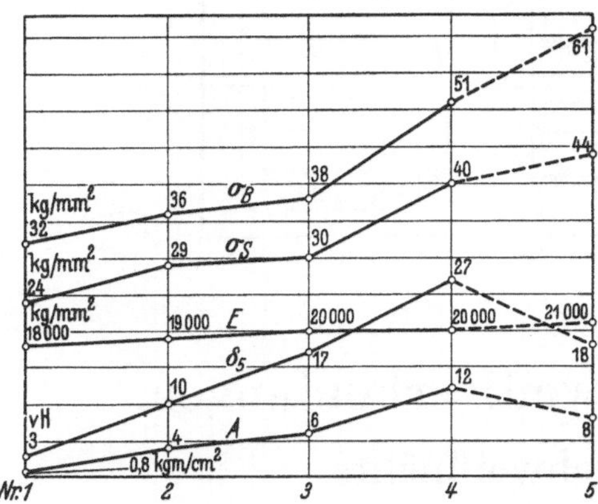

Abb. 76. Festigkeitseigenschaften der niedergeschmolzenen Schweiße bei den Elektroden Nr. 1—5, Tafel 2.

σ_B Zugfestigkeit; σ_S Streckgrenze; E Elastizitätsmodul in kg/mm²; δ_5 Bruchdehnung am kurzen Proportionalstab in %; A Kerbzähigkeit in kgm/cm².

Tafel 2.

Nr.	1	2	3	4	5	
	0,005	0,010	0,02	0,08	0,11	% C
	0,008	0,01	0,08	0,10	0,4	% Mn
	0,007	0,01	0,015	0,012	0,08	% Si
	0,13	0,08	0,028	0,031	0,027	% N

Die mit diesen Elektroden erzielten Festigkeitseigenschaften der niedergeschmolzenen Schweiße sind in Abb. 76 dargestellt.

Die Abbildung läßt erkennen wie die Festigkeitseigenschaften der Schweiße, insbesondere die für die Verformungsmöglichkeit der Schweißverbindungen so wichtige Dehnung verbessert werden kann.

Eine für sehr hohe Beanspruchungen durch Stoß, Erschütterungen und Schwingungen geeignete Universal-Elektrode für St 34 bis St 52[3] ergab bei Probestäben mit Stumpfnaht am reinen Schweißgut je nach dem Werkstoff folgende Festigkeitseigenschaften:

Zugfestigkeit: $\sigma_B = 40$ bis 65 kg/mm²; Bruchdehnung: $\delta_5 = 26$—28%; Biegewinkel: 180°; Kerbschlagzähigkeit: 8—10 kgm/cm² Brinellhärte: 110—145.

2. Schweißgüten.

Die Güte der herzustellenden Schweißungen wird aus wirtschaftlichen Gründen von der Beanspruchungsart des Bauteils (ruhend, schwellend, wechselnd) abhängig gemacht. Schweißungen einfacher Güte werden mit billigeren Elektroden und von weniger geübten, geringer bezahlten Schweißern ausgeführt, Schweißungen von hoher

[1] Beim Arbeiten mit Seelenschweißdrähten (mit legierter Seele) ist das Schmelzbad nicht so schutzlos der Einwirkung des Luftsauerstoffs und -stickstoffs ausgesetzt als bei nackten und leicht getauchten Drähten. Die Festigkeitseigenschaften der mit Seelendrähten hergestellten Nähte sind gut und nähern sich den mit umhülltem Draht ausgeführten.

[2] Agil-Schweißverfahren GmbH., Berlin-Schöneweide.

[3] Messer & Co., Frankfurt a. M.

Güte dagegen erfordern die Verwendung hochwertiger (umhüllter) Elektroden und den Einsatz zuverlässiger und erfahrener Schweißer, die entsprechend hoch entlohnt werden.

Um den Belastungsarten der Bauteile und der Wirtschaftlichkeit der Schweißkonstruktionen Rechnung zu tragen, hat Bobek Schweißgüten für den Maschinen- und Behälterbau vorgeschlagen (Tafel 3).

Tafel 3. Güte der Konstruktionsschweißungen nach Bobek[1].

Nr.	Angaben	Schweißgüte „N" = Normale Konstr.-Schweißung				Schweißgüte „F" = Festschweißung			
1.	Anwendung	Feststehende Teile mit nicht zu hohen ruhenden Beanspruchungen ohne Dauerwechselbeanspruchungen				Feststehende u. bewegte Teile mit hohen ruhenden und mit Dauerwechselbeanspruchungen bis etwa 5 kg/mm^2			
2.	Werkstoff	St 00	St 37	St 42	Stg 38	St 00	St 37	St 50	Stg 38
3.	Zerreißfestigkeit von V- u. X-Nähten kg/mm^2 [2]	25	28	30	—	—	30	40	—
4.	Festigkeit der Schweiße in kg/mm^2 [3]	37				45			
	Dehnung „ „ (l = 5d) in %	10—5				min 10			
5.	Abweichung i. d. Nahtdicke in %	0 bis + 20% (je n. Blechdicke).				0 bis + 20% (je n. Blechdicke).			
6.	Nahtoberfläche	Ziemlich gleichmäßig.				Wellig aber gleichmäßig, durchgehend kontrolliert. Fehler durch Schleifen beseitigt.			
7.	Nahtübergang	—				Durchgehend kontrolliert.			
8.	Einbrandkerben	Gelegentl. örtlich vorhanden, nicht kontroll.				Fehler durch Schleifen beseitigt.			
9.	Schweißdrähte	Alle Durchmesser.				Blanke nur 2 bis 5 mm ∅, umhüllte u. Seelenelektroden alle ∅.			
10.	Schweißer	Alle Schweißer.				Zuverlässige Schweißer, die bereits Übung im Schweißen derselben oder ähnlicher Teile haben.			

Bei den Schweißgüten *N* und *F* ist Dichtheit von den Nähten nicht zu erwarten. Ist Dichtheit (z. B. bei Behältern, die unter Druck stehen) erforderlich, so ist dies bei Kennzeichnung der Schweißgüte anzugeben, z. B.: „ND" oder „FD".

Für feststehende und bewegte Teile mit sehr hohen ruhenden und wechselnden Beanspruchungen, für dichte Hochdruckbehälter u. dgl. wird Sonderschweißung („S") angewendet. Bei dieser Schweißgüte werden hochwertige und dichte Nähte erzielt.

Die Bezeichnung für die Nahtgüte ist auf den Werkzeichnungen anzugeben, bei Schweißnähten von verschiedener Güte ist sie hinter die Nahtdicke zu setzen (z. B. 5 N oder 7 F).

---

[1] Bobek: Schweißkonstruktionen für Dauerwechselbeanspruchungen. Elektroschweißung 1935 S. 81.

[2] Nicht zur Beurteilung von Schweißnähten, sondern nur als Anhalt für Festigkeitsrechnungen.

[3] Nur für Werksvergleiche.

3. Verbesserung der Schweißnähte durch Nachbehandlung.

Die Nachbehandlung der Schweiße geschieht durch Hämmern oder Glühen. Sie bezweckt eine Verbesserung der Festigkeitseigenschaften bzw. das Aufheben der im Schweißstück vorhandenen Schrumpfspannungen s. unter 4.

Das Hämmern der Schweiße in warmem Zustand setzt bei der Lichtbogenschweißung die Verwendung von Elektroden voraus, die eine gut schmiedbare Schweiße ergeben. Durch das Hämmern wird das grobe Gußgefüge der niedergeschmolzenen Schweiße und das in der anschließenden Überhitzungszone verfeinert.

Das Glühen der Schweißstücke verbessert die Dehnung der Schweiße und beseitigt die Schrumpfspannungen (je nach Höhe der Glühtemperatur) teilweise oder ganz. Es kommt nur für hochwertige Schweißstücke in Frage. Für geschweißte Kesselteile ist sog. Normalglühen (bei Werkstoff M I $\approx$ 920°) vorgeschrieben. Bei dem Normalglühen dieser Teile wird das Gefüge der Nähte veredelt und das Werkstück wird praktisch spannungsfrei. Wird nur „spannungsfrei geglüht" (600—650°), dann wird die erwähnte Gefügeveredelung nicht erreicht.

Das Glühen geschweißter Bauteile erfordert eine zweckmäßige, mit hohen Kosten verknüpfte Einrichtung und große Erfahrungen, da unsachgemäße Behandlung beim Glühvorgang leicht zu schädlichen Verformungen (Unrundwerden und Verziehen) der Schweißstücke führt.

Zur Nachbehandlung gehört auch das Abfräsen der Schweißraupe, um einen guten, kerbfreien Übergang von der Schweiße zum Grundwerkstoff herbeizuführen (s. S. 25) und das Drücken der Naht.

4. Schweißspannungen.

Während des Schweißvorganges treten infolge der örtlichen Erwärmung des Werkstückes und der Behinderung der Schweißzone am Ausdehnen Wärmespannungen auf. Die Folge davon ist ein Verziehen des Werkstoffs (in der Blechebene) und ein Verwerfen (Ausbeulen) senkrecht zur Blechebene. Hierzu kann noch ein Verziehen der Schweißteile infolge Auslösung innerer vom Walzvorgang herrührender Spannungen treten[1]. Nach dem Schweißen wird die erhitzte Zone abgekühlt. Die niedergeschmolzene Schweiße und der Werkstoff in der Umgebung schrumpfen. Das Schrumpfen ist vor allem auf die Inhaltsverkleinerung der Schweißnaht zurückzuführen und äußert sich in den sog. Schrumpfspannungen, die nicht nur ein Verziehen und Verwerfen des Werkstückes hervorrufen, sondern auch Rißbildungen in und nahe der Schweißnaht veranlassen können.

Die Größe der Wärme- und Schrumpfspannungen hängt zunächst von der Größe der Erwärmungszone und von der Erwärmungsdauer ab (Einfluß des Schweißverfahrens). Die Wirkung des Schrumpfens ist um so größer, je dicker die Schweißnaht ist und je mehr Nähte zusammenliegen. Ferner sind der Einspannungsgrad des Werkstückes, die Werkstückform, die mechanischen Eigenschaften des Werkstoffs und der verwendeten Elektrode, sowie die Schweißdauer und Schweißfolge von Einfluß auf die Art und Größe der Schrumpfspannungen. Durch ungeeignete Einspannungsvorrichtungen werden die Schrumpfspannungen erhöht. Andererseits hat das Fortlassen der Einspannung eine Vergrößerung der Verwerfungen zur Folge. Die Schrumpfspannungen können u. U. ganz erhebliche Werte annehmen und die Streckgrenze des Werkstoffs erreichen oder gar überschreiten. Ihr ungünstiger Einfluß auf die Festigkeit der geschweißten Bauteile wird jedoch meist überschätzt. Neuere Versuche an Brücken[2] haben ergeben, daß die Schrumpfspannungen für die Tragfähigkeit eines geschweißten Bauteils nicht ausschlaggebend sind. Dies dürfte wohl darauf zurückzuführen sein, daß die hohen Schrumpfspannungen sich nur über bestimmte Zonen des Bauteils erstrecken und von Stellen eingeschlossen werden, die wesentlich niedriger beansprucht sind. Auch werden sie bei der ersten Belastung (von Brücken) durch Überschreiten der Streckgrenze teilweise abgebaut.

Mittel zum Einschränken der Schrumpfspannungen und der Verwerfungen.

1. Gutes Vorheften und (bei dickeren Nähten) sorgfältiges Schweißen der ersten Lage mit nicht zu dünner Elektrode.

---

[1] Spannungen in Schweißnähten. Autog. Metallbearb. 1933 S. 273.

[2] Brückner: Erfahrungen mit dem Schweißen von Eisenbahnbrücken. Z. VDI 1938 S. 33.

2. Bei breiten Nähten nicht lagenweise sondern raupenweise schweißen (Nachteile s. S. 13).

3. Die Reihenfolge, in der die Nähte geschweißt werden, ermitteln und in der Konstruktionszeichnung festlegen.

4. Beim Schweißen langer Nähte läßt sich durch Anwendung des Pilgerschrittverfahrens oder durch sprungweise Schweißung eine zu starke örtliche Erwärmung und damit auch ein entsprechend starkes Schrumpfen vermeiden.

Abb. 77a. Pilgerschrittverfahren. A bis E Heftpunkte in Abständen von 20—30 cm. 1. Schritt beginnt bei B und endet bei A, 2. Schritt beginnt bei C und endet bei B usw.

Abb. 77b. Sprungweise Schweißung.

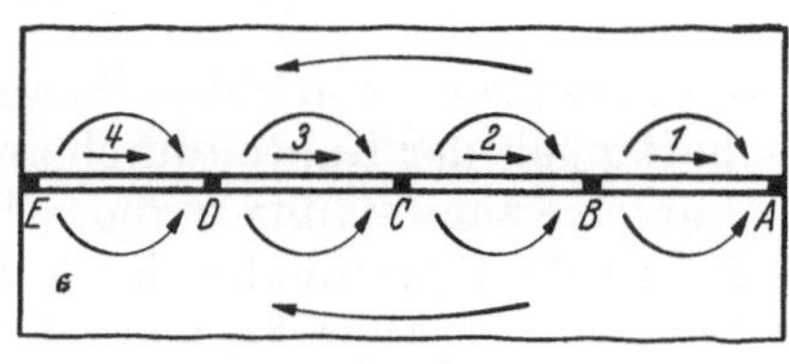

Abb. 77a.

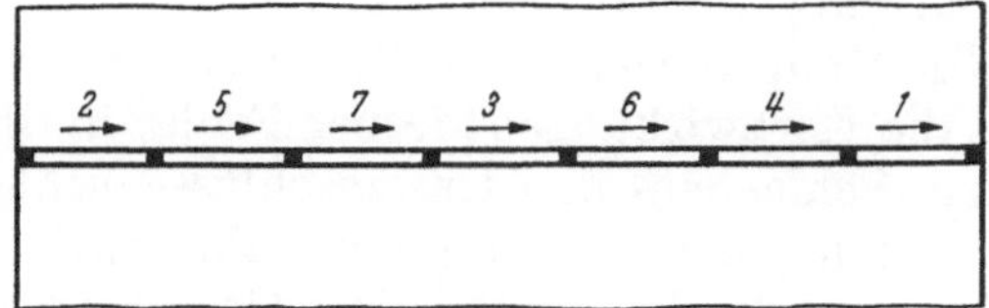

Abb. 77b.

5. Durch Überlegung und Versuche feststellen, ob durch Vorwärmungen, Wärmen während des Schweißens oder Kühlung in bestimmter Folge das Schrumpfen beeinflußt werden kann[1]. (Beispiel für die Wärmebehandlung beim Schweißen eines Zahnrades s. S. 58).

Durch geeignete Wärmebehandlung nach dem Schweißen (Glühen) lassen sich die Schrumpfspannungen fast ganz beseitigen.

Über Glühen s. S. 20.

5. Abhängigkeit der Festigkeit von Nahtform und Belastungsart. Ermittlung der Spannungen in den Schweißnähten.

a) Allgemeines. Entsprechend der betriebsmäßigen Beanspruchung der geschweißten Bauteile werden die verschiedenen Schweißnähte auf statische Festigkeit und auf Dauerfestigkeit (Schwingungsfestigkeit) geprüft.

Während statische Versuche in ausreichendem Maße vorliegen, ist die Dauerfestigkeit der verschiedenen Schweißverbindungen noch nicht genügend erforscht.

„Dauerfestigkeitversuche mit Schweißverbindungen“[2], für die Zwecke des Stahlbaues vorgenommen, geben z. T. auch für die Berechnung geschweißter Maschinenteile eine geeignete Grundlage[3].

Bei den zuerst von Wöhler 1857—1869 durchgeführten Versuchen zur Bestimmung der Festigkeit bei oft wiederholter Beanspruchung (Dauerfestigkeit) wurden die Probestäbe einer reinen Wechselbeanspruchung oder reinen Schwellbeanspruchung[4] von bestimmter Höhe unterworfen und jedesmal festgestellt, nach wieviel Lastspielen N der Bruch erfolgt.

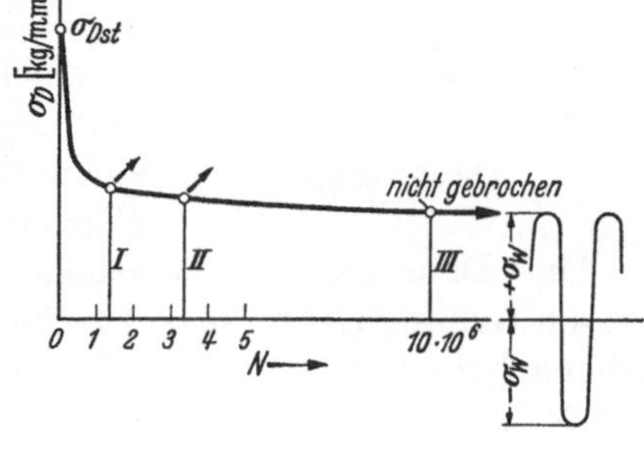

Abb. 78.

Aus Abb. 78 ist der grundsätzliche Verlauf einer „Wöhlerlinie“ zu ersehen. Der

[1] Bierett: Schrumpfspannungen. Anleitungsblätter für das Schweißen im Maschinenbau. VDI Verlag.

[2] Bericht des Kuratoriums für Dauerfestigkeitsversuche im Fachausschuß für Schweißtechnik beim VDI. Berlin 1935. VDI-Verlag GmbH., Berlin NW 7, und Kommerell: Erläuterungen. 2. Teil. Vollwandige Eisenbahnbrücken. W. Ernst & Sohn, 1936.

[3] Für die Berechnung der im Maschinenbau zahlreich vorkommenden Räder, Seiltrommeln u. a. sind Dauerversuche an ringförmigen, einfachen und doppelten Kehlnähten sowie Eckstumpfnähten erforderlich. Das gleiche gilt auch für die Schweißnähte auf Biegung beanspruchter Bauteile mit verschiedenen Querschnittsformen (s. S. 28).

[4] Die bei reiner Schwellbeanspruchung erhaltene Dauerfestigkeit wird Ursprungsfestigkeit genannt und meist mit σ_U bezeichnet. Um Verwechslungen mit der Unterspannung σ_U bei Dauerfestigkeitsversuchen zu vermeiden, wird die Bezeichnung σ_{Ur} gewählt.

Stab I (Wechselspannung $= \pm 14$ kg/mm²) brach im Mittel nach $N = 1\,250\,000$ Lastspielen, Stab II (Wechselspannung $\pm 12{,}5$ kg/mm²) nach $N = 3\,300\,000$, Stab III war bei einer Wechselspannung von $\pm 11{,}5$ kg/mm² auch bei $N = 10$ Millionen noch nicht gebrochen. Dann ist — wenigstens bei Stahl — anzunehmen, daß diese Wechselspannung dauernd ertragen wird. $\sigma_W = \pm 11{,}5$ kg/mm² ist die Dauerwechselfestigkeit[1] des untersuchten Werkstoffes. Bei Beurteilung von σ_W ist natürlich die Probengröße und die Oberflächenbeschaffenheit zu berücksichtigen.

Die Dauerfestigkeit der Schweißnähte ist meist geringer als die Dauerfestigkeit des Grundwerkstoffes.

Die Hauptursachen für die Verminderung der Dauerfestigkeit von Schweißnähten sind die Kerbwirkungen; ferner Fehler in der Beschaffenheit der Nähte (durch grobe Poren, Schlacken- und Gaseinschlüsse, schlechte Wurzelverschweißung u. dgl.), Einbrandkerben am Übergang der Naht zum Werkstoff und die Kraterenden der Nähte.

Nach dem Bericht des Kuratoriums für Dauerfestigkeitsversuche (s. Fußnote 2 S. 21) waren die mit dem elektrischen Lichtbogen geschweißten Proben denen mit Gasschmelzschweißung hergestellten im allgemeinen gleichwertig. Die elektrisch geschweißten Verbindungen (Werkstoff: St 37) wurden bis auf wenige mit blankem Draht ausgeführt. Bei der Verwendung von umhülltem Draht war die Dauerfestigkeit nicht wesentlich höher als bei den Blankdrahtschweißungen. Dies ist darauf zurückzuführen, daß die Form der Schweißverbindung unter Umständen mehr ausschlaggebend ist als die Schweißgüte.

Beim Entwurf eines geschweißten Bauteiles werden die Abmessungen der Nähte auf Grund der Erfahrung oder an Hand ähnlicher Konstruktionen zunächst mehr gefühlsmäßig angenommen.

Aus dem Kraftangriff (Kräfte P oder Momente M) werden die in den Schweißanschlüssen rechnerisch auftretenden Spannungen, die sog. Nennspannungen σ_n, nach den allgemeinen Regeln der Festigkeitslehre ermittelt und der weiteren Berechnung zugrunde gelegt.

Bei Zug erhält man die Nennspannung σ_n aus $\sigma_n = P/F$, bei Biegung und Drehung aus σ_n' oder $\tau_n = M/W$. Von σ_n wohl zu unterscheiden sind die wirklichen Spannungen, namentlich die örtlichen Höchstspannungen $\max \sigma$ in Kerben (Spannungsspitzen).

b) Einzelheiten[2]. *1. Stumpfnähte* (V- und X-Nähte). Versuche. Versuche mit V-Nähten, Abb. 79 u. 80, (Werkstoff St 37, Schweißdraht blank) haben statische Zugfestigkeiten ergeben, die denen des Grundwerkstoffs gleich waren ($\sigma_B = 37$ bis 42 kg/mm²).

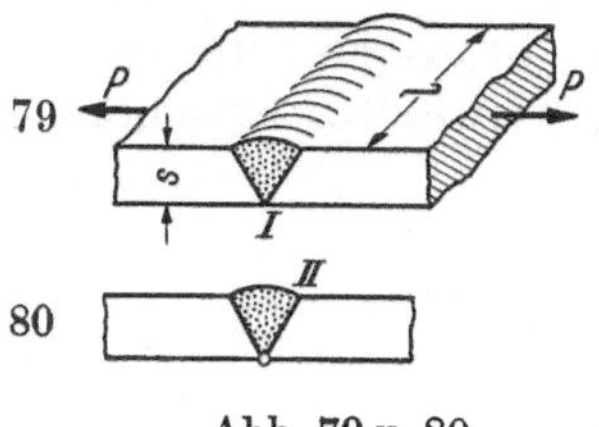

Abb. 79 u. 80.

Auch zeigte sich bei den Versuchen die übliche Einschnürung. Der Bruch trat im Werkstoff ein, da die unter einem dreiachsigen Spannungszustand stehende Naht am Fließen behindert ist.

Die Dauerfestigkeitsversuche haben ergeben, daß die V-Nähte ohne Wurzelverschweißung (Abb. 50, S. 13) eine wesentlich geringere Dauerfestigkeit haben als die mit nachgeschweißter Wurzel (Abb. 51, S. 13). Dies hat seine Ursache darin, daß bei der Naht ohne Nachschweißung an der Wurzel (I in Abb. 79) Kerbwirkung vorliegt, die frühzeitig zum Bruch führt.

Für V-Nähte senkrecht zur Kraftrichtung[3] wurden folgende Ursprungszugfestigkeiten σ_{Ur} erhalten:

[1] Aus Abb. 78 kann auch schätzungsweise die Zeitfestigkeit entnommen werden. So wird ein Bauteil, dessen Beanspruchung dem Probestab I entspricht, 1250000 Lastspiele ertragen, also bei $n = 100$ Spielen je Minute erst nach ≈ 200 Betriebsstunden zu Bruch gehen. (Eine Auswechslung müßte vielleicht nach 100 Betriebsstunden erfolgen.) Schwieriger ist das Abschätzen der Lebensdauer bei Bauteilen, die während des größten Teiles der Betriebszeit einer geringen Wechselspannung von z. B. ± 5 kg/mm² unterliegen, aber täglich kurze Zeit mehrmals mit z. B $\approx \pm 18$ kg/mm² beansprucht werden.

[2] Vgl. auch die Abb. 49—70, S. 13 u. f.

[3] V-Nähte, bei denen die Naht unter 45° zur Kraftrichtung angeordnet ist (sog. Schrägnähte) haben zwar eine etwas größere Ursprungsfestigkeit, aber einen um das 1,4mal größeren Schweißinhalt. Sie werden im Maschinenbau selten angewendet.

V-Naht ohne Wurzelnachschweißung $\sigma_{Ur} \approx 12$ kg/mm²,
desgl. mit ,, $\sigma_{Ur} \approx 18$ kg/mm².

Bei der wurzelverschweißten Naht begann der Bruch bei inneren Fehlstellen der Nähte (Poren, Schweißfehler u. dgl.) oder infolge der Kerbwirkung am Übergang der Naht zum Grundwerkstoff (*II* in Abb. 80).

Durch Abarbeiten des Schweißwulstes auf Blechdicke wurde eine Steigerung der Dauerfestigkeit erzielt.

Abb. 81 zeigt das Dauerfestigkeitschaubild für St 37, für die V-Naht mit Wurzelverschweißung und für die V-Naht ohne nachgeschweißte Wurzel.

Das Schleifenbild Abb. 81 wurde zuerst von Smith angegeben (J. Iron Steel, 1910). Auf der Waagerechten trägt man die Mittelspannung $\sigma_m = (\sigma_0 + \sigma_u)/2$ auf. Die Linie der σ_m verläuft unter 45°. Die Ober- und Unterspannungen σ_0 und σ_u werden in lotrechter Richtung aufgetragen, Druckspannungen $-\sigma_u$ nach unten (Vgl. auch Abb. 16 S 7.). Der größte Spannungsausschlag oder die Spannungsamplitude $\pm A_\sigma$, häufig mit σ_a bezeichnet, liegt zu beiden Seiten der σ_m-Linie. Statt des Schleifenbildes nach Smith kann man auch die Schaubilder nach Abb. 82a oder 82b benutzen. Dabei ist zu beachten, daß bei Abb. 81 die zum gleichen Verhältnis σ_m/σ_0 (z. B. $\sigma_m/\sigma_0 = 0{,}3$) gehörigen Spannungswerte in einem Schrägstrahl durch 0, bei Abb. 82a aber in einer Lotrechten liegen. Bei 82b liegen die zur gleichen Unterspannung σ_u gehörigen Werte ebenfalls in einer Lotrechten.

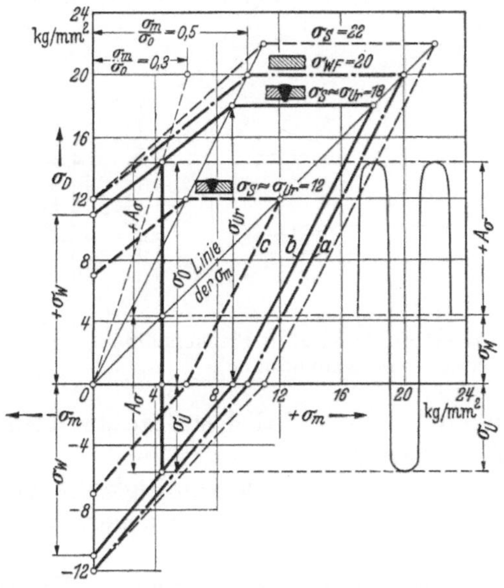

Abb. 81. Dauerfestigkeitschaubild für Zug-Druck und St 37. Raumtemperatur.

a Werkstoff; *b* V-Naht mit Wurzelverschweißung; *c* V-Naht ohne Wurzelverschweißung. Dauerfestigkeitsbezeichnungen s. Abb. 16, S. 7.

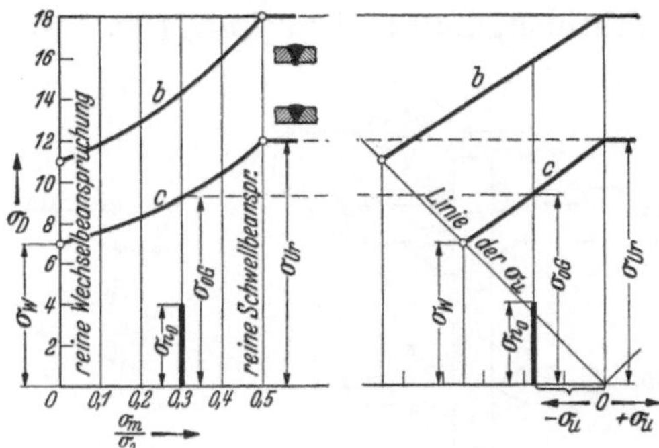

Abb. 82a u. b. Dauerfestigkeitschaubild nach Pohl-Bach (Abb. 82a) und Weyrauch-Kommerell (Abb. 82b).

b Grenzlinie für Werkstoff; *c* Grenzlinie für geschweißte Probe.

Sachgemäß geschweißte X-Nähte (s. S. 13) sind den V-Nähten vollkommen gleichwertig. Der Dauerbruch tritt bei ihnen stets am Übergang der Naht zum Grundwerkstoff infolge der Kerbwirkung auf.

Berechnung. Für die auf Zug (oder Druck) beanspruchte Stumpfnaht (Abb. 79 u. 80) ist die vorhandene Nennspannung:

$$\sigma_n = \frac{P}{s \cdot l} \cdots \text{kg/cm}^2 . \tag{1}$$

Die hochkant auf Biegung beanspruchte Stumpfnaht (Abb. 83) kommt z. B. bei dem Stegblechstoß eines Vollwandträgers vor (s. Abschn. H. Stahltragwerke der Krane).

Ist M das Biegemoment an der Stoßstelle, so ist die in der Naht vorhandene Biegenennspannung (Abb. 83):

$$\sigma_n' = \pm \frac{M}{W} = \pm \frac{6\,M}{s \cdot h^2} \cdots \text{kg/cm}^2 . \tag{2}$$

Für eine noch wirkende Querkraft Q ist die vorhandene Schubspannung (über den Querschnitt gleichmäßig verteilt angenommen):

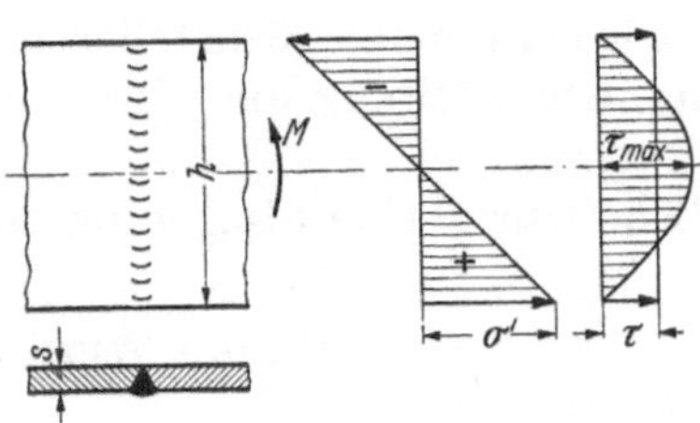

Abb. 83.

$$\tau_n = \frac{Q}{F} = \frac{Q}{h \cdot s} \cdots \text{kg/cm}^2\,[1]. \qquad (3)$$

Größtwert der parabolisch verlaufenden Schubspannung (Abb. 83):

$$\max \tau = \tfrac{3}{2} \cdot \tau_n \cdots \text{kg/cm}^2 . \qquad (4)$$

2. Eckstumpfnähte. Versuche. Versuche an Kreuzstößen mit beiderseitigen (hohlen) Eckstumpfnähten ergaben für St 52 folgende statische Zugfestigkeiten σ_B und Ursprungszugfestigkeiten σ_{Ur}.

Mit Fuge (Abb. 84): $\sigma_B = 56{,}7$ kg/mm²; $\sigma_{Ur} = 11$ kg/mm².
Ohne Fuge (Abb. 85): $\sigma_B = 58{,}2$ kg/mm²; $\sigma_{Ur} = 15$ kg/mm².

Bei der Nahtform mit Fuge geht der Dauerbruch von der Fuge I aus, bei der ohne Fuge beginnt er an den Einbrandkerben (II) des Stegbleches.

Berechnung. Für die auf Zug beanspruchte doppelseitige Eckstumpfnaht mit Fuge und ohne Fuge genügt es, die vorhandene Zugspannung im Stegblech (am Nahtübergang) zu berechnen (Gl. 1 S. 23).

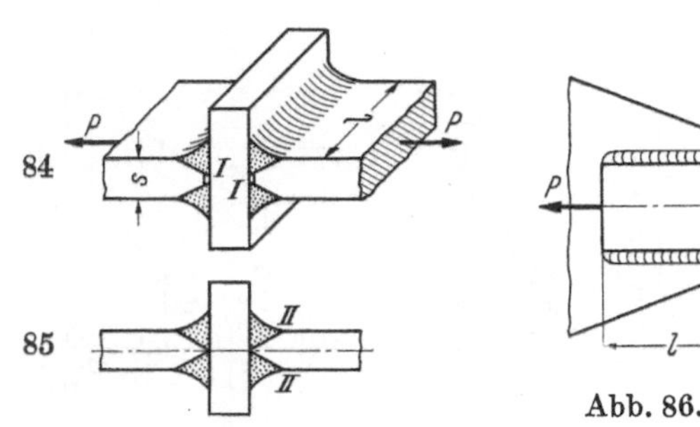

Abb. 84. u. 85.

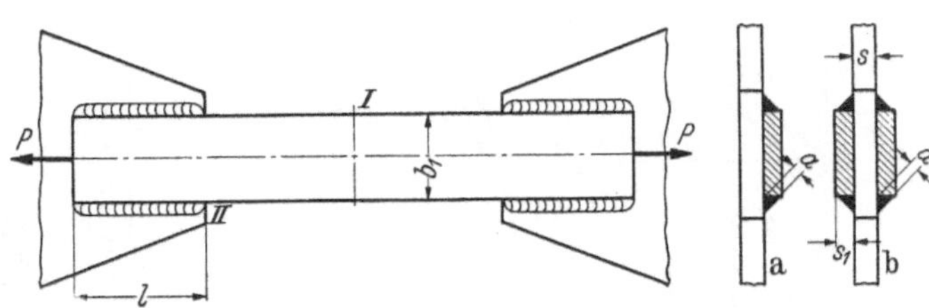

Abb. 86. a Flankennähte einseitig. b Flankennähte beiderseitig (Versuchsanordnung).

3. Flankenkehlnähte. Versuche. Flankennähte durchschnittlicher Güte sind beim statischen Zugversuch guten Stumpfnähten gleichwertig.

Bei Dauerzugversuchen an Proben nach Abb. 86 b waren die Dauerfestigkeiten gering, was auf das mehrmalige Umlenken der Kraftlinien in verschiedenen Richtungen zurückzuführen ist.

Die Dauerscherfestigkeit der Flankennähte (bezogen auf den Querschnitt $\Sigma a \cdot l$) wurde zu $\tau_{Ur} \approx 12$ kg/mm² gefunden. Vergleicht man diese mit der Ursprungsfestigkeit der guten Stumpfnaht $\sigma_{Ur} = 18$ kg/mm², so ist $\tau_{Ur} \approx 0{,}67\, \sigma_{Ur}$.

Bei der Verbindung Abb. 86 b (Werkstoff: St 37) war die statische Zugfestigkeit $\sigma_B \approx 41$ kg/mm², wobei der Bruch an der Einschnürung der Flacheisen eintrat (I in Abb. 86).

An der gleichen Verbindung vorgenommene Dauerzugversuche haben eine größere Festigkeit der Gasschmelzschweißung gegenüber der Lichtbogenschweißung ergeben, was auch die bessere Verformungsfähigkeit der mit Gasschmelzschweißung hergestellten Nähte zurückzuführen ist. Ferner war die Festigkeit von dem Verhältnis der Spannung ϱ in der Naht zur Stabspannung σ abhängig, bzw. bei gleicher Nahtdicke von der Nahtlänge l (Abb. 86).

Für $\varrho/\sigma = 0{,}5$, Unterspannung $\sigma_u = 0{,}5$ kg/mm² und Oberspannung $\sigma_0 = 9$ kg/mm², war die erreichte Lastspielezahl N = 1437000 (St 37). Hierbei trat der Bruch am Ende der Nähte (II in Abb. 86) ein.

Für $\varrho/\sigma \geq 1$ tritt der Bruch in den Nähten ein. Bei der Bemessung von dynamisch beanspruchten Bauteilen kann das Verhältnis $\varrho/\sigma = 0{,}65$ als zweckmäßiger Mittelwert zugrunde gelegt werden.

[1] In Abb. 83 ist τ_n mit τ bezeichnet.

Die Dauerfestigkeit der Flankennähte ist noch von der Flachstahlbreite (b_1) und der Blechentfernung abhängig. Bei gleicher Dicke und zunehmender Breite der Flachstähle von $b_1 = 25$ auf 70 mm sank die Dauerfestigkeit von 10 auf 7 kg/mm². Die Dauerfestigkeit steigt mit zunehmendem Blechabstand, was auf den günstiger werdenden Kraftlinienverlauf zurückzuführen ist. Dynamisch beanspruchte Flankennähte müssen in der Nahtwurzel gut vorgeschweißt sein, auch sollen die Nähte nicht über die Stoßstelle hinausgeführt sein. Bei der Verwendung von [-Stahl an Stelle von Flachstahl war die unter gleichen Verhältnissen erreichte Dauerfestigkeit größer, bei L-Stahl kleiner.

Bei den Stabanschlüssen mit Flankennähten (Abb. 86) werden die Hauptzugkraftlinien in der Stabebene nach den Flankennähten zu abgelenkt (Abb. 87a) und es entstehen bei X Spannungsspitzen. Die von Bierett[1] an geschweißten Flankennähten ermittelten Spannungszustände (Abb. 87b) erklären die Tatsache, daß der dem Bruch vorausgehende Anriß stets bei X (Abb. 87a) eintritt.

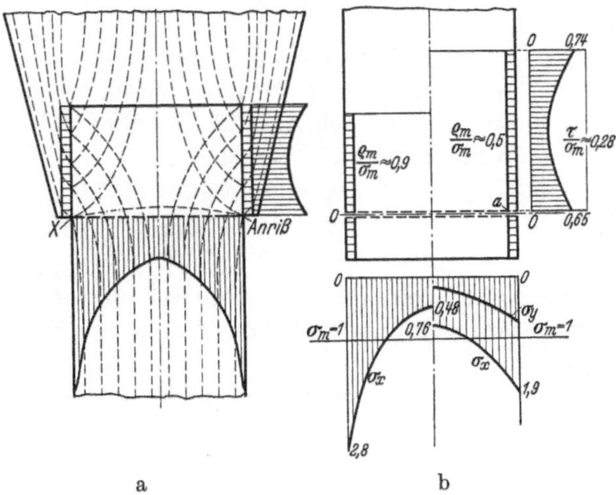

Abb. 87a u. b. Verlauf der Kraftlinien und Spannungszustände an Flankennähten (nach Bierett).

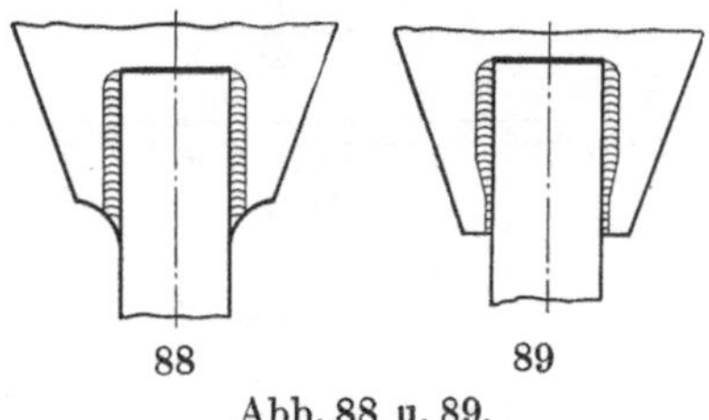

Abb. 88 u. 89.

Werden die Nahtenden an dieser Stelle zur Erreichung eines allmählicheren Übergangs abgefräst (Abb. 88), so lassen sich die Spannungsspitzen abbauen und die Dauerfestigkeit wird erhöht. Es wäre zu überlegen, ob sich die Spannungsspitze nicht auch dadurch abbauen läßt, daß man die Dicke der Flankennaht gegen das Nahtende zu verjüngt (Abb. 89).

Berechnung. Bei dem auf Zug beanspruchten, durch zwei Flankennähte an das Blech angeschlossenen Flacheisenstab (Abb. 86a) ist die Scherspannung dieses einschnittigen Anschlusses:

$$\tau = \frac{P}{\Sigma a \cdot l} = \frac{P}{2 \cdot a \cdot l} \cdots \text{kg/cm}^2. \tag{5}$$

Ist ein Formstahl, z. B. ein ⊥-Stahl (Abb. 90) an das Blech angeschlossen, so tritt in den Nähten noch ein zusätzliches Biegemoment $M = P\,x \ldots$ kgcm auf.

Widerstandsmoment des in bezug auf die X-Achse symmetrischen Schweißanschlusses:

$$W = 2 \cdot a \frac{l^2}{6} = \frac{1}{3}\, a\, l^2 \cdots \text{cm}^3. \tag{6}$$

Zusätzliche Biegespannung:

$$\sigma' = \pm \frac{3 \cdot P \cdot x}{a\, l^2} \cdots \text{kg/cm}^2\ ^2. \tag{7}$$

Der Anschluß eines zweiteiligen Stabes an das Blech (Abb. 86b) ist zweischnittig. Vorhandene Scherspannung:

$$\tau = \frac{P}{\Sigma a \cdot l} = \frac{P}{4\, a \cdot l} \cdots \text{kg/cm}^2. \tag{8}$$

[1] Die Schweißverbindung bei dynamischer Beanspruchung. Elektroschweißung 1933 S. 21.

[2] Im Stahlbau wird die Scherspannung in der Schweißnaht mit ϱ_2 und die Biegespannung mit ϱ_1 bezeichnet. Beide werden zu einer resultierenden Spannung $\varrho = \sqrt{\varrho_1^2 + \varrho_2^2}$ zusammengesetzt.

Werden zwei Formstähle (⊥ oder [ ) an das Blech angeschlossen, so treten trotz des mittigen Kraftangriffs infolge des Abstandes x der Kräfte $P/2$ von den Blechebenen, ähnlich wie in Abb. 90, zusätzliche Biegespannungen auf, deren Berücksichtigung unter Umständen geboten ist.

Sind unsymmetrische Formen (z. B. L-Stähle) anzuschließen, so sind die Schweißanschlüsse den beiden Schwerpunktsabständen des Profils entsprechend zu bemessen.

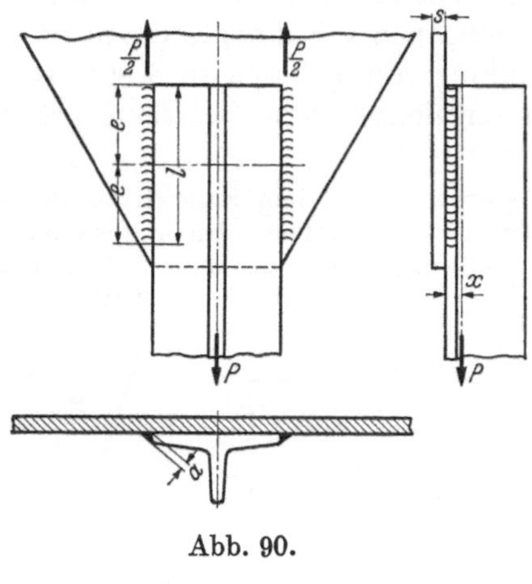

Abb. 90.

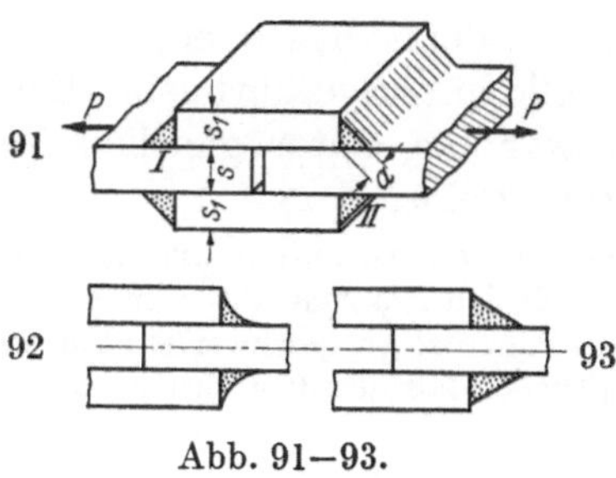

Abb. 91–93.

4. *Stirnkehlnähte.* Versuche. Dauerzugversuche mit Stirnkehlnähten wurden an Proben nach Abb. 91 (Laschenstößen) vorgenommen. Werkstoff: St 37. Die Ursprungsfestigkeiten waren bei:

Gasschmelzschweißung i. M. . . . . . . $\sigma_{Ur} = 11\ \text{kg/mm}^2$,
Lichtbogenschweißung i. M. . . . . . . $\sigma_{Ur} = 7\ \text{kg/mm}^2$.

Der Dauerbruch begann entweder an der Nahtwurzel (bei *I* in Abb. 91) oder an der Einbrandkerbe bei *II*. Diese Bruchgefahr läßt sich durch die Anwendung von Hohlnähten (Abb. 92) erheblich vermindern.

Auch durch die Anwendung von ungleichschenkeligen Nähten (Abb. 93) wird eine Verbesserung der Dauerfestigkeit erzielt. Dies ist darauf zurückzuführen, daß die Kraftlinien bei der gleichschenkligen Naht (Abb. 94) mehr abgelenkt werden als bei der ungleichschenkeligen (Abb. 95).

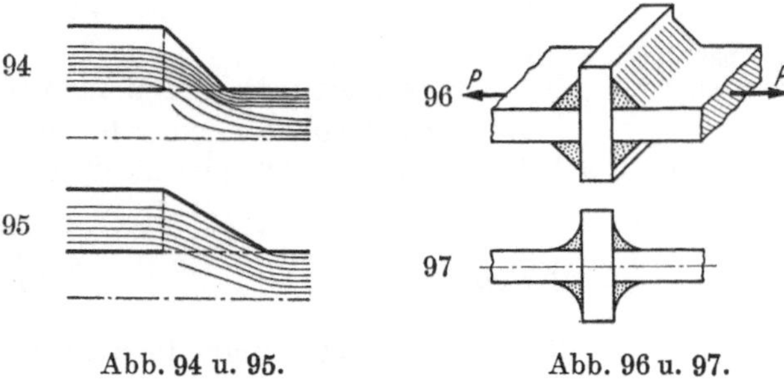

Abb. 94 u. 95. Abb. 96 u. 97.

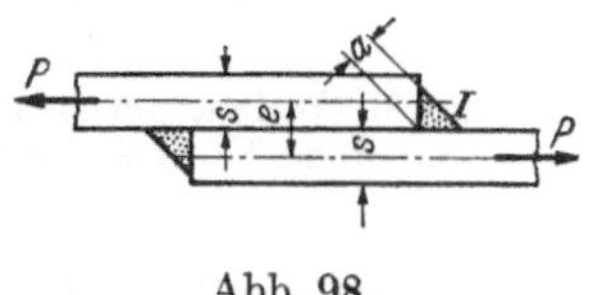

Abb. 98.

Das gleiche gilt auch für den Kreuzstoß (Abb. 96 u. 97). Versuche mit Kreuzstößen nach Abb. 96 und St 52 als Werkstoff ergaben bei geeigneten Elektroden für diesen Werkstoff eine statische Zugfestigkeit $\sigma_B = 48\ \text{kg/mm}^2$ und eine Ursprungszugfestigkeit $\sigma_{Ur} = 9{,}5\ \text{kg/mm}^2$.

Der Kreuzstoß mit (hohlen) Kehlnähten (Abb. 97) ist den Kreuzstößen mit Eckstumpfnähten (Abb. 84 u. 85 S. 24) gegenüber sowohl statisch wie auch hinsichtlich der Dauerfestigkeit ungünstiger. Er erfordert jedoch keine Bearbeitung der Schweißkanten und ist daher wesentlich billiger. Man wird ihm daher meist den Vorzug geben.

Berechnung beim überlappten Stoß, Laschenstoß und T-Stoß.

1. Überlappter Stoß.

Der auf Zug beanspruchte überlappte Stoß (Abb. 98) ist innerlich statisch unbestimmt.

Angenäherte Zugbeanspruchung in den Nähten

$$\sigma_n \approx \frac{P}{2\,a\,l} \cdots \text{kg/cm}^2. \tag{9}$$

Die in den Nähten noch auftretende Schubspannung kann vernachlässigt werden.

Der Stoß ist durch das Kräftepaar $P \cdot e$ noch zusätzlich auf Biegung beansprucht. Da sich die Kraftlinien an der Einbrandkerbe (bei I in Abb. 98) zusammendrängen, ist dieser Stoß hinsichtlich der Dauerfestigkeit sehr ungünstig. Er ist daher allgemein durch den theoretisch richtigen Stumpfstoß (Abb. 79 u. 80 S. 22) zu ersetzen, der, da sein Schweißinhalt nur die Hälfte beträgt, weit wirtschaftlicher ist.

2. Laschenstoß.

Der auf Zug beanspruchte Laschenstoß (Abb. 91), der bei geschweißten Maschinenteilen kaum in Frage kommt, weist die gleichen Nachteile auf.

3. T-Stoß mit einseitiger Kehlnaht.

Der auf Zug beanspruchte T-Stoß mit einseitiger Kehlnaht (Abb. 99) ist hinsichtlich der in der Naht auftretenden Spannungen besonders ungünstig. Bei Biegequerschnitten (Abb. 106—111 S. 28) ist seine Anwendung dann gegeben, wenn es sich um einen Kastenquerschnitt (Abb. 110) handelt, bei dem die doppelseitige Kehlnaht (Abb. 100) nicht anwendbar ist. Der Nahtquerschnitt ist dann auf der einen Hälfte auf Zug und auf der anderen auf Druck beansprucht.

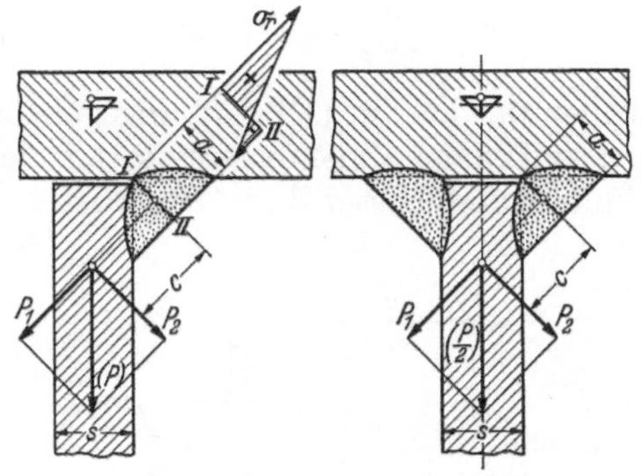

Abb. 99. Abb. 100.

Betrachtet man die auf Zug beanspruchte einseitige Kehlnaht (Abb. 99), so tritt in ihrem Querschnitt I—II eine Zugspannung

$$\sigma = + \frac{P_1}{a \cdot l} = \frac{0{,}707\, P}{a \cdot l} \cdots \mathrm{kg/cm^2} \qquad (10)$$

und eine Biegespannung

$$\sigma' = \pm \frac{6\, P_2 \cdot c}{a^2 \cdot l} = \pm \frac{4{,}25 \cdot P \cdot c}{a^2 \cdot l} \cdots \mathrm{kg/cm^2} \qquad (11)$$

auf. Unter Vernachlässigung der Schubspannung $\left(\tau = \frac{0{,}707\, P}{a \cdot l}\right)$ tritt der Größtwert der resultierenden Spannung

$$\sigma_r = + \sigma + \sigma' \qquad (12)$$

bei I auf, der ein mehrfaches der im Stegblech auftretenden Zugspannung ist.

4. T-Stoß mit doppelseitiger Kehlnaht.

Der auf Zug beanspruchte T-Stoß (Abb. 100) ist innerlich statisch unbestimmt und daher einer einwandfreien Spannungsermittelung nicht zugänglich. Zur überschläglichen Berechnung der Spannungen im Nahtquerschnitt a wird symmetrische Kraftübertragung angenommen und die halbe Zugkraft P in ihre Komponenten P_1 und P_2 zerlegt. Die Spannungen lassen sich dann ähnlich wie bei der einseitigen Kehlnaht (Abb. 99) bestimmen.

5. Sonstige Schweißanschlüsse.

1. Zylindrische oder hohlzylindrische Teile (Abb. 101—103) werden durch eine einseitige Kehlnaht an biegefeste Platten angeschlossen. Für die durch die Kraft P auf Zug beanspruchte Rundnaht (Abb. 101) ist der rechnerische Schweißquerschnitt:

$$F_{Schw} = (D + 2\,a)^2 \frac{\pi}{4} - D^2 \frac{\pi}{4} \cdots \mathrm{cm^2}. \qquad (13)$$

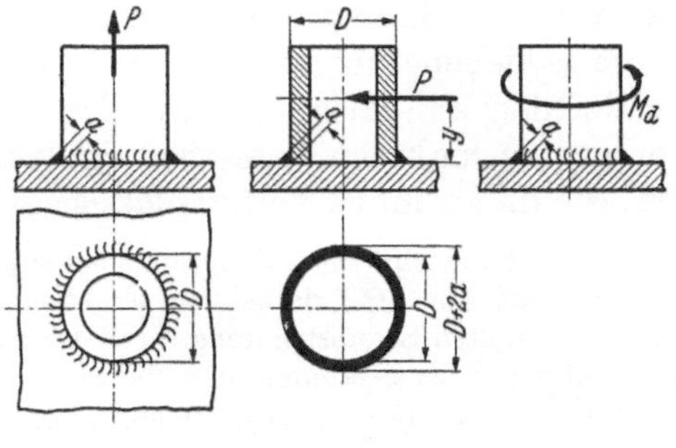

101 102 103

Abb. 101—103.

In Abb. 102 ist die Rundnaht durch das Moment $M = P \cdot y$ auf Biegung und durch die Kraft P auf Schub beansprucht. Widerstandsmoment des Schweißanschlusses.

$$W_{Schw} = \frac{1}{R + a} \cdot \left[(D + 2\,a)^4 \frac{\pi}{64} - D^4 \frac{\pi}{64}\right] \cdots \mathrm{cm^3}. \qquad (14)$$

Zur Berechnung der Schubspannung ist die Querschnittsfläche die gleiche wie bei der auf Zug beanspruchten Naht (Abb. 101).

Der Schweißanschluß in Abb. 103 ist durch das Drehmoment M_d auf Drehung (Schub) beansprucht. Die in ihm auftretende Drehungsbeanspruchung wird mit dem polaren Widerstandsmoment berechnet.

$$W_p = \frac{1}{R + a} \cdot \left[(D + 2\,a)^4 \frac{\pi}{32} - D^4 \frac{\pi}{32}\right] \cdots \text{cm}^3 \qquad (15)$$

Günstige Querschnitte bei Drehung: ● ○; ungünstig: L [I.

2. Die auf einer Welle aufgeschweißte Scheibe (Abb. 104) ist durch das Drehmoment $M_d = P \cdot R \ldots$ kgcm belastet. Die in den beiden Kehlnähten des Schweißanschlusses (Abb. 105) auftretende Drehungsspannung (Schubspannung) ist:

$$\tau = \frac{M_d}{2\,W_p} \cdots \text{kg/cm}^2, \qquad (16)$$

wobei für das in (Gl. 15) angegebene polare Widerstandsmoment statt D der Wellendurchmesser d zu setzen ist.

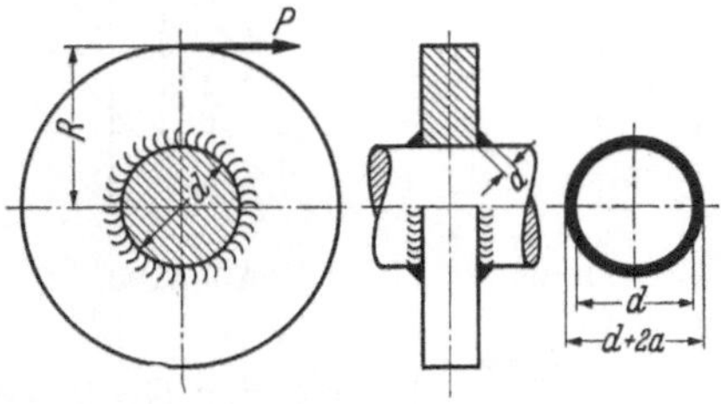

Abb. 104 u. 105.

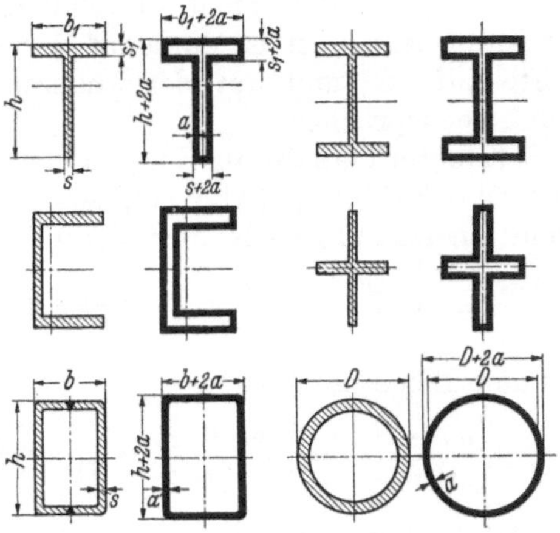

Abb. 106—111.

3. Besondere Beachtung erfordern die im Maschinenbau zahlreich verwendeten, vorwiegend auf Biegung beanspruchten Bauteile.

Biegung des Stumpfstoßes flachkant ist wegen des kleinen Widerstandsmomentes des Blechquerschnittes zu vermeiden. Biegung hochkant (Abb. 83 S. 24) wird wegen der geringen Seitensteifigkeit allein kaum angewendet.

Meist hat man es mit den Biegequerschnitten Abb. 106—111 zu tun, die allen Anforderungen, die an geschweißte Bauteile gestellt werden, genügen. Ihre daneben gezeichneten Schweißanschlüsse werden auf Biegung und Schub berechnet. Die Querschnitte sind so entstanden, daß man sich die unter 45° stehenden Nahtdicken a in die Bildebene umgeklappt denkt.

Bei den auf Biegung beanspruchten Bauteilen sind die Biegespannungen, von wenigen Ausnahmen abgesehen, in der Regel wesentlich größer als die Schubspannungen, die daher meist vernachlässigt werden können.

Auch die Berechnung auf zusammengesetzte Festigkeit erübrigt sich in manchen Fällen (z. B. bei dem Anschluß Abb. 102), da bei dem Größtwert der Biegespannung die Schubspannung Null ist und an Stelle der größten Schubspannung die Biegespannung Null ist. Treten Normal- und Schubspannungen gleichzeitig auf, so bestimmt man die größte resultierende Spannung nach der Näherungsformel $\sigma_r = \sqrt{\sigma^2 + \tau^2}$ [1], was damit begründet wird, daß eine genaue Spannungsermittelung in den Schweißnähten theoretisch und praktisch nicht möglich ist.

Bei manchen Bauteilen ist eine sorgfältige Berechnung der in den Schweißnähten auftretenden Spannungen erforderlich. Hierbei werden die von den Zug- und Druckkräften hervorgerufenen Spannungen, und die Zug- und Druckspannungen aus der Biegung addiert und die auftretenden Höchstspannungen ermittelt.

[1] DIN 4100, Vorschriften für geschweißte Stahlhochbauten.

Um in schwierigeren Fällen die Höchstspannungen richtig und an der richtigen Stelle zu erhalten, ist der Kraftfluß in dem Bauteil zu verfolgen und der Spannungsverlauf in einem Schaubild darzustellen.

Am gefährlichsten für die Schweißanschlüsse ist die Stelle der größten Zugspannung (z. B. Punkt *I* des Querschnitts Abb. 121 S. 35), da in den Nähten infolge des Schrumpfens oft schon hohe Zugspannungen vorhanden sind.

B. Sicherheit und zulässige Spannung im Maschinenbau.

Im Eisenhochbau und Brückenbau werden die Schweißkonstruktionen an Hand zulässiger Spannungen berechnet (s. auch Absch. H. Stahltragwerke der Krane).

Die Frage, ob auch im Maschinenbau, mit zulässigen Spannungen gerechnet werden soll, bedarf sorgfältiger Erwägungen. Während im Stahlbau meist gleichartige Bauglieder (z. B. Profil-Stähle und Bleche) verwendet werden, haben die in einer Maschine vorhandenen Bauteile sehr mannigfache Gestalt und sind den verschiedensten Beanspruchungsverhältnissen (Arbeitskräfte, Massenkräfte, Schlag- und Stoßbeanspruchungen u. dgl.) unterworfen. Dazu kommt, daß die Tragfähigkeit der Bauteile nicht nur nach den Querschnitten und den gegebenen Werkstoff-Festwerten, sondern auch nach ihrer Gestalt und nach der Festigkeit des geformten Werkstoffes (Gestaltfestigkeit) beurteilt werden muß.

Bei der Berechnung geschweißter Maschinenteile[1] wird daher meist nicht von zulässigen Spannungen ausgegangen, sondern zur Beurteilung der Sicherheit die vorhandene Betriebsnennspannung mit einer Grenznennspannung verglichen, die nicht überschritten werden darf.

Beim Überschreiten der Grenze können drei Fälle eintreten:

1. Durch eine einmalige, starke Überlastung infolge einer Betriebsstörung tritt ein plötzlicher Gewaltbruch ein (namentlich bei Stoßwirkung).

2. Durch eine einmalige oder mehrmalige Überlastung tritt eine bleibende Formänderung ein (Überschreiten der Streckgrenze σ_S). Durch diese Formänderung (Recken, Stauchen, Verbiegen usw.) können weitere Betriebsstörungen ausgelöst werden.

3. Der Bauteil hält den dauernd auftretenden Schwankungen der betriebsmäßigen Spannung nicht stand. Seine Dauerfestigkeit ist zu gering. Dann kann nach längerer Betriebszeit, vielleicht nach 500 000 oder 2 000 000 Lastspielen ein Bruch (Dauerbruch) auftreten.

In den Fällen 1 und 2 erfolgt die Berechnung in der üblichen Weise. Die zulässige Nennspannung ist ein Bruchteil von σ_B oder σ_S. Bei Stoßwirkungen ist auch das Arbeitsvermögen der Bauteile zu beachten.

Auf Fall 3 soll näher eingegangen werden. Es sei aber betont, daß auch hier die Grundlagen der Berechnung auf Bach und Wöhler zurückgehen, denn in den „Belastungsfällen" nach Bach wird bereits die „dynamische" Beanspruchung oder Schwingungsbeanspruchung der Bauteile berücksichtigt.

C. Berechnung der geschweißten Maschinenteile auf Dauerhaltbarkeit[2].

1. Angriff und Arten der Schwingungsbeanspruchung.

Die aus dem Kraftangriff (Kräfte *P* oder Momente *M*) in den Schweißanschlüssen nach Abschn. 5 S. 21 ermittelten Nennspannungen, die Oberspannung σ_{no} und die Unterspannung σ_{nu} werden im folgenden als Angriff bezeichnet.

[1] Es sei aber betont, daß — ähnlich wie bei Gußteilen — auch bei vielen Schweißteilen die Abmessungen nicht von den Spannungen abhängen, sondern von Rücksichten auf die Herstellung, Steifigkeit, Abnutzung usf. Die Beachtung dieser Erfahrungen und der Vergleich mit bewährten und nicht bewährten Ausführungen tritt in vielen Fällen an Stelle der Rechnung!

[2] Bobek: Schweißkonstruktionen für Dauerwechselbeanspruchungen. „Elektroschweißung" 1936, S. 81. — Desgl. Über die Berechnung von dauernd wechselnd beanspruchten Schweißverbindungen. Desgl. 1936 S. 41. — Hänchen: Berechnung der geschweißten Maschinenteile auf Dauerhaltbarkeit. Desgl. 1937 S. 201 u. 226. — Volk: Sicherheit und zulässige Spannung. Elektroschweißung, 1937 S. 173.

Die Bauteile sind auf Zug, Druck, Zug-Druck, Biegung, Schub oder Verdrehung wechselnd oder schwellend beansprucht. Für die wichtigsten Beanspruchungsarten, Zug (oder Druck) und Biegung ist der zeitliche Verlauf der Belastungschwankungen in Abb. 112—115 durch Wellenlinien dargestellt.

Es sei aber schon hier darauf hingewiesen, daß die bei einem Arbeitsspiel oder innerhalb eines Betriebsabschnittes auftretenden Schwankungen keineswegs so regelmäßig verlaufen, wie in einer Prüfmaschine (vgl. Abb. 116).

In den Abb. 114 u. 115 sind die Grenzwerte der Wechselkraft P_0 und P_u gleich groß angenommen und mit P bezeichnet. Eine noch hinzutretende ruhende Kraft heißt P_r. Da alle Spannungen Nennspannungen sind, ist der Zeiger n fortgelassen.

a) Schwellende Beanspruchung mit Zugvorspannung. Abb. 112a: Zug; Abb. 112b: Biegung durch P_0, Zug durch P_r; Abb. 112c: Spannungsverlauf bei Abb. 112a und im Punkte A von Abb. 112b.

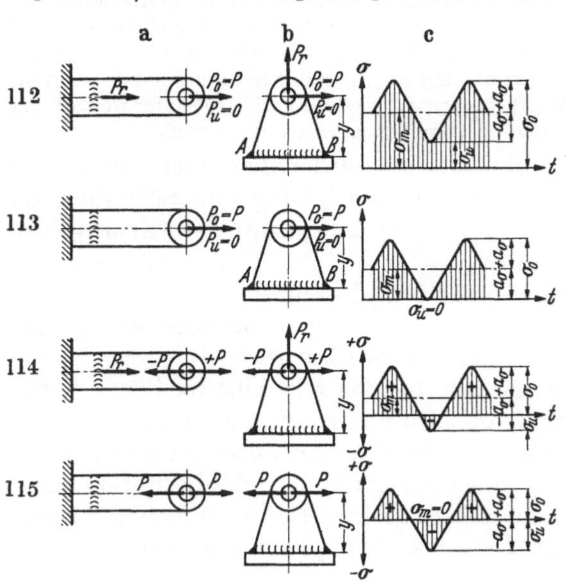

Abb. 112—115. Arten der Dauerbeanspruchung (Schwingungsbeanspruchung) und Spannungswellen.

σ_m = Mittelspannung.
$\pm a_\sigma$ Spannungsamplitude[1].
Oberspannung: $\sigma_0 = \sigma_m + a_\sigma$.
Unterspannung: $\sigma_u = \sigma_m - a_\sigma$.
Mittelspannung: $\sigma_m = (\sigma_0 + \sigma_u)/2$.

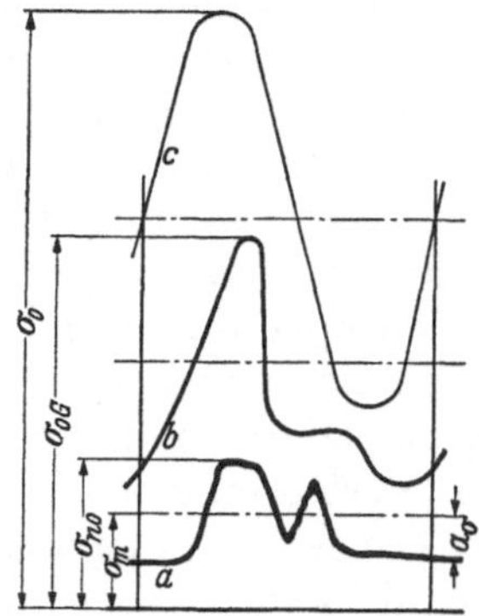

Abb. 116. Spannungsverlauf im Betrieb, an der Gefahrengrenze und beim Dauerversuch. Betriebszustand (Linie a); Gefahrenzustand (Linie b); Dauerversuch (Linie c).

b) Reine Schwellbeanspruchung Abb. 113a bis c.

Abb. 113c. Spannungsverlauf im Punkte A (Abb. 113b).

Oberspannung: $\sigma_0 = 2\,a_\sigma = 2 \times$ Spannungsamplitude.
Unterspannung: $\sigma_u = o$;
Mittelspannung: $\sigma_m = {}^1/_2\,\sigma_0 = a_\sigma$.

c) Wechselnde Beanspruchung mit Zugvorspannung. Abb. 114a—c. $P_r < P$.
σ_0 liegt im Zugbereich und σ_u im Druckbereich.

d) Reine Wechselbeanspruchung. Abb. 115a bis c.
Mittelspannung: $\sigma_m = o$;
Oberspannung: $\sigma_0 = + a_\sigma$;
Unterspannung: $\sigma_u = - a_\sigma$.

An Stelle der Normalspannungen können auch Schubspannungen (τ) oder Drehungsspannungen (τ') treten.

2. Steigerung des Angriffs.

Zu der berechneten Mittelspannung macht Bobek einen Zuschlag bis zu 20%, der der baulichen Form des Werkstückes und den vorhandenen Eigenspannungen im Schweißanschluß (Schrumpfspannungen) Rechnung tragen soll.

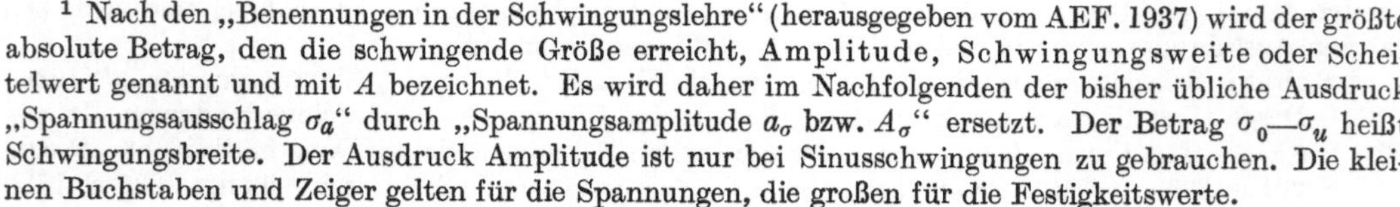

[1] Nach den „Benennungen in der Schwingungslehre“ (herausgegeben vom AEF. 1937) wird der größte absolute Betrag, den die schwingende Größe erreicht, Amplitude, Schwingungsweite oder Scheitelwert genannt und mit A bezeichnet. Es wird daher im Nachfolgenden der bisher übliche Ausdruck „Spannungsausschlag σ_a“ durch „Spannungsamplitude a_σ bzw. A_σ“ ersetzt. Der Betrag σ_0—σ_u heißt Schwingungsbreite. Der Ausdruck Amplitude ist nur bei Sinusschwingungen zu gebrauchen. Die kleinen Buchstaben und Zeiger gelten für die Spannungen, die großen für die Festigkeitswerte.

Im Brückenbau ist es üblich, zu der vom Eigengewicht herrührenden Spannung und zu der Spannungsamplitude einen Zuschlag von 20—50% zu machen, wodurch der Spannungszuwachs durch Stöße (Stoßzahl) und der Einfluß der Schwingung berücksichtigt wird.

Im folgenden wurde von derartigen allgemeinen Zuschlägen abgesehen, da es im vielgestaltigen Maschinenbau richtiger erscheint, die Spannungssteigerung von Fall zu Fall besonders zu berücksichtigen.

3. Grenzspannung und Spannungsverhältnis.

Bereits auf S. 29 wurde darauf hingewiesen, daß man die in den Schweißnähten auftretende Betriebsnennspannung[1] einer nach gleichen Grundsätzen berechneten Grenznennspannung entgegenstellen muß.

Ein völlig einwandfreier Wert für diese Grenzspannung kann eigentlich nur unmittelbar am Werkstück und in der zugehörigen Maschine, nicht aber an einem Probestab und einer Prüfmaschine festgestellt werden. Man muß am Versuchsstand die Betriebsbedingungen der Maschine so lange steigern, bis ein Bruch eintritt oder sich ankündigt. (Bleiben auch die gesteigerten Spannungen unter der Dauerfestigkeitsgrenze, so tritt kein Dauerbruch ein. Dann lehrt der Versuch, daß noch leichter konstruiert werden kann.)

Die aus dem Gefahrenzustand des Bauteiles errechnete Grenzspannung σ_{nG} (Bauteil in Maschine) ist dann mit der vorhandenen höchsten Nennspannung im laufenden Betrieb zu vergleichen[2]. Das Spannungsverhältnis V ist $= \dfrac{\sigma_{nG}\ \text{(Bauteil in Maschine, Bruchgefahr)}}{\sigma_{no}\ \text{(Bauteil in Maschine, Betriebszustand)}}$.

In diesem Fall wird man auch V gleich der Sicherheit S setzen können. Auch kann man dann unmittelbar mit den Kräften rechnen, also $V =$ Grenzlast P_G durch höchste Betriebslast P_o setzen. Wenn die Bauteile nicht in der zugehörigen Maschine sondern in einer besonderen Prüfmaschine mit anderem Belastungsverlauf geprüft werden oder gar an Stelle des Werkstückes ein Probestab mit anderen Abmessungen tritt, wird man die im Versuch erhaltene Grenzspannung erst auf das Werkstück und die wirklichen Betriebsbedingungen umrechnen müssen[3].

Dann ist
$$V = \frac{C \cdot \sigma_{nG}\ \text{(Werkstück in Prüfmaschine)}}{\sigma_{no}\ \text{(Werkstück unter Betriebsbedingungen)}}$$
oder
$$V = \frac{C' \cdot \sigma_{nG}\ \text{(Probestab in Prüfmaschine)}}{\sigma_{no}\ \text{(Werkstück unter Betriebsbedingungen)}}.$$

Es ist wiederholt versucht worden, den Wert des mehrteiligen und von manchen Einflüssen abhängigen Faktors C' zu bestimmen, z. B. aus dem Kennwert der Form (α_k), aus der Kerbempfindlichkeit usw. Doch ist man, zum mindesten bei Schweißverbindungen, noch immer auf Schätzung von Fall zu Fall und innerhalb weiter Grenzen angewiesen.

Die Frage, in welcher Weise der Vergleich zwischen Betriebs- und Grenzspannung durchzuführen ist, soll an Hand des Schleifenbildes[4] Abb. 117 beantwortet werden.

Die Schwingungsbeanspruchung einer Naht sei gekennzeichnet durch den Verlauf des Kraftangriffes während eines Arbeitsspieles, näherungsweise durch die Grenzwerte P_0 und P_u der wirkenden Kräfte. Da die Gefahr eines Dauerbruches mit dem Abstand der beiden Grenzwerte steigt, so ist dieser Abstand mit seinem größten, im Dauerbetrieb zu erwartenden Wert einzusetzen.

---

[1] Der Vergleich der Nennspannungen ist ein Notbehelf, so lange es nicht möglich ist, die örtlich wirklich auftretenden Spannungen und die Festigkeitseigenschaften der Werkstoffe unter den Spannungsspitzen einwandfrei und mit einer Streuung von nicht mehr als $\pm$ 10% zu bestimmen.

[2] Bei stark schwankender Beanspruchung kann der Vergleich nur an Hand eines Belastungsbildes erfolgen.

[3] Wichtig ist es, die voraussichtliche Lastspielezahl des Werkstückes der Lastspielezahl N des Dauerversuches gegenüberzustellen. So z. B. ist bei dem aussetzenden Betrieb der Hebezeuge die Belastungshäufigkeit (betriebsmäßige Lastspielezahl) erheblich niedriger als bei Maschinen mit Dauerbetrieb. Betrachtet man die Wöhler-Linie (Abb. 78 S. 21), so ersieht man, daß die ertragene Spannung bei kleiner Lastspielezahl erheblich größer ist als bei z. B. $N = 10$ Millionen. Ist daher innerhalb der Lebensdauer eine kleinere betriebsmäßige Lastspielezahl zu erwarten, so kann eine größere Betriebsnennspannung zugelassen werden, was bei der Berechnung und Bemessung des Bauteiles zu berücksichtigen ist. Doch sind die Grundsätze zur Berechnung von Schweißverbindungen auf Zeitfestigkeit noch so wenig geklärt, daß Zahlenangaben nicht gemacht werden können. (Vgl. C. Volk: Das erweiterte Wöhlerbild, das neue Spannungsbild, Metallwirtschaft 1938, S. 1167 und Elektroschweißung, 1939, S. 54).

[4] Siehe Abb. 81 S. 23. Der Vergleich kann auch mit Hilfe von Abb. 82a oder 82b erfolgen.

Aus $P_0/\Sigma a l$ (oder aus M_0/W) berechnet man die größte (obere), aus $P_u/\Sigma a l$ die kleinste (untere) Betriebsnennspannung (σ_{no} und σ_{nu}).

Die Mittelspannung ist $\sigma_m = \frac{\sigma_{no} + \sigma_{nu}}{2}$. Bei diesem Wert von σ_m trägt man die Werte von σ_{no} und σ_{nu} auf (Abb. 117).

Nun überlege man, durch welche Betriebsvorgänge in der treibenden oder getriebenen Maschine (z. B. Steigerung des Dampfdruckes oder der Geschwindigkeit, Massenbeschleunigung, Anwachsen des Widerstandes, Stöße usw.) eine gefährliche Überschreitung der berechneten Betriebsnennspannungen auftreten kann und wie σ_{no} und σ_{nu} im Gefahrenzustand anwachsen.

Man wird im allgemeinen drei Fälle unterscheiden können:

a) Alle Spannungen wachsen nahezu im gleichen Verhältnis an, d. h. Verhältnis σ_m/σ_0 = konstant und $V = \frac{\sigma_{nG}}{\sigma_{no}}$. (In Abb. 117 ist z. B. $\sigma_{no} = 6{,}5$; $\sigma_{nu} = 2{,}6$; $\sigma_m = (6{,}5 - 2{,}6)/2 \approx 2$. Dann ist $\sigma_m/\sigma_{no} = 0{,}3$. Um den maßgebenden Wert der Grenzspannung σ_{nG} zu erhalten, schneide man die Grenzlinie L_1 mit einem Strahl durch $\sigma_m/\sigma_0 \approx 0{,}3$. Dann wird $V = \sigma_{nG}/\sigma_{no} = 14/6{,}5 \approx 2{,}2$.

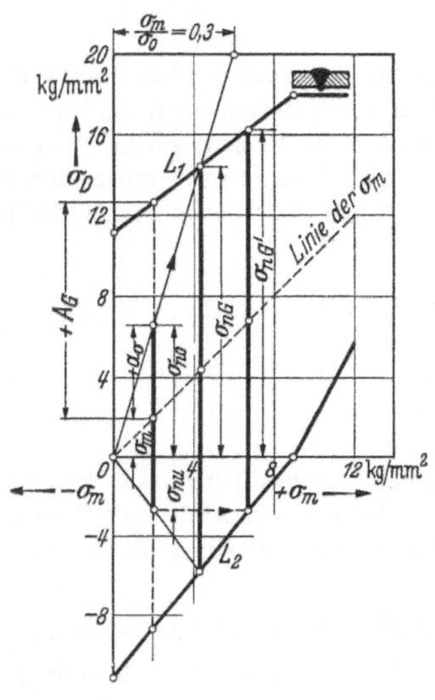

Abb. 117.

Sonderfälle:

$\sigma_m/\sigma_0 = 1$ oder $\sigma_m = \sigma_0$; $\pm a_\sigma = 0$;

keine Schwingung, ruhende Belastung, Belastungsfall I.

$\sigma_m/\sigma_0 = 0{,}5$ oder $\sigma_0 = 2\,\sigma_m = 2\,a_\sigma$, $\sigma_u = 0$;

reine Schwellbeanspruchung, Belastungsfall II.

$\sigma_m/\sigma_0 = 0$ oder $\sigma_m = 0$, $\sigma_0 = +a_\sigma$; $\sigma_u = -a_\sigma$;

reine Wechselbeanspruchung, Belastungsfall III.

b) Die Unterspannung σ_{nu}, die vielleicht vom Eigengewicht herrührt, behält ihren Wert unverändert bei. $\sigma_{nu} \lesseqgtr 0$ = konstant. Z. B. $\sigma_{nu} = 2{,}6$ = konstant, Abb. 117.

Die Unterspannung im Gefahrenzustand liegt im Schnitt der Waagerechten durch σ_{nu} mit L_2.

Die zugehörige Grenzspannung ist $\sigma_{nG}' \approx 16$. Somit

$$V = \frac{\sigma_{nG}'}{\sigma_{n0}} = \frac{16}{6{,}5} \approx 2{,}5.$$

c) Es ändert sich nur die Spannungsamplitude $a_\sigma = \frac{\sigma_0 - \sigma_u}{2}$, die Mittelspannung $\sigma_m = \frac{\sigma_0 + \sigma_u}{2}$ behält ihren Wert unverändert bei. $\sigma_m \lesseqgtr 0$ = konstant. Beispiel, Abb. 117: Amplitude a_σ (Betrieb) $= \frac{6{,}5 - (-2{,}6)}{2} \approx 4{,}5$; Amplitude im Gefahrenzustand $A_G \approx 10{,}5$.

Amplitudenverhältnis $V_A = \frac{A_G}{a_\sigma} = \frac{10{,}5}{4{,}5} \approx 2{,}3$[1].

Das nach a, b oder c erhaltene Spannungsverhältnis dient zur Beurteilung der Sicherheit S.

Es wäre $V = S$, falls das Werkstück in jeder Weise genau dem Probestück entspräche und die Einspannung und Beanspruchung des Werkstücks in jeder Weise genau mit der Einspannung und Beanspruchung des Probestücks in der Prüfmaschine in Einklang wäre.

[1] Bei dem gewählten Beispiel und bei der aus Abb. 117 ersichtlichen Lage von $L_1 \approx$ parallel zur Linie der σ_m sind die Unterschiede zwischen den verschiedenen V-Werten gering und liegen im allgemeinen innerhalb des Streubereiches für derartige Rechnungen. Im Zweifelsfalle rechne man stets mit σ_{n0} und σ_m/σ_0 = konstant.

Im allgemeinen ist daher $S < V$. (Statt mit V kann man auch mit dem Sicherheitsabstand $\sigma_{nG} - \sigma_{n0}$ rechnen und diesen Abstand in Hundertteilen von σ_{nG} ausdrücken. Namentlich bei kleinen Sicherheiten gibt der Abstand ein schärferes Bild. So ist für $\sigma_{n0} = \sigma_{nG}$ das für die Beurteilung der Sicherheit S maßgebende $V = 1$, der Sicherheitsabstand aber $= 0$!)

Bei dem Zahlenbeispiel zu Abb. 117 war vorausgesetzt, daß es sich um eine wurzelverschweißte V-Naht handelt und daß für diese Naht und für Probestücke ähnlicher Größe ein Schaubild auf Grund von Versuchen vorliegt.

Ist aber z. B. eine Kehlnaht zu berechnen, für die keine Versuchswerte zur Verfügung stehen, so kann man nach dem Vorschlag von Bobek gleichfalls von dem Schaubild für die „gute" Stumpfnaht ausgehen.

Zu diesem Zwecke schlägt Bobek, zunächst unverbindlich Beiwerte vor, die die Verwendung des Dauerfestigkeitsschaubildes der guten Stumpfnaht auch bei anderen Schweißgüten, Nahtformen und Belastungsarten usw. ermöglichen. Da die Dauerfestigkeit eines größeren Bauteils meist kleiner ist als die des kleinen Probestabes kommt noch ein weiterer Beiwert in Frage, der der Bauteilgröße Rechnung trägt.

4. Beiwerte zur Bestimmung der Grenzspannung (Dauerfestigkeit der Schweißanschlüsse)[1].

a) Beiwert für die Schweißgüte (c_1). Für normale Konstruktionsschweißung („N") ist bei jeder Belastungsart $c_1 = 0{,}5$, für Festschweißung („F") ist $c_1 = 1$. Schweißgüten s. S. 18.

b) Beiwert für die Nahtform und Belastungsart (c_2). Für die gute Stumpfnaht (V- und X-Naht) ist bei allen Belastungsarten $c_2 = 1$.

Tafel 4 gibt die Beiwerte c_2 (nach Bobek) für ⊥-Stöße mit Kehl- und Eckstumpfnähten, für Zug-Druck, Biegung und Schub an.

Bei zusammengesetzter Beanspruchung (z. B. Biegung und Schub) wird für c_2 der Wert für die ungünstigste Belastungsart gewählt.

Tafel 4. Beiwerte c_2 für die Nahtform und Belastungsart (nach Bobek).

Nahtformen	Kehlnähte			Eckstumpfnähte		
	Einseitige Flachnaht	Doppelseitige Flachnaht	Doppelseitige Hohlnaht	Einfache Eckstumpfnaht	Doppelseitige Eckstumpfnaht mit Lücke	Doppelseitige Eckstumpfnaht ohne Lücke
Belastungsart: Zug — Druck	0,4	0,6	0,7	0,7	0,7	0,9
Biegung . . .	0,2	0,8	0,9	0,8	0,8	0,9
Schub[2] . . .	0,4	0,6	0,7	0,7	0,7	0,9

c) Beiwert für formbedingte Kerbwirkungen (c_3). Dieser Beiwert ist kleiner als 1, wenn der Schweißanschluß an einer Stelle liegt, die nach der Gestalt des Werkstückes erhöhte Kerbwirkung erwarten läßt. Zuverlässige Zahlenwerte über die Größe von c_3 können derzeit noch nicht angegeben werden. Einigen Anhalt bieten die Dauerversuche mit gekerbten Probestäben, mit abgesetzten Wellen usw.[3].

[1] Die von Bobek gewählten Bezeichnungen für die Beiwerte wurden nicht beibehalten. Bei dem von Bobek berechneten Beispiel war $\sigma_m \approx$ konstant und klein gegenüber σ_{n0}. Es lag also der Fall c) vor, die Beiwerte wurden mit der Amplitude der Dauerfestigkeit multipliziert. Diese Beiwerte sind zunächst ein wertvoller Behelf für den Konstrukteur, namentlich bei Vergleichsrechnungen, doch ist ihr baldiger Ersatz durch genaue Versuchswerte mit verschiedenen Nahtformen erwünscht.

[2] Längs und quer zur Naht.

[3] Da die Kerbwirkung z. B. der Kehlnaht bereits durch c_2 berücksichtigt ist, soll durch c_3 der Einfluß gemessen werden, der sich aus dem örtlich besonders ungünstigen Spannungsverlauf ergibt und der vielleicht erfahrungsmäßig in Betrieb oder bei Versuchen bereits zu Dauerbrüchen geführt hat. Es muß aber stets untersucht werden, ob durch Verstärkung der Naht eine Verbesserung zu erzielen ist oder ob die Bruchgefahr nicht durch eine Konstruktionsänderung oder eine Änderung der Nahtform vermindert werden kann.

Für die auf Zug beanspruchte gute Stumpfnaht kann bei dem glatt verlaufenden Kraftfluß $c_3 = 1$ gesetzt werden.

d) Beiwert für die Bauteilgröße (c_4). Lehr berücksichtigt die Bauteilgröße dadurch, daß er (auf Grund der Versuche von Buchholz, Mailänder, Lehr usw.) von dem Dauerfestigkeitsausschlag des Probestabes einen Abzug von 10—25% macht, so daß $c_4 = 0{,}75$ bis $0{,}90$ wird. Doch sei bemerkt, daß sich die erwähnten Versuche auf ungeschweißte, zylindrische Probestäbe beziehen. Über den Wert von c_4 für geschweißte Bauteile liegen noch keine Erfahrungen vor. Vielleicht wäre es möglich, an Hand künftiger Erfahrungen, den Beiwert c_4 mit c_1 zu einem neuen Beiwert zu vereinigen, der die örtlichen Festigkeitsunterschiede innerhalb eines größeren, mit der Güte „F" (also mit $c_1 = 1$) geschweißten Bauteiles und die Lage der Schweißnähte berücksichtigt (Streuung der Versuchswerte beachten!)

e) Gesamtbeiwert. Der die Dauerfestigkeit der guten Stumpfnaht bzw. ihren Spannungsausschlag A_σ herabsetzende Gesamtbeiwert ist:

$$C = c_1 \cdot c_2 \cdot c_3 \cdot c_4.$$

Mit dem Gesamtbeiwert C werden die Festigkeitswerte der guten Stumpfnaht (für Zug—Druck) multipliziert, um die Festigkeitswerte bei anderer Nahtform und Beanspruchung zu erhalten. (Näheres in den Beispielen.)

5. Beispiele.

Beispiel 1. Ein geschweißter Tragarm ist zu berechnen.

Gestaltung des Tragarmes nach Abb. 118 und 119. Werkstoff: St 37. Schweißgüte: Normale Konstruktionsschweißung („N"). Die Last $P = 2100$ kg ist ruhend angenommen (Gleichlast).

Rechnerische Nahtdicke: $a = 5$ mm angenommen.

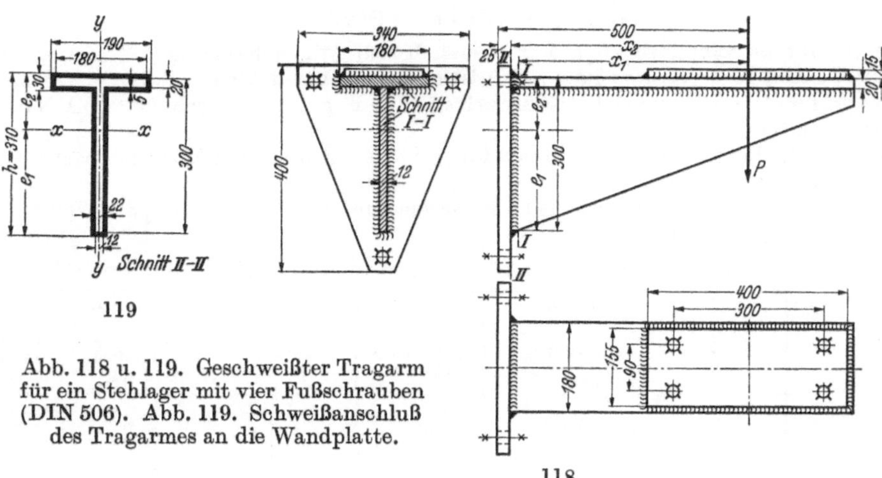

Abb. 118 u. 119. Geschweißter Tragarm für ein Stehlager mit vier Fußschrauben (DIN 506). Abb. 119. Schweißanschluß des Tragarmes an die Wandplatte.

Die für die Berechnung in Frage kommenden Faserabstände, Flächen, Trägheits- und Widerstandsmomente und die berechneten Spannungen sind in Tafel 5 eingetragen.

Tafel 5.

Querschnitte (Abb. 118 u. 119)	Faserabstände e_1 mm	e_2 mm	Querschnittswerte F cm²	I_x cm⁴	W_1 cm³	W_2 cm³	Biegeabstand mm	Biegemoment kgcm	Biegespannung kg/cm²	Schubspannung kg/cm²
Werkstoff I—I	217,5	82,5	69,6	6120	280	740	$x_1 = 468 \approx x_2$	98 500	unten —350 oben +133	$\tau \approx 30$
Schweißanschl. II—II	203	107	49	4750	234	443	$x_2 = 475$	100 000	unten —427 oben +225	≈ 43

Meist ist es nicht erforderlich, getrennte Rechnungen für den Werkstoff und den Schweißanschluß durchzuführen. Man berechnet nur den Schweißanschluß und schätzt die Werte für den Werkstoffquerschnitt.

Im Schweißanschluß II-II (Abb. 119) erhält man hier als höchste Werte $+ 225$ kg/cm² Zug und -427 kg/cm²-Druck.

Bei St 37 (und bei einer doppelseitigen Kehlnaht, Güte „F“) sind bei **ruhender Belastung** ~ 1000 kg/cm² zulässig [1]. Rechnet man bei Güte „N“ mit $0{,}5 \times 1000 = 500$, so ist ausreichende Sicherheit vorhanden.

Beispiel 2. Der Schweißanschluß des in Abb. 120 dargestellten Auges ist nachzurechnen.

Beanspruchungsart: Reine Schwellbeanspruchung; Werkstoff: St 37; Abmessungen des Anschlusses: $b = 100$ mm, $s = 15$ mm; Nahtart: Gute V-Naht; Schweißgüte: „F“; Schwellzugkraft: $P = 12000$ kg.

1. Angriff. Die im Querschnitt vorhandene Zugnennspannung ist:

$$\sigma_n = \frac{P}{F} = \frac{12\,000}{10 \cdot 1{,}5} = 800 \text{ kg/cm}^2.$$

Somit Oberspannung: $\sigma_{no} = + 800$ kg/cm²;

Unterspannung: $\sigma_{nu} = 0$ kg/cm²;

Größter Spannungsausschlag: $a_\sigma = \pm 400$ kg/cm²;

Mittelspannung: $\sigma_m = \sigma_{no/2} = a_\sigma = 400$ kg/cm².

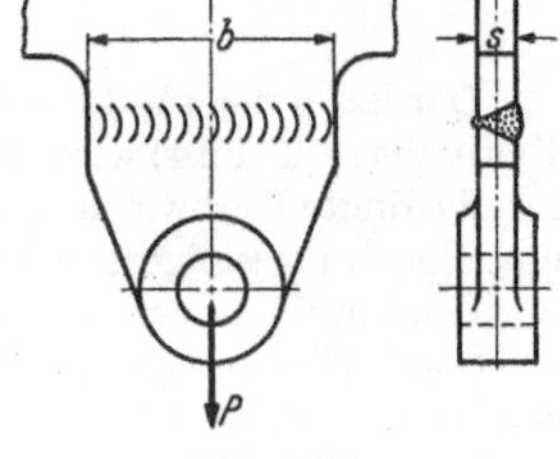

Abb. 120.

2. Bestimmung der Grenzspannung (Dauerfestigkeit des Schweißanschlusses). Bei reiner Schwellbeanspruchung ist die Dauerfestigkeit σ_{Ur} der guten Stumpfnaht [2] (Abb. 81 S. 23) $= 1800$ kg/cm².

3. Sicherheit und Spannungsverhältnis. Das Verhältnis der größten Nennspannungen an der Gefahrengrenze zur größten Nennspannung im Betrieb beträgt:

$$V = \frac{\sigma_n G}{\sigma_n} = \frac{1\,800}{800} = 2{,}25.$$

Der Sicherheitsabstand ist $1800 - 800 = 1000$ kg/cm². Spannungsverhältnis und Abstand sind mehr als ausreichend, falls es sich um einen ruhigen, stoßfreien, gleichmäßigen Betrieb handelt oder die Höchstlast selten auftritt und die Betriebsbeanspruchung sich nicht wesentlich von der Beanspruchung der Probestücke und der Prüfmaschine unterscheidet. Bei rauhem, ruckweisen Betrieb und häufigen Störungen ist auf die Zunahme der Werkstückbeanspruchung Rücksicht zu nehmen.

Beispiel 3. Schweißanschluß eines Federbockes. Berechnung auf Dauerhaltbarkeit.

Abmessungen nach Abb. 121. Der für ein Fahrzeug bestimmte Federbock ist aus einem Stück Blech zugeschnitten, das [-förmig gekantet ist. Größte Last $= 4000$ kg, kleinste Last $= 1000$ kg. Auf Grund der Erfahrung werde angenommen, daß der Druck der Feder von 0 kg bis 5000 kg schwankt. Es werde daher mit $P_0 = 5000$ kg und $P_u = 0$ gerechnet.

Abstand der Kraft vom Stegblech: $x = 70$ mm. Dicke der Schweißnähte (Kehlnähte): $a = 4$ mm angenommen. Schweißgüte: „F“ (Festschweißung).

Der nahe dem Schweißanschluß liegende Werkstoffquerschnitt (Abb. 121) ist rund 1,5mal Schweißquerschnitt und verhältnismäßig niedrig beansprucht, so daß sich dessen Nachrechnung auf Dauerhaltbarkeit erübrigt.

Schweißanschluß (Abb. 122).

Faserabstände: $e_1 = 78$ mm; $e_2 = 112$ mm;

Querschnittsfläche: $F = 50$ cm²;

Trägheitsmoment: $J_x \approx 1916$ cm⁴;

Widerstandsmomente: $W_1 = 240$ cm³; $W_2 = 170$ cm³;

Biegemoment: $M = P \cdot x = 5000 \cdot 7{,}0 = 35000$ kgcm.

1. Angriff. Reine Schwellbeanspruchung (Biegung und Schub).

Biegespannungen: Unten: $\sigma_1' \approx + 145$ kg/cm²;

Oben: $\sigma_2' \approx -206$ kg/cm²;

Schubspannung: $\tau = 100$ kg/cm².

Spannungsschaulinien s. Abb. 123 u. 124.

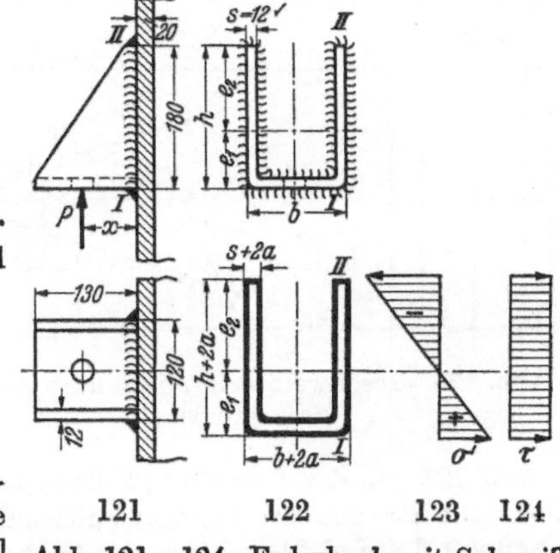

121 122 123 124

Abb. 121—124. Federbock mit Schweißanschluß und Spannungschaulinien.

Da hier die Schubspannung, verglichen mit der Biegespannung verhältnismäßig hoch ist, wird sie berücksichtigt. Die resultierenden Spannungen werden nach der Näherungsformel $\sigma_r = \sqrt{\sigma^2 + \tau^2}$ berechnet (s. Abschnitt Spannungsermittlung S. 25).

---

[1] Streckgrenze für St 37: $\sigma_S = 2200$ kg/cm²; $S = \dfrac{\sigma_S}{\sigma_{zul}} = \dfrac{2200}{1000} = 2{,}2$.

[2] Die Beiwerte (vgl. S. 33) sind: $c_1 = 1$, $c_2 = 1$, $c_3 = 1$. Da der Bauteil verhältnismäßig kleine Abmessungen hat, wird c_4 ebenfalls $= 1$ gesetzt. Somit Gesamtbeiwert: $C = 1$.

Resultierende Spannungen: Unten: $\sigma_{r1} \approx 175$ kg/cm² (Zug);
Oben: $\sigma_{r2} \approx 230$ kg/cm² (Druck).

Da Zug für eine Schweißnaht gefährlicher ist als Druck, liegt die kritische Stelle an der äußersten Zugfaser (I in Abb. 122), die daher berechnet wird.

2. Bestimmung der Grenzspannung (Dauerfestigkeit des Schweißanschlusses).

Größtwert der Oberspannung σ_{no} im Werkstück $= 175$ kg/cm²;
Unterspannung: $\sigma_{nu} = 0$ kg/cm².

Es liegt reine Schwellbeanspruchung vor. Falls keine Versuchswerte für die Kehlnaht zur Verfügung stehen, geht man von der Ursprungsfestigkeit der guten Stumpfnaht aus (Abb. 81 S. 23). Es ist

$$\sigma_{Ur} = 1800 \text{ kg/cm}^2.$$

Der Beiwert c_1 für die Schweißgüte ist $= 1$. Für die doppelseitige, auf Biegung und Schub beanspruchte Kehlnaht (s. Tafel 4) wird der Wert für die ungünstigste Belastungsart $c_2 = 0{,}6$. gewählt. Der Beiwert für formbedingte Kerbwirkungen wird mit $c_3 = 0{,}6$ angenommen, da an der Anschlußstelle bei I Kerbwirkung und Spannungssteigerung zu erwarten ist. Beiwert für die Bauteilgröße mit $c_4 = 0{,}90$ geschätzt.

Gesamtbeiwert: $C = 1 \cdot 0{,}6 \cdot 0{,}6 \cdot 0{,}9 \approx 0{,}32$.

Somit ist der Grenzwert σ_{nG} der Spannung, den die Schweißnaht bei I gerade noch dauernd erträgt $= C \cdot \sigma_{Ur} = 0{,}32 \cdot 1800 \approx 580$ kg/cm²[1].

3. Sicherheit und Spannungsverhältnis. Spannungsverhältnis $V = \sigma_{nG}/\sigma_{no} = 580/175 \approx 3{,}3$. Das Verhältnis $V = 3{,}3$, das bei dieser ausgeführten Konstruktion vorliegt, soll namentlich den Vergleich mit ähnlichen Bauarten erleichtern. Im Vergleich mit Beispiel 2 ist V etwas hoch. Doch ist zu beachten, daß hier, nach der besonderen Lage der Schweißnähte, schädliche Schrumpfspannungen zu erwarten sind und daß vielleicht in den inneren Ecken die Schweißgüte „F" nicht voll erreicht wird. Ob die Beanspruchung des Federbockes im Betrieb mit der Beanspruchung der Probestücke in einer Pulsatormaschine vergleichbar ist, wäre nur an Hand eines im Betrieb aufgenommenen Belastungsschaubildes zu beurteilen. (Nach Versuchen von Kloth u. Stroppel waren die Dehnungen am Rahmen eines Bindemähers beim Fahren über Straßenpflaster fast 3mal größer als in Ruhe!)

Führt man die Kehlnähte statt als Flachnähte als Hohlnähte (Abb. 68 S. 15) aus, so ist die Kerbwirkung an der Stelle I des Schweißanschlusses (Abb. 122) geringer und die ertragbare Grenzspannung entsprechend größer.

Beispiel 4. Geschweißte Bandschlaufe zu einer Bandbremse. Berechnung auf Dauerhaltbarkeit.

Bremsscheibendurchmesser: $D = 1000$ mm; Umschlingungswinkel des Bandes: $\alpha \approx 280°$.

Gestaltung und Abmessungen nach Abb. 125. Werkstoff des Bandes und der Schlaufe: St 37. Nahtdicke: $a = 6$ mm ang. Schweißgüte: „F" (Festschweißung).

Zugkraft des Bremsbandes im auflaufenden Trumm: $S_1 = 2400$ kg.

Zugspannung im Bremsband: $\sigma_1 = 240$ kg/cm² in der Schlaufe $\sigma_2 = 120$ kg/cm².

Schweißnähte (Abb. 125). Nahtdicke: $a = 6$ mm; Nahtlänge (abzüglich der Endkrater): $l = 220$ mm. Schweißquerschnitt einer Naht: $F_{Schw} \approx 13$ cm².

1. Angriff. Die Nähte sind auf reine Schwellfestigkeit (Ursprungsfestigkeit) beansprucht.

Vorhandene Nenn-Schubspannung:

$$\tau_{vorh} = \frac{S_1}{2 \cdot F_{Schw}} = \frac{2400}{2 \cdot 13} = 92 \text{ kg/cm}^2.$$

Nenn-Oberspannung: $\tau_{no} = 92$ kg/cm²;
Unterspannung: $\tau_u = 0$ kg/cm².

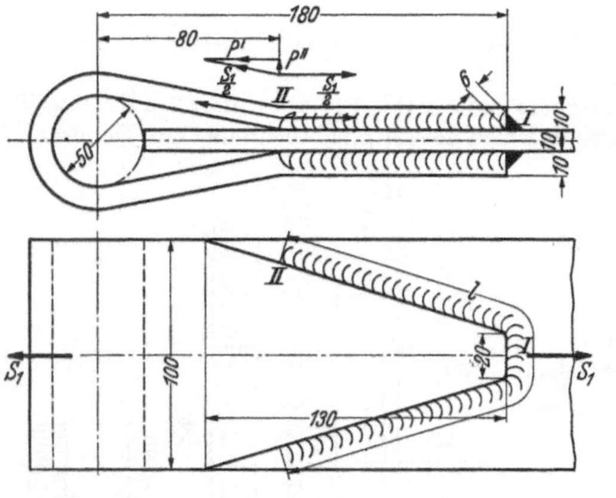

Abb. 125. Geschweißte Bandschlaufe zu einer Bandbremse.

Abb. 126 gibt das Dauerfestigkeitsschaubild der wurzelverschweißten Flankennaht für St 37 und Schub. Die Streckgrenze τ_S ist hier gleich der Ursprungsfestigkeit τ_{Ur}, die aus dem Kuratoriumsbericht (s. Fußnote 2 auf S. 21) mit $\tau_{Ur} = 12$ kg/mm² entnommen wurde.

Beiwert für die Schweißgüte (Festschweißung): $c_1 = 1$. Für die doppelseitige Kehlnaht ist der Beiwert für die Nahtform nach Tafel 4 S. 33) $c_2 = 0{,}6$, falls man von der auf Zug beanspruchten Stumpfnaht ausgeht. Da wir hier von der Schubbeanspruchung ausgehen, werde $c_2' = 0{,}9$ geschätzt. Beiwert für

[1] Zu einem ähnlichen Ergebnis kommt man, wenn man von Versuchswerten für die Stirnkehlnaht (S. 26) ausgeht und die dort angegebene Ursprungsfestigkeit von 7 kg/mm² mit 0,9 (wegen Biegung) und 0,9 (wegen Bauteilgröße) multipliziert.

formbedingte Kerbwirkungen: $c_3 = 0{,}6$ ang. Beiwert für die Bauteilgröße $c_4 = 0{,}9$ ang. Gesamtbeiwert: $C = 0{,}9 \cdot 0{,}6 \cdot 0{,}9 \approx 0{,}48$. Daher größte Nenn-Oberspannung (Grenzwert) $\tau_{nG} = 0{,}48 \cdot \tau_{Ur} = 0{,}48 \times 1200 = 576\ \mathrm{kg/cm^2}$.

4. Sicherheit. Sie wird durch das Verhältnis der Oberspannung im Gefahrenzustand zur größten betriebsmäßigen Oberspannung ausgedrückt.

Spannungsverhältnis:

$$V = \frac{\tau_{nG}}{\tau_{no}} = \frac{576}{92} \approx 6.$$

Das Verhältnis V ist sehr reichlich, doch ist bei Beurteilung von V zu beachten, ob es sich um einen rauhen Betrieb mit hartem, ruckweisem Einfallen der Bremse handelt und ob die Schweißung in der Werkstatt des Herstellers oder in der Betriebsanlage vorgenommen wird.

Die Spannungsspitze tritt nicht wie beim Laschenstoß bei I (Abb. 125), sondern bei II an den Endkratern der Nähte auf. Zerlegt man die schräg wirkende Kraft $S_1/2 = 1200$ kg in ihre Komponenten P' und P'', so beansprucht P'' das Nahtende noch zusätzlich auf Biegung. Bei der reichlichen Bemessung des Schweißanschlusses kann diese Zusatzbeanspruchung jedoch vernachlässigt werden.

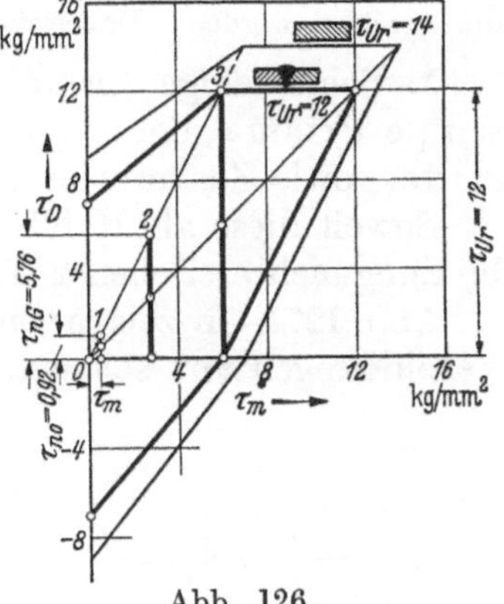

Abb. 126.

Das Spannungsverhältnis könnte noch erhöht werden, durch Bearbeiten der Raupe bei I u. II.

III. Gestaltung der geschweißten Bauteile.

Die Bauteile (Baukörper, Konstruktionselemente), deren Herstellung durch Schweißen hier behandelt wird, setzen sich aus einzelnen Bauformen zusammen.

Die Bauformen sind nicht nur maßgebend für die Fertigung, sondern auch für die Festigkeitsrechnung (Gestaltfestigkeit), Ermittlung des Gewichtes, des Inhaltes, der Blechschnitte (Abwicklungen) usw.

Mehrere Bauteile bilden eine Baugruppe, eine Reihe von Baugruppen bilden ein Bauwerk (oder eine Maschine).

Vorbild für die ersten geschweißten Bauteile waren gegossene oder genietete Konstruktionen. Erst im Laufe der noch nicht abgeschlossenen Entwicklung wurden besondere Grundsätze für „schweißgerechtes Gestalten" erkannt und angewendet[1].

Die Bauformen lassen sich in Grundformen (Hauptformen), zusammengesetzte Formen und Hilfs- oder Nebenformen (z. B. Augen, Rippen u. dgl.) einteilen[2].

A. Grundformen (Hauptformen).

Man unterscheidet ebenflächige, krummflächige und gemischtflächige Grundformen. Zwei oder mehrere miteinander verbundene Grundformen bilden eine zusammengesetzte Form. Die Formen sind entweder voll oder hohl.

Hohlformen werden aus Blechen gebildet und erfordern vor dem Schweißen eine entsprechende Vorbereitung, wie das Zuschneiden, Abkanten und Biegen der Bleche (s. S. 8 u. f.).

[1] An ein und demselben Bauteil sollen Schweißungen und Nietungen im allgemeinen nicht gemeinsam angewendet werden. Ausnahmen kommen z. B. im Flugzeugbau vor, wo man an einem Knoten geschweißte und genietete oder verschraubte Stabanschlüsse ausführt. Teile, die starkem Verschleiß ausgesetzt sind und nach längerer Betriebsdauer ausgewechselt werden (z. B. die Schneiden eines Schüttgutgreifers) werden zweckmäßig angenietet. Auch im Stahlhoch- und Brückenbau sind mitunter an geschweißten Teilen Nietverbindungen aus wirtschaftlichen Gründen oder mit Rücksicht auf den Zusammenbau angebracht.

[2] Vgl. Volk, C.: Die maschinentechnischen Bauformen und das Skizzieren in Perspektive. 5. Aufl. Berlin: Julius Springer 1930.

Um die Bleche der jeweiligen Form entsprechend zuschneiden zu können, müssen die Mäntel der Hohlformen zunächst in eine Ebene gebracht, d. h. abgewickelt werden. Das Abwickeln ist besonders bei zusammengesetzten Blechformen (s. S. 42) oft sehr schwierig und muß vom Konstrukteur sorgfältig durchgeführt werden[1]. Dabei ist die Lage der Schweißnähte zu beachten.

1. Ebenflächige Grundformen. Ebenflächige Grundformen sind das meist vierseitige Prisma, der seltener vorkommende Würfel und die abgestumpfte Pyramide, sowie Zusammensetzungen (Verbindungen) derselben.

Soweit diese als Hohlformen in Betracht kommen, entstehen sie durch die Verbindung mehrerer ebener Wände (Seiten- und Zwischenwände, Böden, Deckel u. dgl.).

Abb. 127a—h zeigen einige, oft vorkommende ebenflächige Grundformen und Verbindungen von solchen.

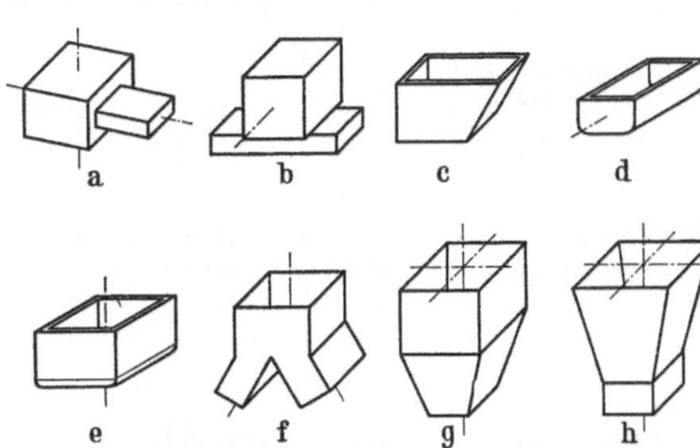

Abb. 127a—h. Ebenflächige Grundformen.

Abb. 127a. Verbindung zweier Prismen (Flacheisenhebel mit quadratischem Auge).
Abb. 127b. Desgl. (einfaches Stehlager nach Abb. 284 S. 70).
Abb. 127c. Schräg abgeschnittenes Hohlprisma (Kippkübel für Schüttgüter).
Abb. 127d. Offenes, rechteckiges Gefäß mit abgerundeten Längskanten (Kippmulde zu einem Beschickungskran).
Abb. 127e. Offenes Gefäß mit abgerundeten Bodenkanten (Wasserbehälter).
Abb. 127f. Rechteckiger Behälter mit doppeltem Auslauf.
Abb. 127g. Rechteckiger Behälter mit pyramidenförmigem Unterteil (Schüttgutbehälter).
Abb. 127h. Pyramidenförmiger Behälter mit rechteckigem Auslauf.

Schweißverbindungen ebener Wände (Blechstöße). Abb. 128 erläutert die in Frage kommenden Blechstöße.

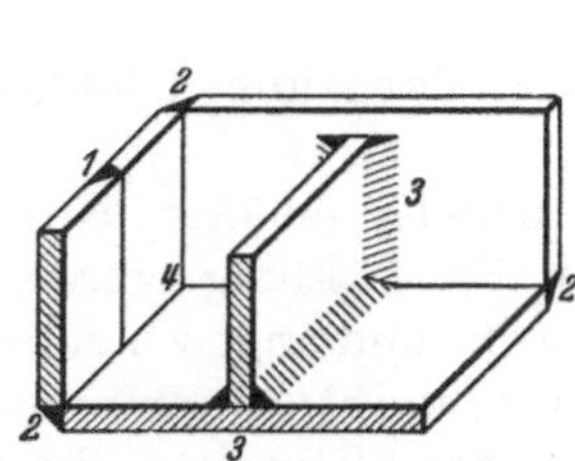

Abb. 128. *1* Stumpfstoß (Verbindung zweier ebener Wände); *2* Winkelstoß (an einer Kante); *3* *T*-Stoß (Zwischenwand); *4* Ecke (Stoß dreier Wände).

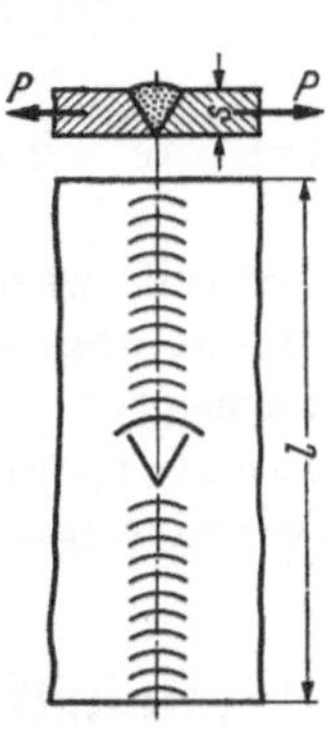

Abb. 129. V-Naht.

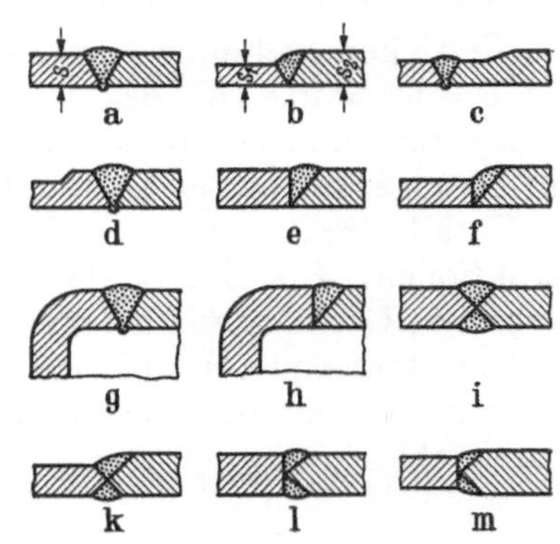

Abb. 129a—m. Stumpfstöße (Flachstumpfstöße).

a) Stumpfstoß (Stoß zweier ebener Wände). Wenn irgend angängig, wird der Stumpfstoß auch im Maschinenbau bevorzugt.

Ausführung nach Abb. 129 u. 129a—m.

Abb. 129a. V-Naht mit Wurzelverschweißung.
Abb. 129b. V-Naht bei verschieden dicken Blechen.
Abb. 129c u. d. V-Nähte mit Wurzelverschweißung und allmählichem Übergang vom dicken Blech zum dünnen.
Abb. 129e u. f. $^1/_2$ V-Nähte bei gleicher und verschiedener Blechdicke.
Abb. 129g u. h. Prismatischer Behälter mit größerem Innendruck. (Die Bleche werden abgekantet und die Nähte in den Wänden angeordnet.)
Abb. 129i u. k. X-Nähte bei gleicher und verschiedener Blechdicke.
Abb. 129l u. m. K-Nähte ($^1/_2$ X-Nähte) bei gleicher und verschiedener Blechdicke.

[1] Jaschke: Die Blechabwicklungen. 8. Aufl. Berlin: Julius Springer 1932.

Durch Abkanten der Bleche läßt sich die Zahl der Schweißnähte beschränken (Abb. 130—132).

b) Winkelstoß (Abb. 133a—l). Beide Bleche stehen in der Regel unter einem Winkel von 90°.

Abb. 133a. Halbe V-Naht.

Abb. 133b. V-Naht. (Abb. 133a u. b erfordern Abschrägen der Blechkanten. Sie werden nur in der Gasschmelzschweißung angewendet.)

Abb. 130—132. Abgekantete Seitenwände für Kästen und Behälter.

Abb. 133c—h. Kehlnähte. Um bei Abb. 133c gutes Durchschweißen zu ermöglichen, werden die beiden Bleche mit geringem Spiel *e* gestoßen. Erfordert gute Paßarbeit. Naht ist wenig biegefest. Bei Abb. 133d ist innen noch eine Kehlnaht gezogen. Der Stoß ist biegefest und dicht, aber teuer in der Ausführung. Abb. 133e u. f. Beste und einfachste Form des Winkelstoßes, erfordert keine Paßarbeit. Abb. 133g u. h. Winkelstoß mit einseitigen Kehlnähten.

Abb. 133i u. k. Bördelstöße. Blechdicke < 3 mm.

Abb. 133l. Überlappter Bördelstoß für dünne Bleche.

Abb. 133a—l. Winkelstöße.

Abb. 134—136: Ausbildung von Kastenquerschnitten.

Abb. 134. Kastenförmiger Querschnitt; meist verwendete Ausführung.

Abb. 135. Kastenförmiger Querschnitt mit Nähten nach Abb. 133g.

Abb. 136. Kastenförmiger Querschnitt. Unten doppelseitige Kehlnaht, oben Eckstumpfnaht.

Abb. 134—136. Kastenquerschnitte.

Kastenquerschnitte mit abgekanteten Blechen und Stumpfnähten s. Abb. 132 u. Abb. 327 S. 80.

c) T- und Kreuzstoß. T-Stöße mit einseitiger und beidseitiger Kehlnaht und mit beiderseitigen Eckstumpfnähten mit oder ohne Fuge sind aus den Abb. 69 u. 70 S. 15 sowie 63 u. 64, Seite 14 zu ersehen.

Einige Sonderausführungen zeigen die Abb. 137a—e.

Abb. 137a. Anschluß einer durchgehenden Zwischenwand.

Abb. 137b u. c. Verbindung dünner gebördelter Bleche mit Zwischenwand.

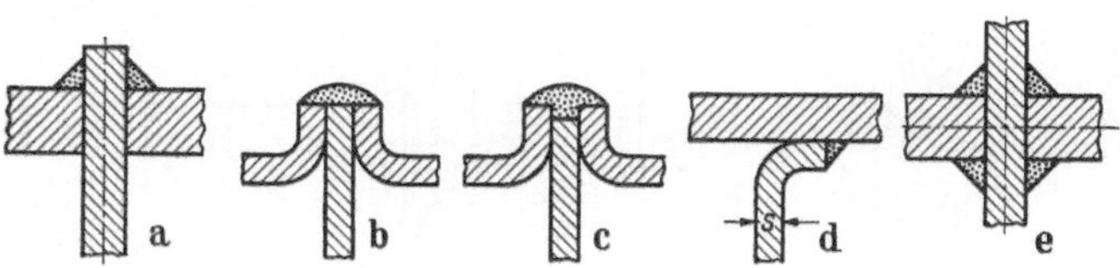

Abb. 137a—e. T-Stöße und Kreuzstoß.

Abb. 137d. Anschluß eines dünnen gebördelten Bleches an ein dickes (dünnes Blech wird durch den Einbrand nicht geschwächt).

Abb. 137e. Kreuzstoß. Anwendung hauptsächlich als Prüfform bei Zerreißstäben, ferner gelegentlich beim Stoß von Zwischenwänden, bei Versteifung von Trägern usw.

Abb. 138a—d. Winkelstöße von [-Stählen. Vorbereitung der Schweißkanten s. Abb. 23 bis 25 S. 9.

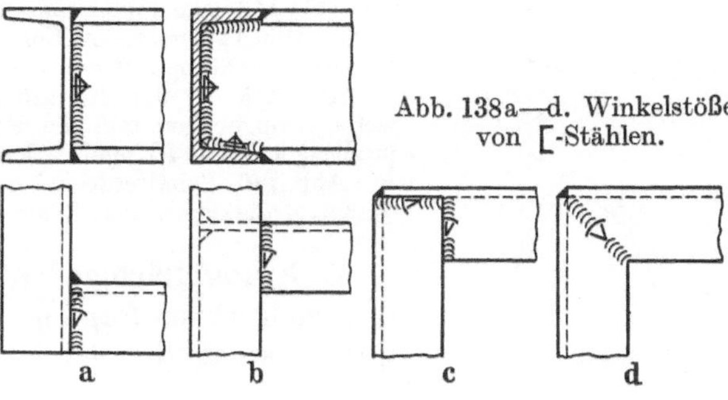

Abb. 138a—d. Winkelstöße von [-Stählen.

Abb. 139a—g. Ausbildung von ┬- und Winkelstößen aus Winkelstahl.

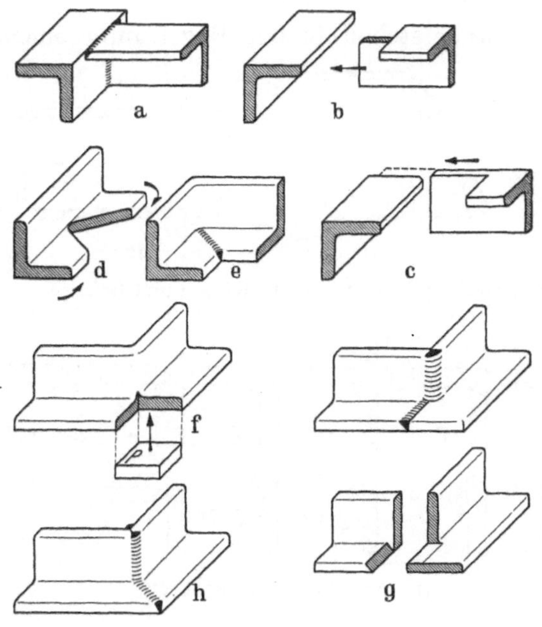

Abb. 139a—g. ┬- und Winkelstöße aus Winkelstahl.

Abb. 139a. Glatter Stoß.
Abb. 139b u. c. Ein Schenkel ausgeklinkt.
Abb. 139d u. e. Schenkel ausgeklinkt, Winkeleisen nach innen gebogen.
Abb. 139f. Schenkel ausgeklinkt, Winkeleisen gebogen, Platte *P* eingeschweißt.
Abb. 139g. Eckbildung durch Ausklinken des Hochkantschenkels.
Abb. 139h. Eckbildung durch Abschrägen der beiden Winkeleisen (Gehrungsstoß).

d) Behälter- und Kastenecken. Durch die Verbindung dreier senkrecht zueinanderstehender Wände ergibt sich eine Ecke (4 in Abb. 128 S. 38). Die Ecke in dieser Abbildung ist jedoch schweißtechnisch unvorteilhaft und wird zweckmäßig durch die Ausführungen Abb. 140—146 ersetzt.

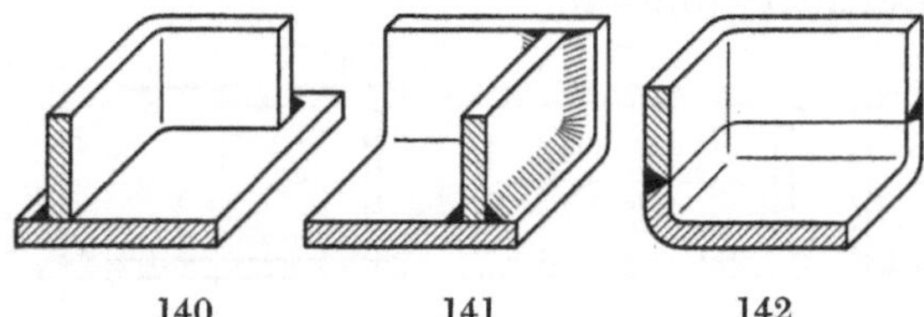

140 141 142

Abb. 140—142.

Abb. 140. Seitenwände abgekantet.
Abb. 141. Boden und Seitenwand aus einem abgekanteten Blech.
Abb. 142. Gebördelter Boden. Anschluß durch V-Nähte (Vorbereitungsarbeit erhöht, Schweißarbeit verringert).

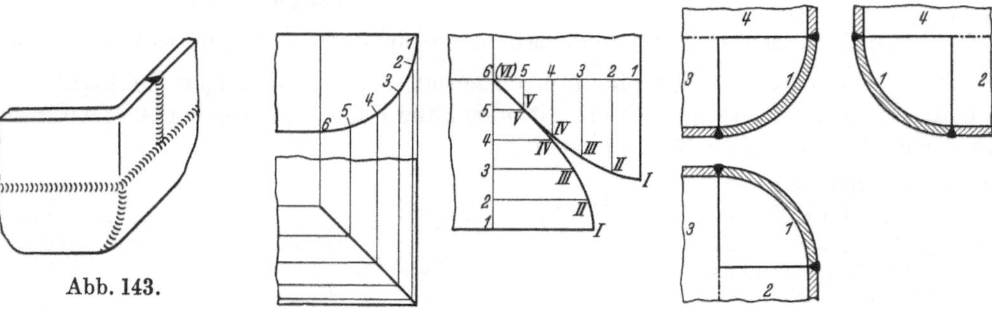

Abb. 143. Abb. 144. Abb. 145.

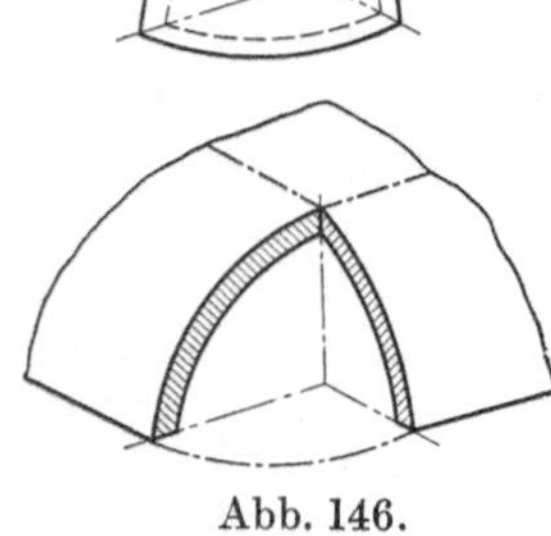

Abb. 146.

Abb. 143. Die Bodenkanten sind abgerundet. Das Bodenblech wird nach Abb. 144 zugeschnitten, die Schweißkanten werden abgeschrägt und die Blechlappen nach oben gebogen.

Abb. 145. Boden für größeren Wasserbehälter. Die Bodenkanten werden umgebogen und die Ecken aus $^1/_4$-Kugelstücken (in Form gepreßt) gebildet. *1* Kugelstück; *2—3* Behälterboden; *4—4* Seitenwände.

Abb. 146. Behälterdeckel mit abgerundeten Kanten und eingesetzten $^1/_4$-Kugelstücken an den Ecken.

2. Krummflächige Grundformen. Unter den krummflächigen Grundformen — Zylinder, Kegel und Kugel — steht der Kreiszylinder an erster Stelle. Seine

Hauptanwendung findet er als Hohlzylinder im Rohrleitungsbau, sowie im Behälter- und Kesselbau.

Der abgestumpfte Hohlkegel dient als Übergangsform zwischen zwei Hohlzylindern von verschieden großen Durchmessern, als Stutzen u. dgl.

Die Kugel (Hohlkugel) ist von den krummflächigen Formen am schwierigsten herzustellen. Anwendung als Viertelkugel (Abb. 145 u. 146) als Halbkugel oder als Vollkugel (z. B. bei Hochbehältern für Wasser).

In Abb. 147 a—m sind einige viel angewendete Bauformen aus krummflächigen Grundformen dargestellt.

Abb. 147 a. Aus zwei Hohlzylindern und einer Ringscheibe hergestellter Radkörper.
Abb. 147 b. Zylindrischer Behälter mit ebenem Boden.
Abb. 147 c. Behälter mit gewölbtem Boden.
Abb. 147 d—g. Aus Zylinderflächen bestehende Bauformen.
Abb. 147 h. Zylinder mit Kegelansatz.
Abb. 147 i. Zylinder mit Kegelansatz.
Abb. 147 k. Kegel mit Zylinderansatz.
Abb. 147 l. Kegel mit Kegelansatz.
Abb. 147 m. Kugel mit Zylinderstutzen.

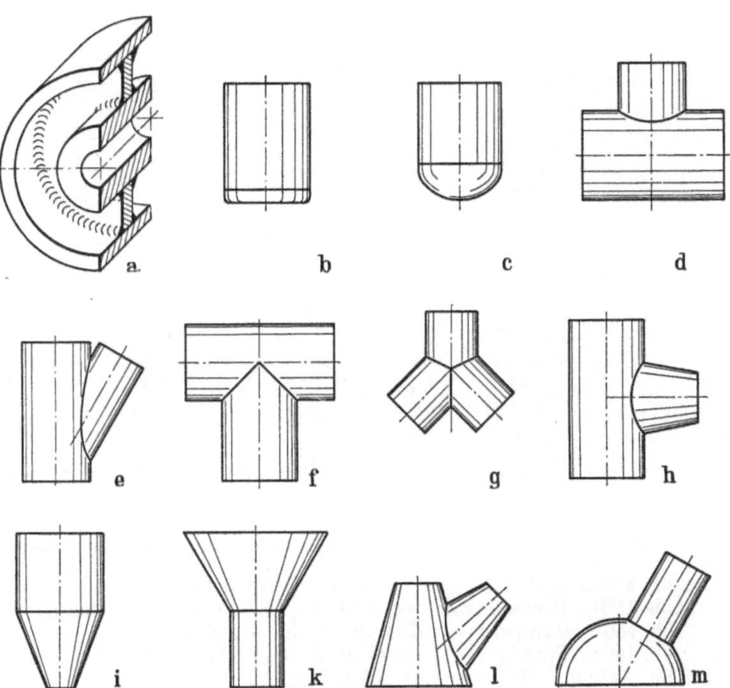

Abb. 147 a—m. Krummflächige Grundformen.

Abb. 148. Aus fünf Schüssen geschweißter Rohrkrümmer. $\alpha = 90°$. Die beiden äußeren, sowie die drei mittleren Schüsse sind gleich.

Abb. 149. Abwickelung eines mittleren Schusses.

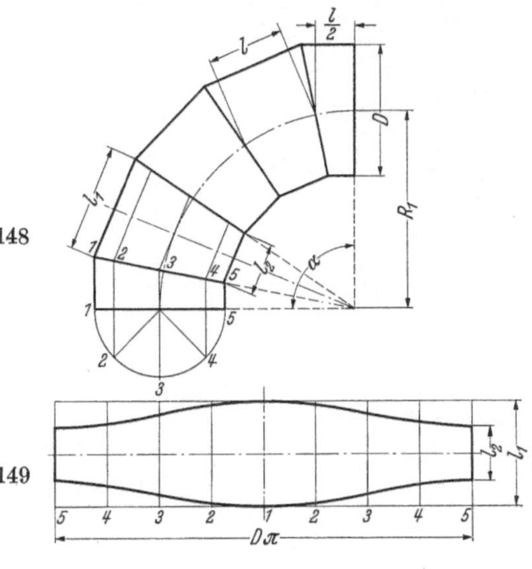

Abb. 148 u. 149.

3. Zusammengesetzte Formen. Aus den ebenflächigen und krummflächigen Grundformen lassen sich die verschiedenartigsten Bauformen, insbesondere Übergangsformen aus dem rechteckigen in den kreisförmigen Querschnitt zusammensetzen.

Abb. 150 a—m geben einige Beispiele von zusammengesetzten Formen, wie sie im allgemeinen Maschinenbau, sowie im Rohrleitungs- und Behälterbau vorkommen.

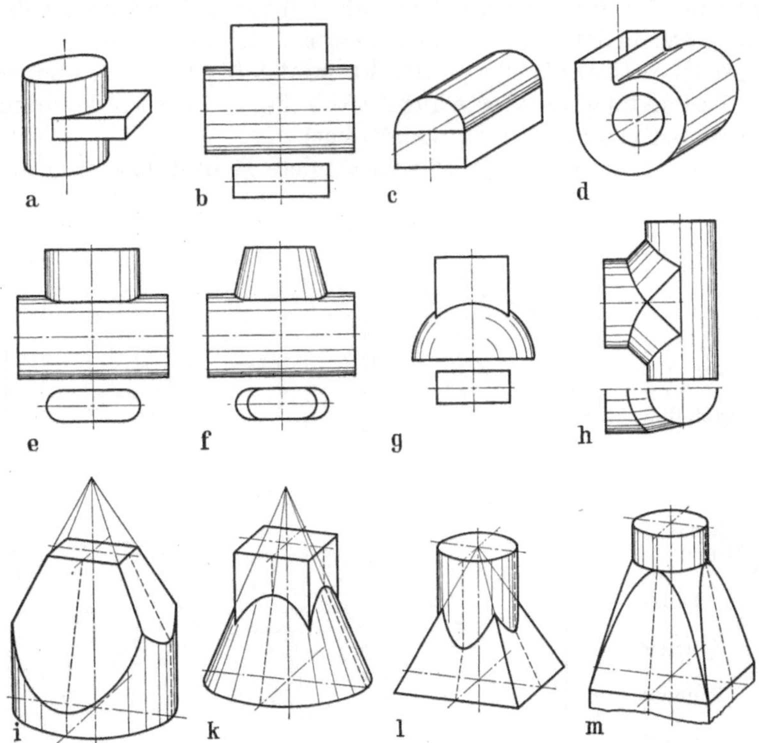

Abb. 150a—m. Zusammengesetzte Bauformen (aus eben- und krummflächigen Formen).

Abb. 150 a. Zylinder und Prisma (Flacheisenhebel mit rundem Auge).
Abb. 150 b. Hohlzylinder und Prisma (Teil einer Rohrleitung).
Abb. 150 c. Hohlprisma und Halbzylinder (Gehäusedeckel).
Abb. 150 d. Spiralgehäuse zu einer Wasserturbine (Francis-Turbine) mit rechteckigem Einlauf.
Abb. 150 e u. f. Zylinder mit Anschlußstücken (Rohrleitungs- und Gehäuseteile).
Abb. 150 g. Halbkugel mit Prisma (Behälterdeckel).
Abb. 150 h. Zylinder und Zylinder mit kegeligen und ebenen Übergangsstücken (Teil einer Rohrleitung).
Abb. 150 i u. k. Übergang vom großen Kreisquerschnitt zum kleinen rechteckigen Querschnitt.
Abb. 150 l u. m. Übergang vom großen rechteckigen Querschnitt zum kleinen Kreisquerschnitt.

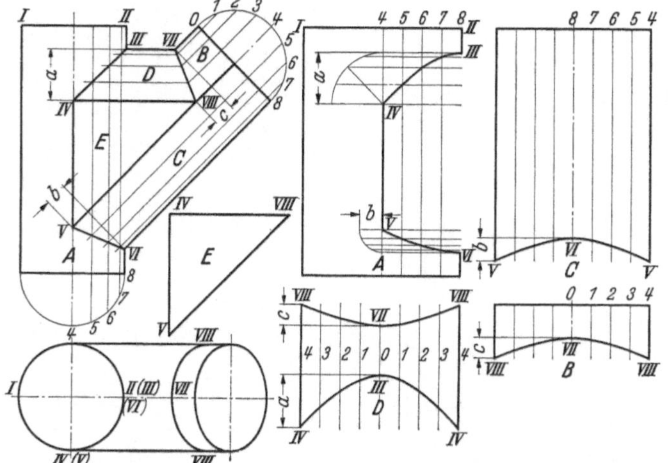

Abb. 151. Winkelstück einer Rohrleitung mit eingesetztem Zwickel (Abwicklung).

Abb. 151 u. 152 zeigen an zwei Beispielen das Abwickeln hohler zusammengesetzter Bauformen.

Abb. 151. Winkelstück einer Rohrleitung mit eingesetztem Zwickel.

Abwicklungen: *A* halber senkrechter Zylinder; *B* und *C* Teile des schräg liegenden Zylinders; *D* Zwischenstück; *E* dreieckige (ebene) Zwischenstücke.

Die Schweißverbindungen der krummflächigen und gemischtflächigen Formen sind zum Teil die gleichen wie bei den ebenflächigen. In überwiegendem Maße wird der Stumpfstoß (mit V-Naht) angewendet. Überlappte Stöße kommen nur gelegentlich in Frage.

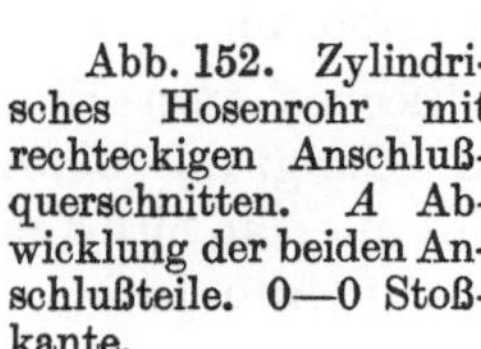
Abb. 152. Zylindrisches Hosenrohr mit rechteckigen Anschlußquerschnitten. *A* Abwicklung der beiden Anschlußteile. 0—0 Stoßkante.

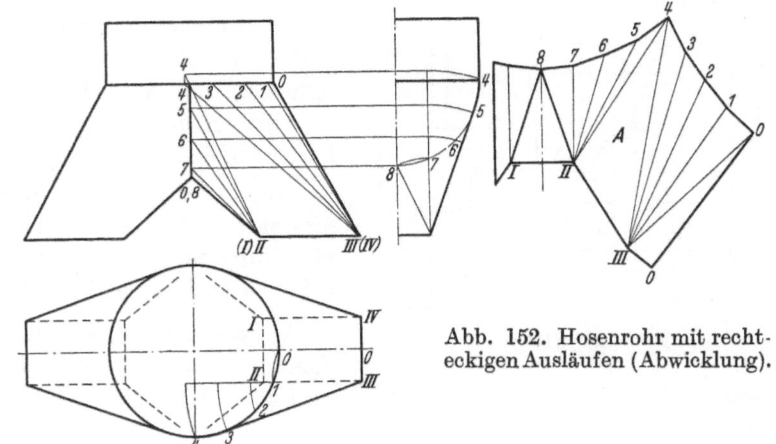

Abb. 152. Hosenrohr mit rechteckigen Ausläufen (Abwicklung).

Abb. 153—155. Anschluß eines Stutzens an einen zylindrischen (stumpfgestoßenen) Mantel.

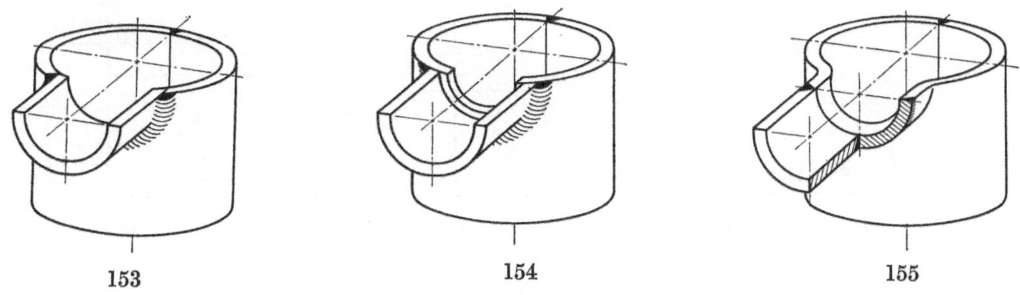

Abb. 153—155. Anschlüsse von Stutzen an einen zylindrischen Mantel.

In Abb. 153 ist der Stutzen in die Mantelöffnung eingesetzt; links ist der Anschluß durch eine $^1/_2$V-Naht und rechts durch eine Kehlnaht gezeigt. In Abb. 154 ist der Stutzen am Mantel aufgesetzt und durch eine Kehlnaht mit ihm verbunden. In Abb. 155 ist das Mantelloch ausgebördelt und der Stutzen durch eine V-Naht angeschlossen.

Beim Entwurf geschweißter Behälter und Gefäße, insbesondere solchen, die stärkerem Innendruck unterworfen sind, lege man die Schweißnähte nicht in die Querschnittsübergänge (Abb. 156), sondern ordne sie nach Art von Abb. 157 an. Hierdurch wird zwar die Vorbereitungsarbeit größer, es treten jedoch keine unzulässig hohen Spannungen in den Nähten auf.

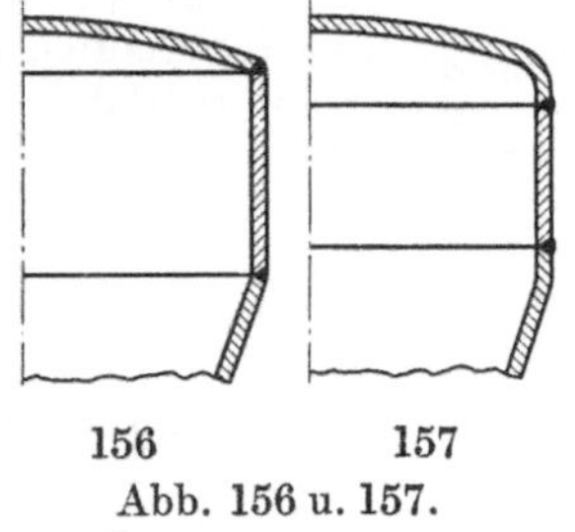

Abb. 156 u. 157.

B. Hilfs- und Nebenformen.

Sie werden an den Grundformen (Hauptformen) angeschweißt und dienen zur Verstärkung oder Versteifung, sowie zur Befestigung anderer Teile.

Abb. 158 u. 159.

1. Verstärkungen. Arbeitsleisten werden bei Schweißkonstruktionen nach Abb. 158 u. 159 S. 43 ausgeführt.

Bolzen (z. B. Laufradbolzen) und Achsen (z. B. Trommelachsen) werden meist in den Bohrungen von Blechschilden oder den Stegen von Trägern eingepaßt und durch Achshalter gegen Drehen und Längsverschieben gesichert. Überschreitet der Flächendruck zwischen Bolzen und Blech den zulässigen Wert, so wird an dem tragenden Blech ein Verstärkungsblech *B* angeschweißt (Abb. 160).

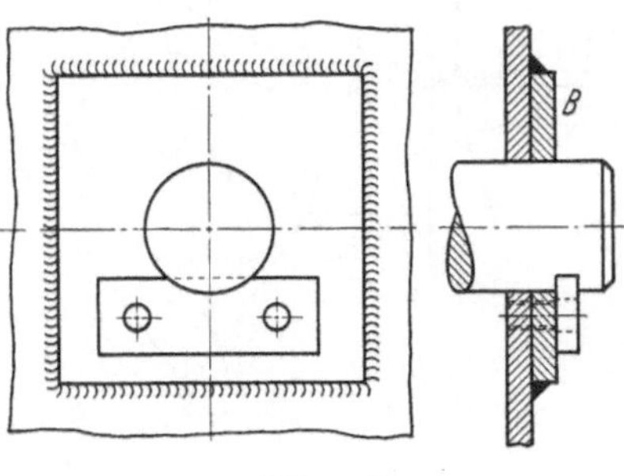

Abb. 160.

Reicht die Dicke eines Bleches zum Einschneiden der erforderlichen Gangzahl eines Gewindes nicht aus, so schweißt man ein rundes oder quadratisches Auge auf (Abb. 161).

Verstärkungsscheiben an Behältern und Kesseln werden zweckmäßig nach Abb. 162 angeschweißt. Läßt man die innere Kehlnaht fort, so sinkt die Festigkeit des Schweißanschlusses um etwa 20 %.

Flacheisenhebel und ähnliche Teile erhalten am Bolzensitz aufgeschweißte Augen (Abb. 163—165), durch die die Auflagefläche am Bolzen vergrößert wird.

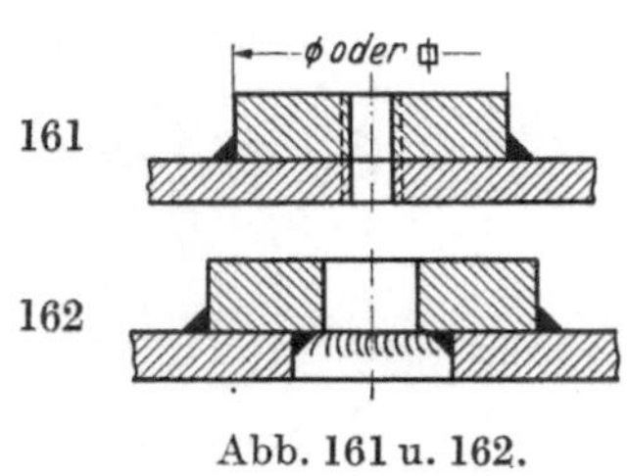

Abb. 161 u. 162.

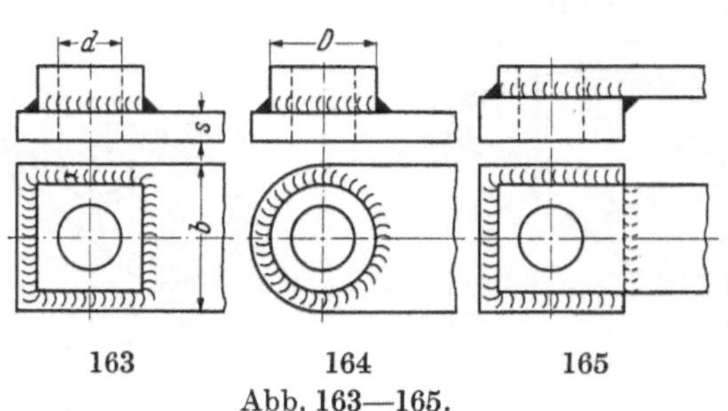

163 164 165

Abb. 163—165.

2. Querversteifungen. Parallele Blechwände oder Trägerteile erfordern in bestimmten Abständen Querversteifungen.

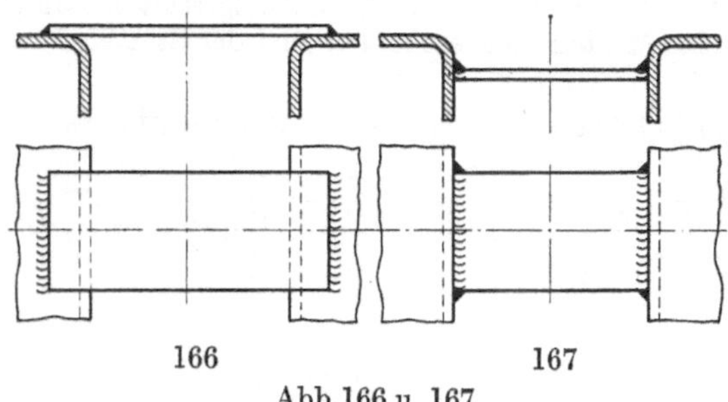

166 167

Abb. 166 u. 167.

Abb. 166 u. 167. Verbindung zweier aus abgekantetem Blech hergestellter Trägerhälften durch Flacheisenstücke. Ausführung Abb. 167 verdient den Vorzug.

Die Versteifung durch Rohre (Abb. 168a u. b) ist, besonders bei Beanspruchung auf Druck (Knickung) vorteilhaft.

Als Versteifungsmittel kommt auch Formstahl (z. B. L- oder [-Stahl) in Betracht.

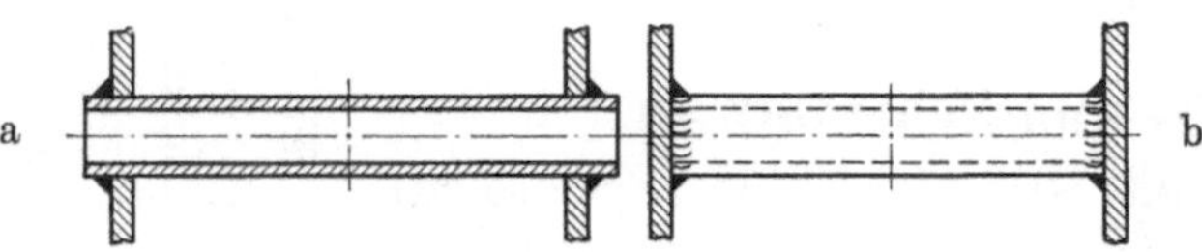

Abb. 168a u. b.

3. Flanschen (Abb. 169a—m). Flanschen dienen zum Zusammenschrauben von Teilen mit gleichem, lichtem Querschnitt. Dieser ist z. B. bei Räderkästen (s. S. 93) rechteckig, bei Rohren (s. S. 102) und Behältern in der Regel rund.

Da die Flanschen meist durch den Schraubenzug auf Biegung beansprucht sind, müssen sie entsprechend kräftig bemessen werden.

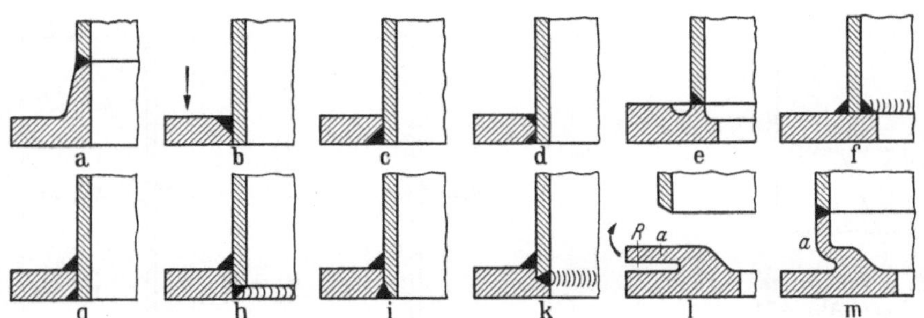

Abb. 169a—m. Ausführungen von Flanschen.

Abb. 169a. Stahlgußflansch oder geschmiedeter Flansch, an ein Stahlrohr oder einen Behältermantel mittels einer guten V-Naht angeschweißt.

Abb. 169b—d. Die Flanschen sind durch $^1/_2$-V-Nähte an das Rohr angeschlossen. (Die Ausführungen Abb. 169b u. c können nur geringe Kräfte übertragen.)

Abb. 169e. Anschluß für Gasschmelzschweißung. (Bei der Gasschmelzschweißung sind stets gleiche Querschnitte miteinander zu verbinden, was hier durch Eindrehen einer Rille am Flanschenanschluß erreicht wird.)

Abb. 169f, g u. h. Anschluß mit zwei Kehlnähten. Abb. 169f weist gute Festigkeit auf, ist jedoch für Rohre und Behälter wegen der Verringerung des Durchflußquerschnittes ungeeignet.

Abb. 169i u. k. Flanschanschlüsse mit Kehl- und Stumpfnähten (V-Nähten). Die Ausführungen weisen gute Festigkeit auf.

Abb. 169l u. m. Anschluß eines Rohrbodens an einen Behälter. Um den Flansch in gleicher Dicke an den Behälter anschließen zu können, wird eine Rille *R* eingedreht (Abb. 169l). Teil *a* wird dann warm nach oben gebogen und mittels einer V-Naht angeschweißt (Abb. 169m).

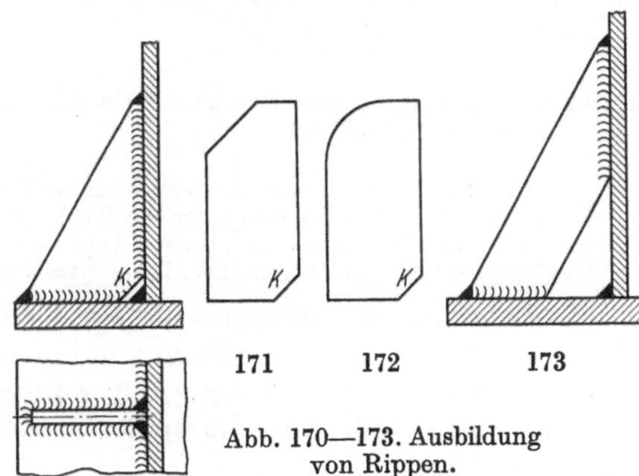

Abb. 170—173. Ausbildung von Rippen.

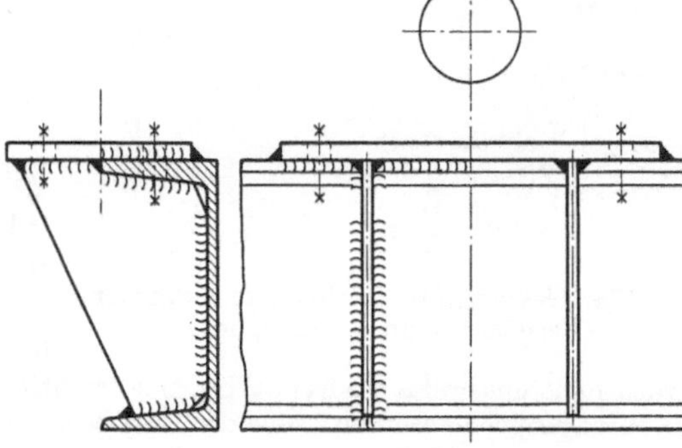

4. Rippen. Rippen dienen zum Versteifen von Flanschen, Naben und Lagerkörpern, die an Blechwänden angebaut sind. Auch Lagerböcke, Wandarme u. dgl. erhalten zur Abstützung oder zum Übertragen der Kräfte geeignet geformte Rippen.

Besondere Aufmerksamkeit erfordert die Anordnung der Rippen bei den Wänden ebener, unter Druck oder Unterdruck stehender Gefäße.

Abb. 174.

Bei Rippen nach Abb. 170—173 ist es zweckmäßig, die Rippe an der Kehle bei *K* abzuschrägen. Die Kehlnaht an den beiden senkrecht zueinanderstehenden Teilen kann dann durchgezogen werden, auch ist die Spannungsverteilung in der Schweißverbindung günstiger.

Die Rippen haben meist dreieckige Form (Abb. 170).

Andere Formen nach Abb. 171 u. 172 werden ebenfalls angewendet.

In Abb. 173 dient ein Flacheisen als Rippe. Das Flacheisen darf nicht zu lang sein, da es nicht ausreichend knicksicher ist.

Abb. 174. Solplatte zu einem Deckellager mit vier Fußschrauben (DIN 506). Die Platte ist an einem [-Eisenrahmen aufgeschweißt. Das überkragende Plattenteil ist durch zwei Rippen gegen das [-Eisen abgesteift.

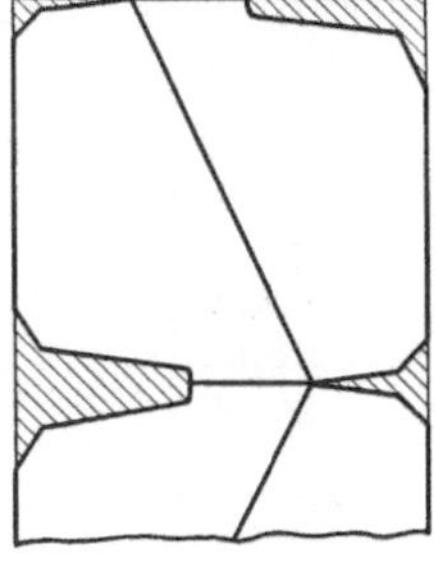

Abb. 175. Schnittskizze zu den Rippen Abb. 174.

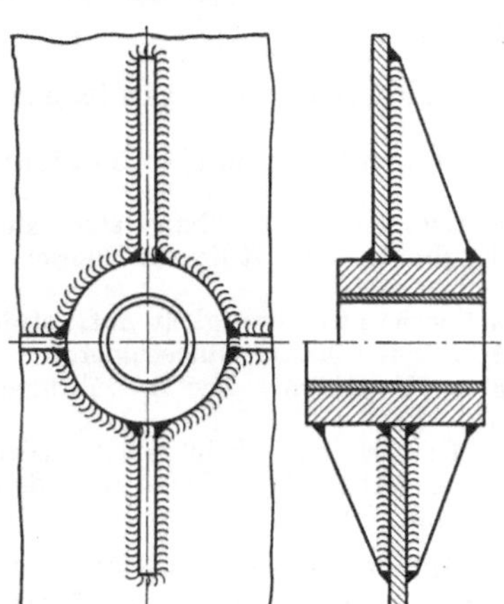

Abb. 176.

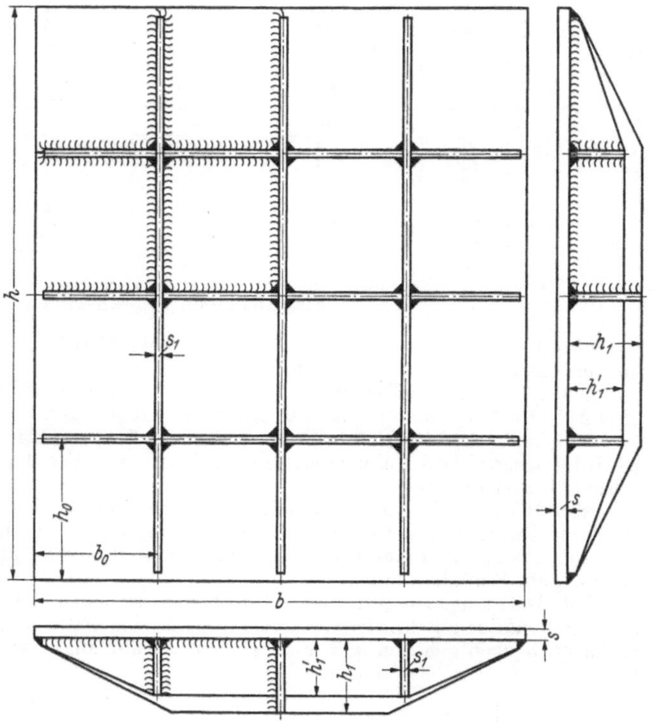

Abb. 177. Anordnung der Rippen bei einer Druck (oder Unterdruck) ausgesetzten Wand.

Abb. 176: In einer Blechwand eingeschweißter Lagerkörper, der durch vier Rippen gegen die Blechwand versteift ist (Abb. 176 links). Bei größerer Lagerbreite werden beiderseitig Rippen angeordnet (Abb. 176 rechts).

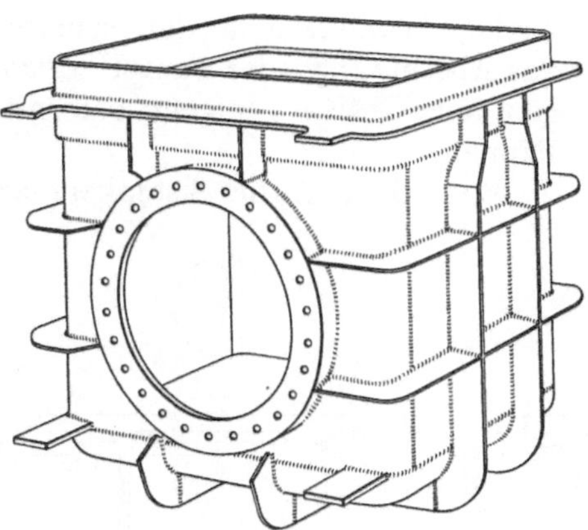

Abb. 178. Geschweißte Sterilisierungskammer (Beispiel für gute Verrippung).

Die Anordnung von Rippen und sonstigen Versteifungen ist bei Schweißkonstruktionen außerordentlich mannigfaltig. Für weitere Ausführungen wird auf die späteren Abschnitte verwiesen.

Abb. 177 zeigt die Anordnung der Rippen bei der Wand (oder Türe) eines unter Unterdruck stehenden kastenförmigen Behälters (z. B. eines Trockenschrankes).

Die Wand wird durch die Längs- und Querrippen in viereckige Felder ($b_0 \times h_0$) geteilt. Die Felder werden näherungsweise als frei aufliegende, rechteckige Platten berechnet. Die Höhe (h_1 bzw. h_1') der Versteifungsrippen wird der Größe der Biegebeanspruchung entsprechend in der Plattenmitte am größten angenommen und gegen die Auflageflächen am Rand zu verjüngt. Die Schweißnähte zwischen Platte und Rippen müssen, da eine Nachrechnung kaum durchführbar ist, kräftig gehalten werden.

Ein gutes Beispiel für die zweckmäßige Anordnung der Versteifung ebener Wände gibt Abb. 178, die eine geschweißte Sterilisierungskammer darstellt[1].

[1] AEG. Berlin.

5. Naben. Geschweißte Räder, Scheiben und Trommeln erhalten Naben aus Rundstahl, die an einer aus Blech zugeschnittenen ringförmigen Scheibe angeschweißt werden. Auch einfache (ungeteilte) Querlager werden in gleicher Weise mit Blechwänden verbunden.

Abb. 179 a. Die Nabe (oder der Lagerkörper) ist in das Blech eingesetzt und mit diesem durch zwei Kehlnähte verbunden. Meist gebräuchliche Ausführung.

Abb. 179 b. Die Nabe besteht aus zwei Stück Rundstahl, die an das Blech angeschweißt sind.

Abb. 179 c. Einseitige Nabe (oder Lagerkörper), durch vier Rippen gegen das Blech versteift.

Abb. 179 d. Konstruktion für breite Scheiben oder Trommeln (zwei Naben, die durch ein Rohr miteinander verbunden sind).

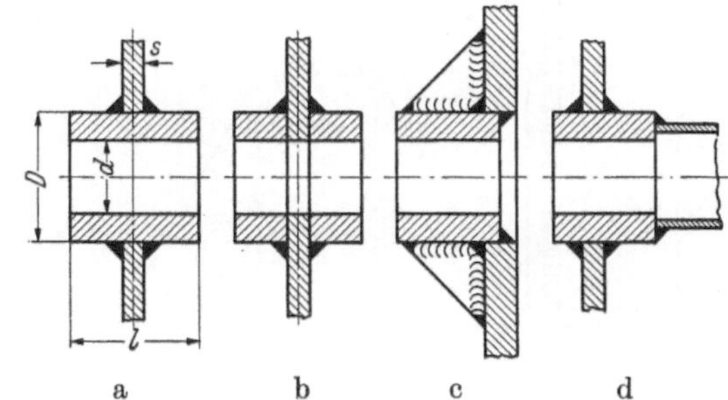

Abb. 179a—d. Ausführung von Naben.

Abb. 180 a—c. Naben aus Stahlguß, durch Stumpfnähte mit den Stahlscheiben verbunden.

Abb. 180 a mit X-Naht (erfordert ein Abschrägen der Naben und der Scheiben).

Abb. 180 b mit K-Naht (hier wird nur die Nabe abgeschrägt, die ohnehin auf der Drehbank bearbeitet werden muß, während die Scheibe mit dem Brenner glatt ausgeschnitten wird; billiger und in vielen Fällen ausreichend).

Abb. 180 c Rad oder Läufer mit zwei Radscheiben.

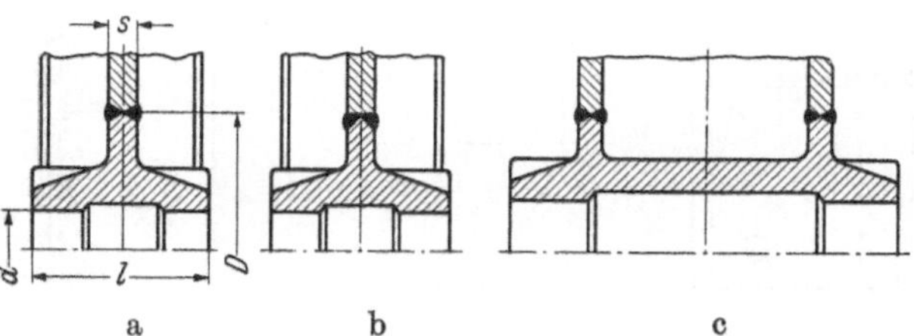

Abb. 180a—c. Anschluß von Stahlgußnaben.

6. Füße und Pratzen (Stützteile). Geschweißte Bauteile, wie Maschinenständer und -gestelle, Säulen und Gebäudestützen, Behälter, Rohre und deren Formstücke erhalten Füße oder Pratzen, mittels deren sie auf dem Grundmauerwerk oder einem anderen tragenden Teil aufgestellt und durch Schrauben befestigt werden.

Die Füße und Pratzen sind an den zu tragenden oder abzustützenden Teilen angeschweißt. Form und Abmessungen dieser Stützteile sind von der Gestalt, dem Gewicht und der Belastungsart des zu tragenden Bauteiles abhängig.

Teile, die standfest sein müssen, wie Ständer, Behälter u. dgl. erhalten meist vier Stützteile. Vielfach sind drei ausreichend, deren Tragkraft der statischen Bestimmtheit wegen festliegt. Mehr als vier Stützteile sind nicht empfehlenswert, da mit zunehmender Zahl die statische Unbestimmtheit größer wird und manche der Stützteile an der Lastaufnahme nicht oder nur ungenügend teilnehmen.

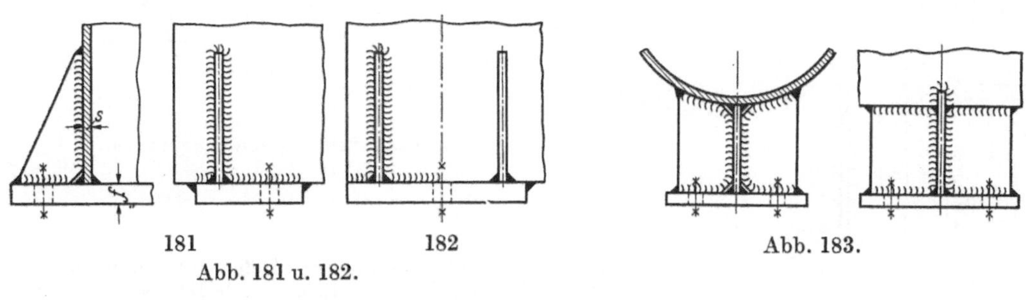

Abb. 181 u. 182.

Abb. 183.

a) Füße (Abb. 181—186).

Abb. 181 u. 182. Füße von Maschinenständern, durch Rippen abgesteift. Wenn erforderlich, erhalten die Füße Arbeitsleisten.

Abb. 183 u. 184. Stützfüße für Rohrteile, Krümmer u. dgl.

Abb. 185 u. 186. Fußplatten für I-Trägerstützen. In Abb. 185 ist die Fußplatte abge-

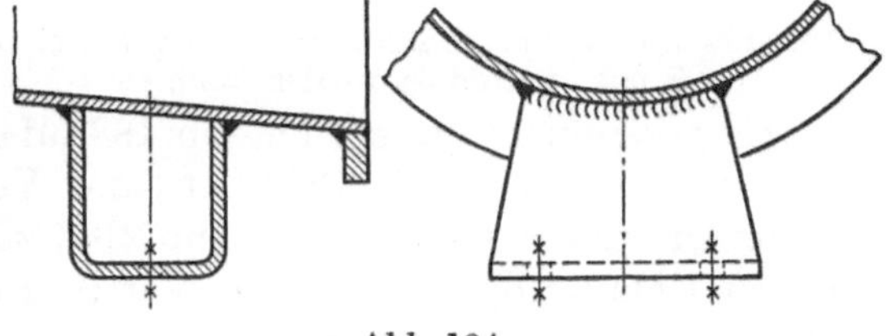

Abb. 184.

kantet (verkleinerte Abwickelung s. Abb. 185a) und auch an den Flanschen des I-Trägers angeschweißt, wodurch eine Vergrößerung der Steifigkeit in Richtung des kleinen Trägheitsmomentes erreicht wird.

Abb. 186. Die I-Stütze ist in beiden Richtungen gegen die Fußplatte versteift.

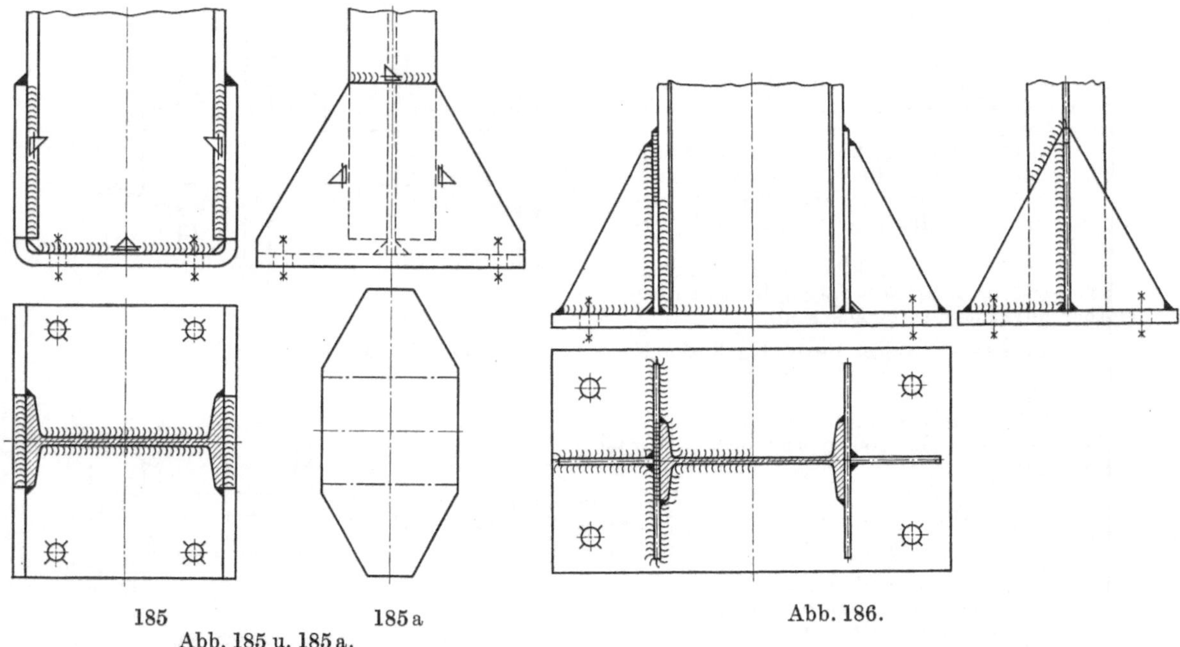

185 185a

Abb. 185 u. 185a.

Abb. 186.

b) Pratzen (Abb. 187—190). Pratzen werden angewendet, wenn das abzustützende Teil (z. B. ein Behälter) sich an der Stützfläche noch nach unten erstreckt. Sie sind an einer Längswand oder einem Mantel angeschweißt. Da die Pratzen und ihre Nähte auf Biegung beansprucht werden, sind Rippen anzuordnen.

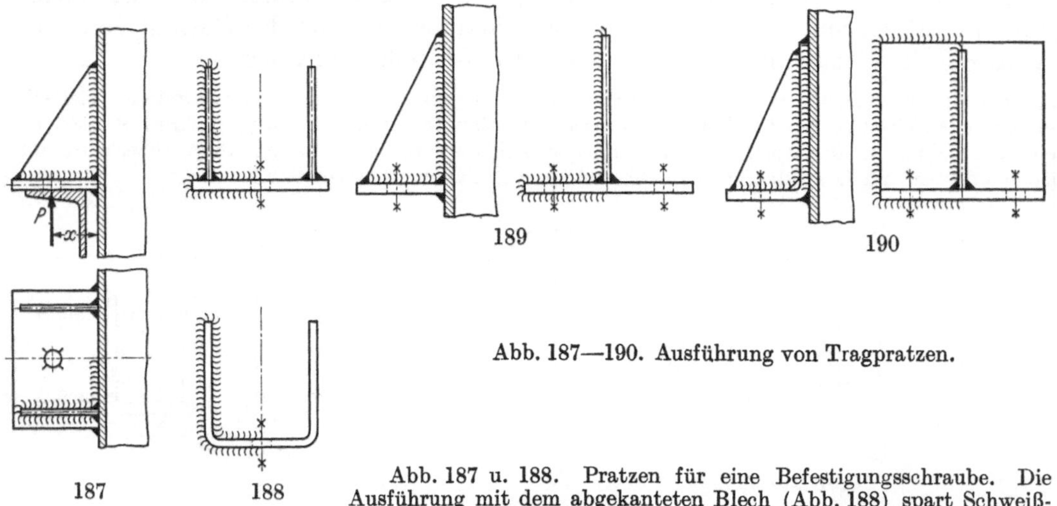

187 188 189 190

Abb. 187—190. Ausführung von Tragpratzen.

Abb. 187 u. 188. Pratzen für eine Befestigungsschraube. Die Ausführung mit dem abgekanteten Blech (Abb. 188) spart Schweißnähte und ist daher billiger.

Abb. 189 u. 190. Pratzen für zwei Befestigungsschrauben. Die tragende Platte ist kräftig zu halten, da nur eine Rippe angeordnet werden kann.

Berechnung einer Pratze nach Abb. 188 auf Dauerhaltbarkeit s. S. 35 (Abb. 121—124).

Um bei dünnwandigen Behältern das Verformen des Mantelbleches durch das Biegemoment der Pratze ($P \cdot x$ in Abb. 187) zu vermeiden, empfiehlt es sich, zwischen Pratze und Mantelblech noch eine Verstärkungsplatte anzuordnen.

Stützungen von stehenden Dampfkesseln und Behältern s. Abschnitt E, S. 109.

7. Schraubenansätze (Abb. 191—194).

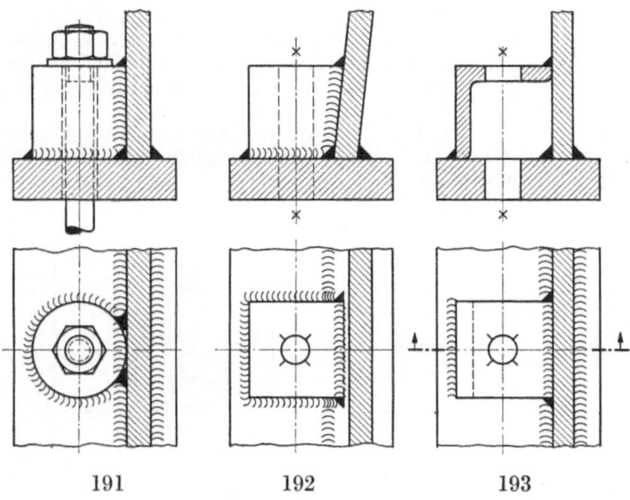

Abb. 191—193. Schraubenansätze.

Abb. 195.

Abb. 191. Schraubenansatz aus Rundstahl.

Abb. 192. Schraubenansatz aus Quadratstahl.

Abb. 193. Für den Schraubenansatz ist ein L-Eisen verwendet. Das angeschweißte Winkeleisen ergibt die für die Schraube erforderliche Führungslänge.

Abb. 194. Schraubenansatz in der Ecke eines abgekanteten Blechteiles.

Abb. 195. Am Fuß einer breitflanschigen I-Trägerstütze sind Rohrstücke für die Befestigungsschrauben angeschweißt. Zwischen den Rohrstücken und der Fußplatte ist Spielraum zu lassen.

Abb. 196. Zur Aufnahme der Schraube dient ein Rohr oder ein durchbohrtes Rundstahlstück. Im Steg des I-Eisens wird ein viereckiges Loch ausgebrannt und das Rundstahlstück durch Kehlnähte am Steg und an den Flanschen angeschweißt.

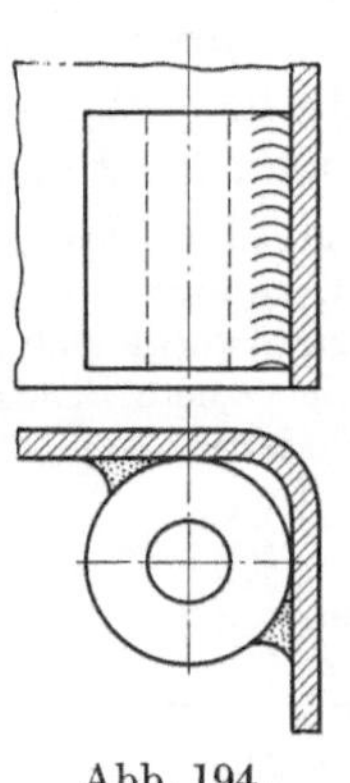

Abb. 194.

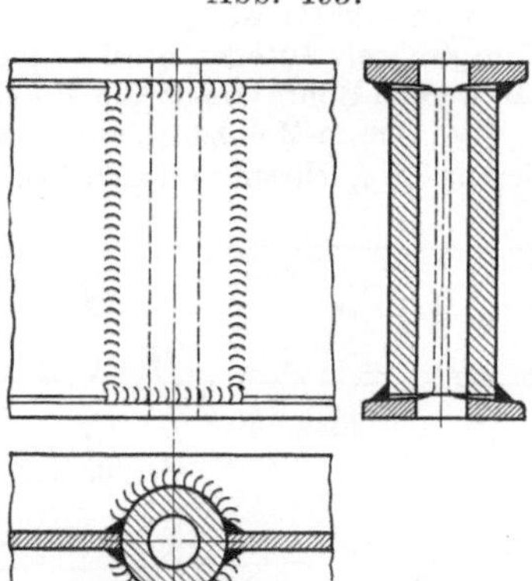

Abb. 196.

8. Anschweißenden (Abb. 197—200).

Abb. 197. Auge aus Quadratstahl.

Abb. 198. Auge aus Rundstahl. (Abb. 197 ist schweißtechnisch besser, da die Stange an eine ebene Fläche angeschlossen wird. Der ringförmige Schweißquerschnitt ist durch die Kraft P auf Zug nachzurechnen.

Anschweißen mittels Stumpfschweißung s. Abb. 8—10 S. 4.

Abb. 199 u. 200. Quadratisches bzw. rundes Auge an einem Flacheisenhebel. Abb. 200 erfordert mehr Anpaßarbeit.

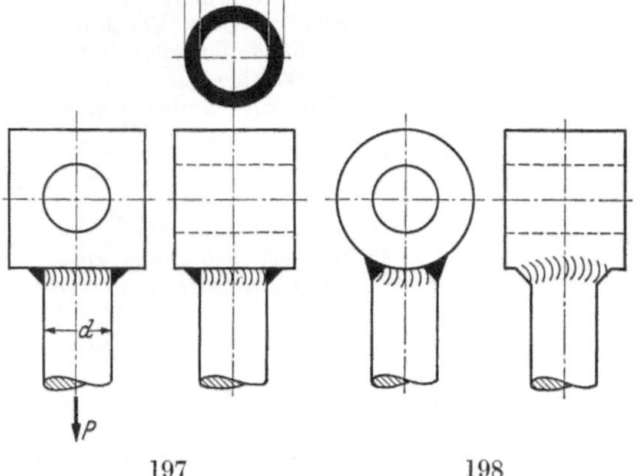

Abb. 197 u. 198.

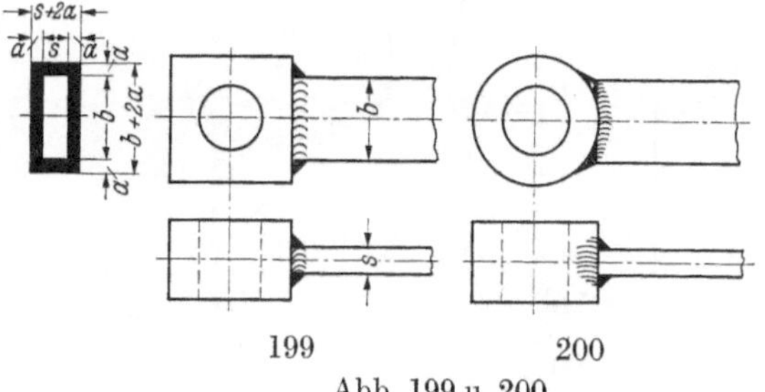

Abb. 199 u. 200.

9. Ösen (Abb. 201 u. 202).

Abb. 201. Transportöse für Motorgehäuse, Räderkästen u. dgl. (Zugkraft S zerlegt. S' beansprucht den Querschnitt auf Biegung und Schub. S'' ergibt noch zusätzliche Zug- und Schubbeanspruchungen. (Siehe S. 27.)

Abb. 202. Kupplungsöse zu einem Schmalspurwagen. Die Öse ist aus Flacheisen zugeschnitten und abgekantet.

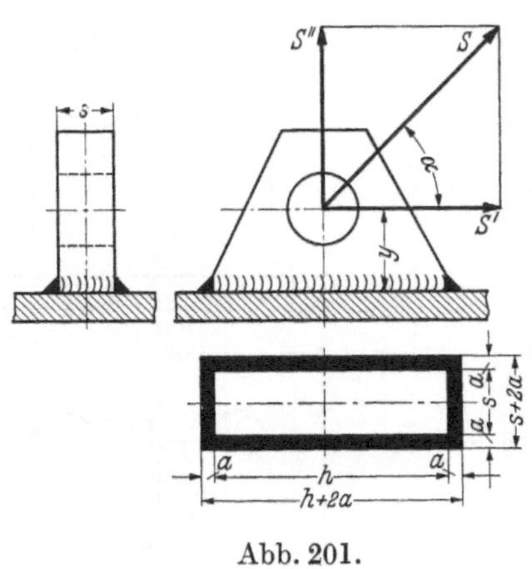

Abb. 201.

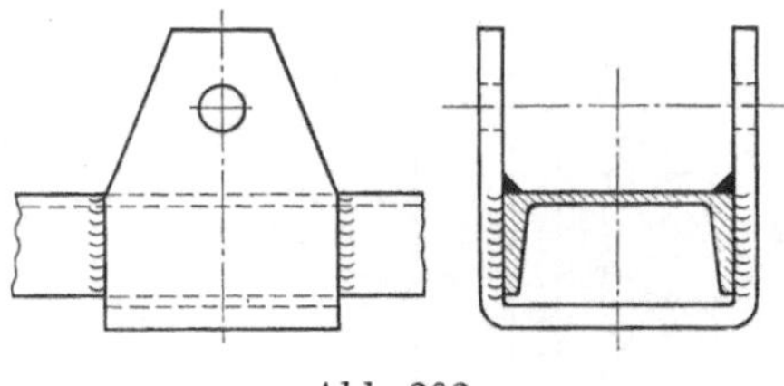

Abb. 202.

C. Elemente der Rohrkonstruktionen.

1. Anwendungsgebiete: Kegelig geschweißte Rohrmasten und Gittermasten, Stahlbauten (Fabrik- und Turmbauten, Dachbinder u. dgl.), leichtere Brücken (Fußgängerstege), Feuerwehrleitern, Ausleger für Krane usw. Die größte Anwendung haben Rohrkonstruktionen im Flugzeugbau gefunden.

Werkstoff: Nahtlose Rohre (Mannesmannrohre) aus St 35.29 und St 55.29. Nahtlose Gas- und Dampfrohre. Autogen geschweißte Flußstahlrohre (s. die entsprechenden Normen). Im Flugzeugbau werden Rohre aus Chrom-Molybdänstahl verwendet, Wanddicke der Rohre: 0,5—2 mm.

Bei Chrom-Molybdänstahl ist durch geeignete Elektroden und ein passendes Schweißverfahren die Gefahr der „Schweißrissigkeit" zu vermindern.

2. Verbindungselemente. Die Längsverbindung zweier Rohre geschieht durch den gewöhnlichen Stumpfstoß. Ausführung in geeigneten Fällen auf der elektrischen Stumpfschweißmaschine.

Abb. 203—212. Beispiele von Rohrverbindungen.

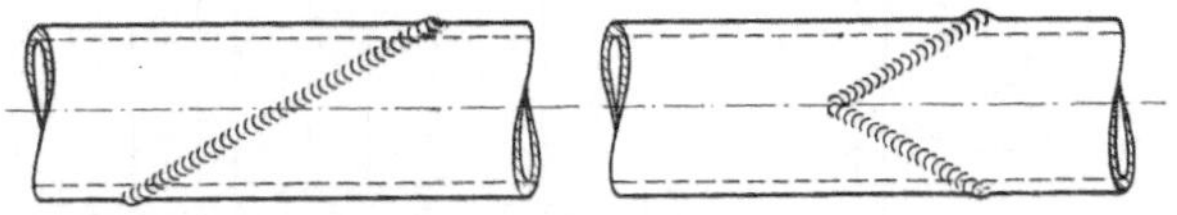

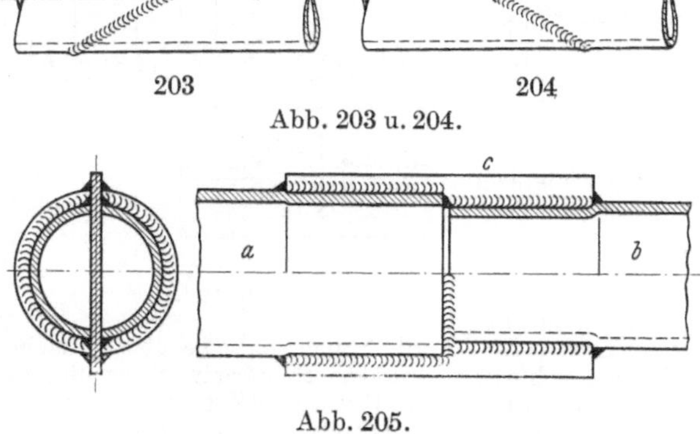

Abb. 203 u. 204.

Abb. 205.

Abb. 203. Schrägstoß.

Abb. 204. Fischgratstoß.

Abb. 205. Stoß zweier Rohre mit verschiedenen Durchmessern a bzw. b und eingeschweißtem Blech c. Die Verbindung zeichnet sich durch hohe Knicksicherheit aus und wird bei Leitungsmasten angewendet.

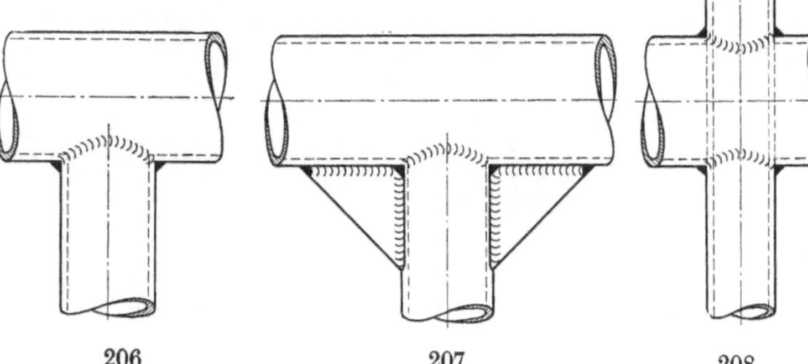

Abb. 206—208.

Abb. 206 u. 207. Verbindung senkrecht zueinander liegender Rohre. Der Anschluß nach Abb. 207 ist starrer und knicksicherer.

Abb. 208. Ausführung für ein dickes und ein dünneres, durchgehendes Rohr.

Abb. 209. Anschluß zweier Diagonalen an ein Gurtrohr.
Abb. 210. Anschluß einer Vertikalen und einer Diagonalen an ein Gurtrohr mittels Knotenblech.

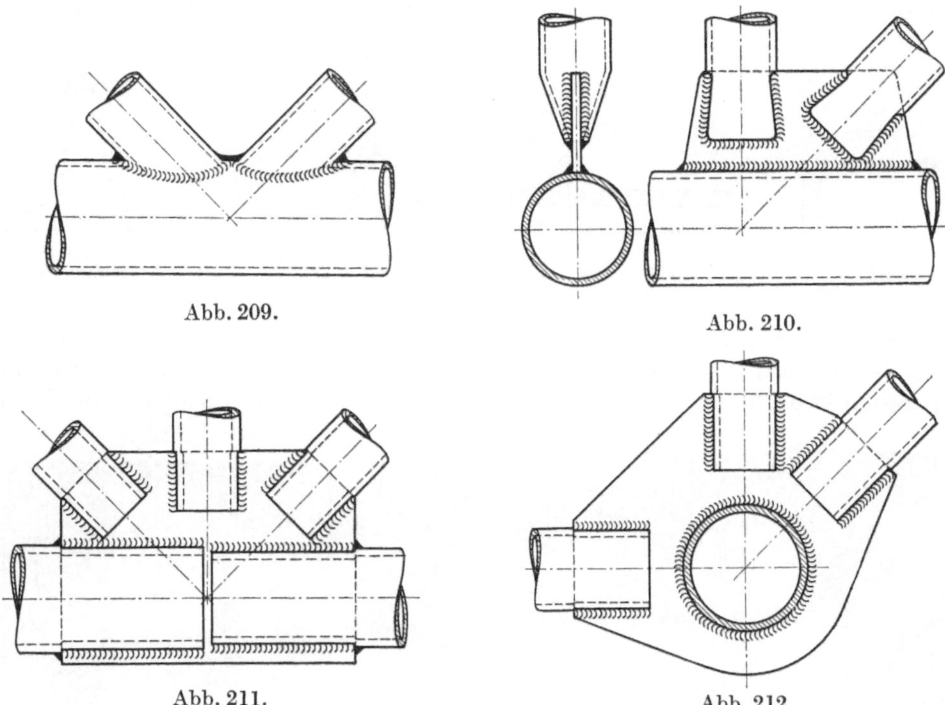

Abb. 209. Abb. 210.

Abb. 211. Abb. 212.

Abb. 211. Anschluß dreier Füllungsstäbe an einen Gurt mit verschiedenen Rohrdurchmessern unter Anwendung eines durchgesteckten Knotenbleches. Vorzug der Verbindung: Große Festigkeit und Knicksicherheit.

Abb. 212. Knoten eines Verbandes, bei dem drei Stäbe vermittels eines Knotenbleches an ein senkrecht zum Verband liegendes Rohr angeschlossen sind.

Schrifttum.

Hilpert und Bondy: Geschweißte Rohrkonstruktionen, Z. VDI 1929 Heft 24. — Neuere geschweißte Rohrbauten (Fortschritte in den Grundlagen der Ausführung), Z. VDI 1933 S. 701. — Leichte Eimerleitern für Eimerkettenbagger, Fördertechn. 1935 S. 44. —

D. Gestaltung geschweißter Flugzeugteile.

Für die geschweißten Bauteile sind folgende Werkstoffe[1] zugelassen: 1263·1, 1452·2, 1452·4, 1452·9 und 1811·5.

Von den verschiedenen Schweißverfahren (s. S. 1) wird hauptsächlich die Gasschmelzschweißung und in zunehmendem Maße auch die elektrische Lichtbogenschweißung angewendet.

Die geschweißten Flugzeugteile müssen bei kleinsten Wandstärken ($s = 0{,}5$ bis 1 mm) oft erhebliche Biege- und Drehungsspannungen aufnehmen und schwingungsfest sein. Sie werden dann als Hohlkörper ausgebildet, die die erforderliche Steifigkeit besitzen.

Die Grundteile dieser Hohlkörper sind je nach der Fertigungszahl abgekantete oder gebogene Blechteile, im Gesenk gezogene oder geschmiedete Teile, Drehteile u. a. Die Verbindung dieser Teile geschieht durch die verschiedenen Nahtformen (s. S. 13), wobei die Wahl der Nahtform von den Dicken der Grundteile, der Lage der Naht und ihrer Beanspruchungsart, der Rücksicht auf Maßhaltigkeit der Bauteile, geringstes Verformen beim Schweißvorgang und dem Vermeiden von Rissen abhängig ist.

[1] Flieg-Werkstoffe. Herausgegeben vom Technischen Amt des RLM. Berlin: Beuth-Verlag G. m. b. H., 1935.

Wenn irgend angängig werden Stumpfnähte (V-Nähte) und bei den dünnen Blechen zweckmäßig Bördelnähte (s. Tafel 1 S. 17) angewendet. Bei diesen soll die Bördelhöhe wegen der Beulbreitenbegrenzung die 20-fache Blechdicke sein. Sind

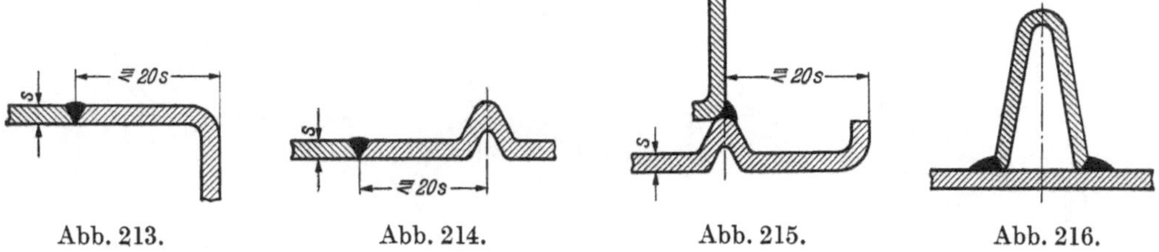

Abb. 213. Abb. 214. Abb. 215. Abb. 216.

Kehlnähte erforderlich, so werden sie der geringeren Kerbwirkung wegen als Hohlnähte (Abb. 68 S. 15) ausgebildet. Besonders ungünstig ist die doppeltseitige Kehlnaht beim T-Stoß (Abb. 70), da diese das dünne Stegblech beiderseitig schwächt und daher

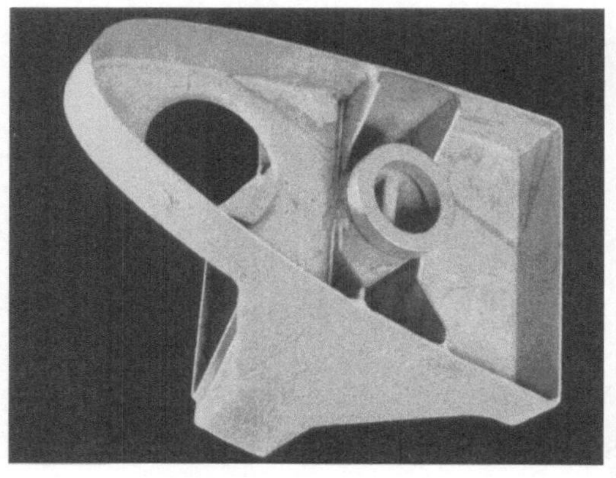

Abb. 217.

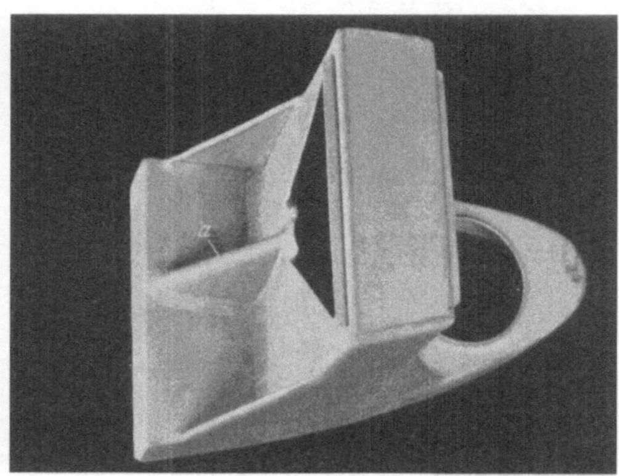

Abb. 218.

am besten vermieden wird. Das gleiche gilt für Kehlnähte mit spitzem Eckwinkel, während solche mit rechtem oder stumpfem Winkel sich gut schweißen lassen.

Beim Schweißen größerer ebener Blechwände wird ein Verziehen und Ausbeulen dadurch vermieden[1], daß man die Naht (Stumpf- oder Bördelnaht) zur Verminderung einer zu großen Beulbreite in die Nähe einer Abkantung (Abb. 213) legt oder man ordnet ebenso wie im Rohrleitungsbau (s. S. 101), eine Sicke (Abb. 214) an, die die Wand nachgiebig macht und ein Auslösen von Spannungen verhindert. Die Entfernung der Naht von der abgekanteten Wand oder Sicke (Abb. 213 bzw. 214) soll die erfahrungsmäßige Beulbreite gleich der 20-fachen Blechdicke (s) nicht überschreiten. Der T-Stoß Abb. 215, bei dem das senkrechte umgebördelte Blech an der Sicke angeschweißt ist, vermeidet die beim gewöhnlichen Blechstoß auftretende Schwächung des dünnen Bleches infolge des Einbrandes.

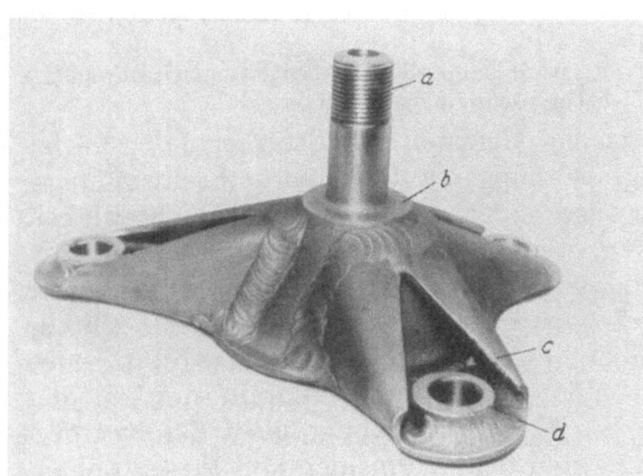

Abb. 219.

Abb. 216 zeigt eine als Hohlkörper ausgebildete Versteifungsrippe. Sie vermeidet die bereits erwähnten Nachteile einer gewöhnlichen Blechrippe, ist wesentlich steifer als diese und nutzt den Werkstoff besser aus.

[1] Rethel: Gestaltung geschweißter Teile im Flugzeugbau. Luftwissen 1938 S. 337.

Abb. 217 bis 219 [1] geben einige Beispiele geschweißter, im Flugzeugbau oft vorkommender Teile.

Abb. 217 u. 218. Beschlag für einen Flügelanschluß, bei dem die Hohlrippe Abb. 216 (Teil *a* in Abb. 218) angewendet ist.

Abb. 219: Motorpratze. Der hohl ausgebildete Gewindebolzen *a* ist in einem hohlkegeligen Drehstück *b* eingesetzt. An dem Drehstück sind drei gebogene, aus Blech zugeschnittene Teile *c* für die Befestigungsschrauben angeschweißt. Auf diesen aufgeschweißte Ansätze *d* aus Rundstahl geben den Schrauben die erforderliche Führungslänge.

Die bei den Rohrkonstruktionen der Flugzeugrümpfe vorkommenden Knotenpunkte, bei denen mehrere dünnwandige Stahlrohre anzuschließen sind, stellen an die Geschicklichkeit des Schweißers hohe Anforderungen.

Abb. 220 zeigt einen Knotenpunkt mit Rohren aus Chrom-Molybdänstahl von 0,8 bis 1 mm Dicke, der elektrisch geschweißt ist [2].

Abb. 220.

Schrifttum.

Hoffmann: Stahlrohre für den Flugzeugbau und ihre Schweißverbindungen, Z. VDI 1935 S. 1145. — Bollenrath u. Cornelius: Zeit- und Dauerfestigkeit ungeschweißter und stumpf geschweißter Chrom-Molybdän-Stahlrohre bei verschiedenen Zugmittelspannungen. Stahl u. Eis. 1938 S. 244. — Otto: Konstruktionselemente für den Flugzeugbau. 1936. Volkmann, Berlin. — Johnson: Schweißen im Flugzeugbau, J. amer. weld. Soc. 1936 Heft 9 S. 2ff. (Krit. Schnellbericht des Fachausschusses für Schweißtechnik 1936 Nr. 9 S. 5 u. 6).

---

[1] Arado-Flugzeugwerke G. m. b. H. Brandenburg-Havel. Weitere Beispiele s. die Abhandlung Fußnote 1 S. 52.

[2] Cornelius: Versuche über die Lichtbogenschweißung dünner Bleche aus Chrom-Molybdänstahl. Elektroschweißg. 1938 S. 29.

Zweiter Teil.

Ausgeführte Konstruktionen.

A. Stangen — Hebel — Handkurbeln.

1. Stangen.

Einfache Zugstangen haben meist runden Querschnitt und erhalten angeschweißte Augen nach Abb. 197 u. 198 S. 49. Ist eine Stumpfschweißmaschine vorhanden, so wird das Auge nach Abb. 9 S. 4 vorbereitet und dann angeschweißt.

Gabelstangen werden nach Abb. 221—225 ausgeführt.

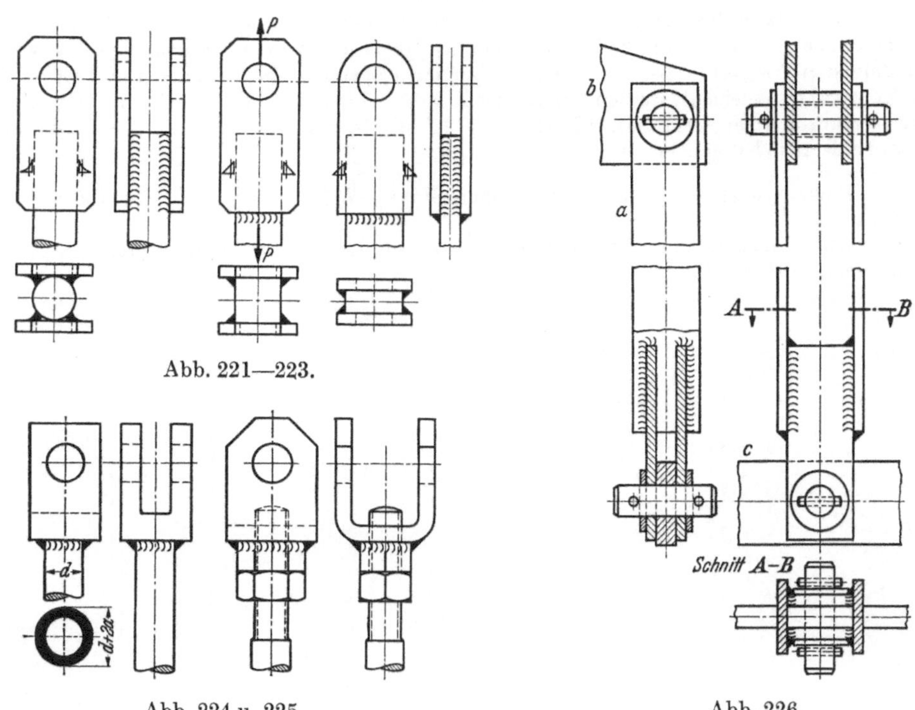

Abb. 221—223.

Abb. 224 u. 225.

Abb. 226.

Abb. 221. Rundstange mit Gabelstück aus zwei Flacheisen. Anschluß durch Flankennähte (Hohlnähte).

Abb. 222 u. 223. Stange aus Vierkant- oder Flachstahl. Die vier Flankennähte sind durch die Zugkraft der Stange auf Schub beansprucht (s. S. 24).

Abb. 224. Gabelstück aus Vierkantstahl, Schlitz mit dem Brenner ausgeschnitten.

Abb. 225. Nachstellbare Gabelstange. Gabelstück aus Flachstahl gebogen. Gewindeteil durch ein angeschweißtes Stück Sechskantstahl verstärkt.

Abb. 226 zeigt die Zugstange zu einer doppelten Backenbremse, deren Bremshebel parallel zur Achse der Bremsscheibe liegt. Stange a ist oben an den Winkelhebel b und unten an den Bremshebel c angeschlossen. Die beiden Gelenkachsen der Stange kreuzen sich unter 90°. Die Stange besteht aus zwei Flacheisenpaaren, die sich auf so einfache Weise nur durch Schweißen verbinden lassen.

Berechnung der vier Flankennähte auf Dauerhaltbarkeit nach den Angaben S. 29 u. f.

2. Hebel.

Die Hebel sind je nach ihrem Verwendungszweck außerordentlich mannigfaltig. In baulicher Hinsicht unterscheidet man einfache Hebel, Doppelhebel und Winkelhebel.

Da die Hebel auf Biegung (und Schub) beansprucht sind, erhalten sie entsprechende Querschnittsform. Bei kleineren Hebeln sind Flacheisen ausreichend. Große Hebel erhalten [-, T-, I- oder kastenförmigen Querschnitt.

Einfache Flacheisenhebel erhalten quadratische oder runde Augen, die nach Abb. 199 u. 200 S. 49 an das Flacheisen angeschweißt werden. Sonderausführungen nach Abb. 227 bis 232, Doppelhebel nach Abb. 233—237, Winkelhebel nach Abb. 238—240 S. 56.

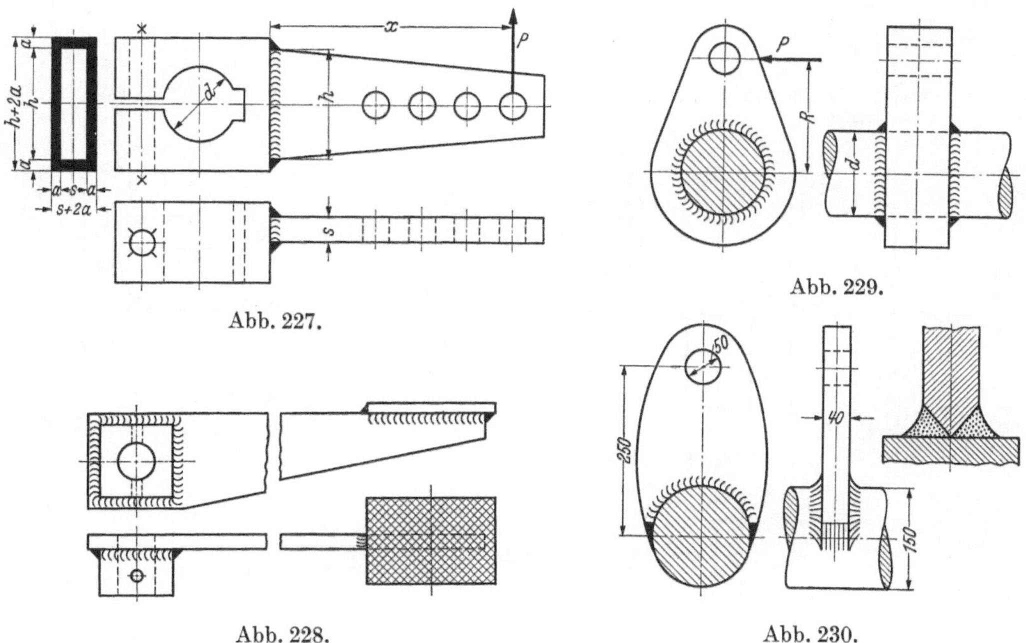

Abb. 227. Abb. 228. Abb. 229. Abb. 230.

Abb. 227. Hebel zum Kupplungsgestänge (Hubwerk eines Baggers)[1]. Vier Bohrungen zum Verändern der Hebellänge. Das Hebelauge ist geschlitzt und wird durch eine Schraube auf die Welle geklemmt. Berechnung des Schweißanschlusses auf Biegung (Moment: $P \cdot x$) und Schub (durch die Kraft P).

Abb. 228. Fußhebel zu einer doppelten Backenbremse. Am Hebelende ist eine Riffelblechplatte aufgeschweißt. Der Hebel ist durch einen kegeligen Stift auf der Welle befestigt.

Abb. 229. Auf der Welle aufgeschweißter Hebel. Der aus zwei Kehlnähten gebildete Schweißanschluß wird mit dem Drehmoment $M_d = P \cdot R \ldots$ kgcm nach den Angaben S. 28 berechnet.

Abb. 230. Auf der Welle aufgeschweißter Hebel zu einem Bremsgestänge. Da der Hebel nur zum Teil an der Welle anliegt, die Nahtlänge also kurz ist, wurde statt der Kehlnähte die doppelseitige Eckstumpfnaht ohne Fuge (s. S. 15 u. 24) gewählt.

Abb. 231. Backenhebel zu einer doppelten Backenbremse (Ersatz für einen Stahlgußhebel). Bremsbacke aus Flacheisen gebogen, Hebelplatten mittels des Brenners zugeschnitten. Eingeschweißte Rippen geben eine gute Verbindung zwischen Backe und Hebelplatten. Zuschnitt der Hebelplatten aus Flacheisen (Abb. 232) ist billiger, da nur die Anlageflächen der Bremsbacken autogen geschnitten werden.

Abb. 233. Doppelhebel aus Flacheisen. Durchgehende Nabe und Augen (links) aus Rundstahl.

[1] Type E 32 der Demag, A.-G., Duisburg.

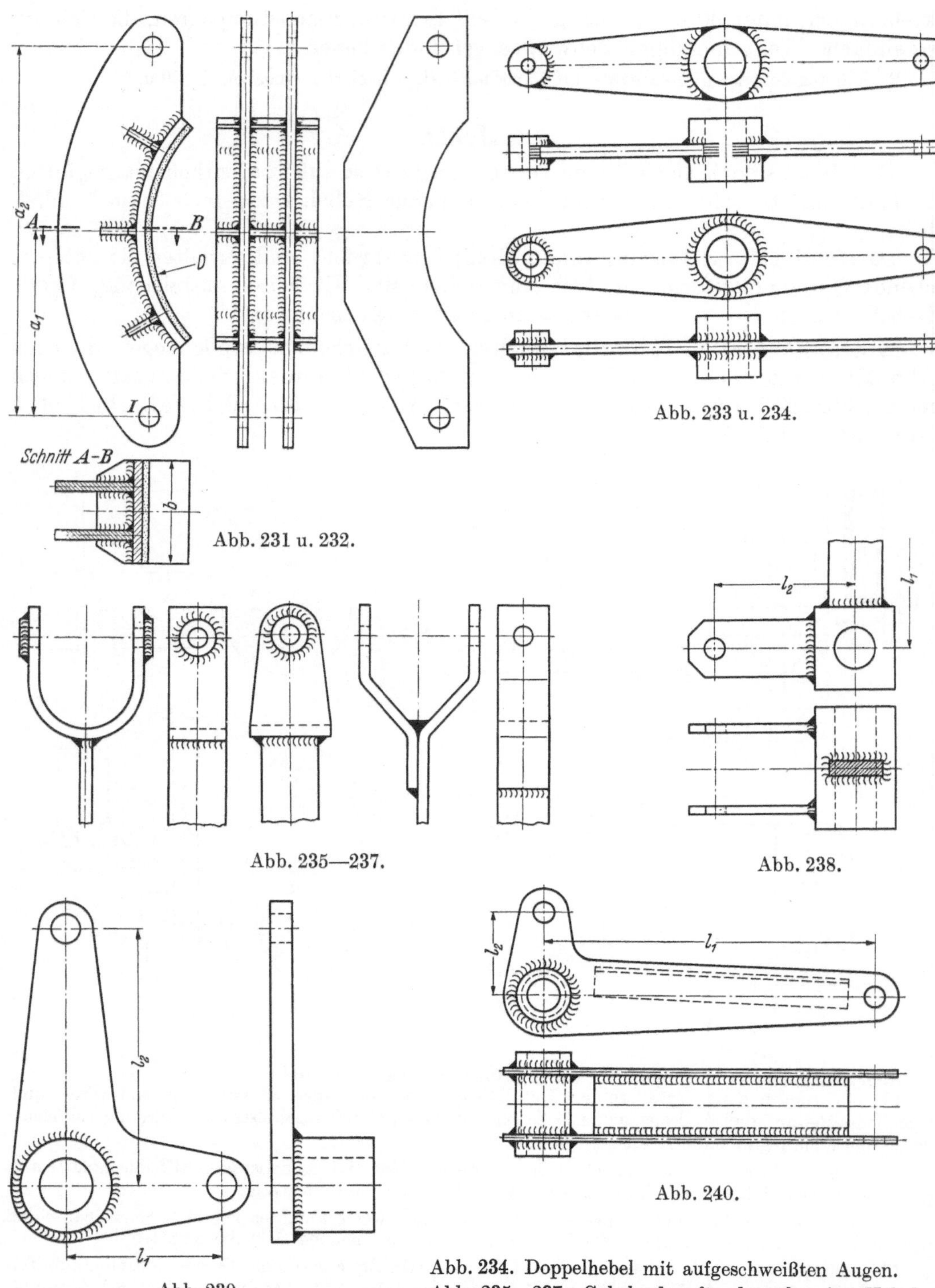

Abb. 231 u. 232.

Abb. 233 u. 234.

Abb. 235—237.

Abb. 238.

Abb. 239.

Abb. 240.

Abb. 234. Doppelhebel mit aufgeschweißten Augen.

Abb. 235—237. Gabelenden für doppelarmige Hebel (für Einrückeinrichtungen von Reibungskupplungen). Die Ausführungen nach Abb. 235 bzw. 236 sind in der Herstellung teurer, weisen jedoch größere Festigkeit auf.

Abb. 238. Winkelhebel. Der kurze Hebel mit der Länge l_2 besteht aus zwei Flacheisen.

Abb. 239. Winkelhebel zum Kupplungsgestänge eines Baggers. Der Hebel ist mit dem Brenner zugeschnitten und hat ein angeschweißtes Auge.

Abb. 240. Der Hebel besteht aus zwei zugeschnittenen Blechteilen, die an der Drehachse durch ein Rohrstück und am langen Hebelarm durch ein [-Eisen miteinander verbunden sind.

3. Handkurbeln.

Die bei Handhebezeugen und sonstigen Handantrieben verwendeten Kurbeln haben meist eine Armlänge $a = 300$—400 mm. Betätigung durch ein oder zwei Mann. Größter Kurbeldruck je Mann (vorübergehend): 20—25 kg. Durchmesser der Kurbelwelle für ein- bzw. zweimännige Kurbeln: $d = 30$ bzw. 40 mm.

Die geschweißten Kurbeln (Abb. 241 u. 242) sind wesentlich billiger als die von Hand geschmiedeten. Nur bei großer Fertigungszahl und Herstellung im Gesenk ist die geschmiedete Kurbel im Preis niedriger.

Bei der Ausführung (Abb. 241) ist der Flacheisenarm an eine quadratische Nabe angeschweißt und durch eine Rippe versteift.

Der Schweißanschluß (Abb. 241) ist nicht nur auf Biegung und Schub, sondern noch durch das Moment (größter Kurbeldruck × halbe Grifflänge) auf Verdrehung beansprucht. Er muß daher entsprechend kräftig ausgeführt werden.

Bei der Ausführung (Abb. 242) ist der Kurbelarm mittels des Brenners zugeschnitten. Die aufgeschweißte Nabe ist aus Rundstahl und ebenfalls durch eine Rippe gegen den Arm zu versteift.

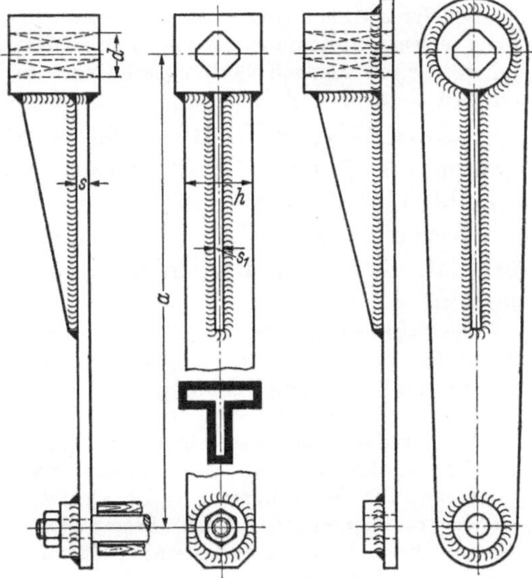

Abb. 241 u. 242.

B. Räder und Scheiben — Seiltrommeln — Läufer für elektrische Maschinen.

1. Räder und Scheiben.

Formgebung. Kleinere Stirnräder, Kettenräder und Sperräder werden als Vollscheibenräder ausgeführt und von der Stahlstange abgestochen. Reicht die Nabenbreite zum Aufkeilen des Rades nicht aus, so wird an der Scheibe noch ein Stück Rundstahl angeschweißt (Abb. 243). Bei genügend großem Raddurchmesser wird die Scheibe auf eine Rundstahlnabe gesetzt und durch zwei Kehlnähte mit ihr verbunden (Abb. 244).

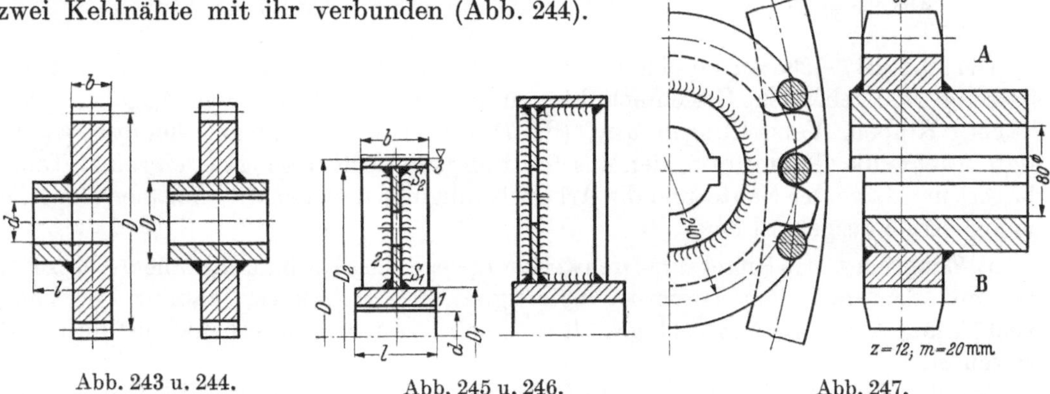

Abb. 243 u. 244. Abb. 245 u. 246. Abb. 247.

Größere Räder und Scheiben (Bremsscheiben, Kupplungsscheiben u. dgl.) werden als Kranzscheiben (Abb. 245, 246 und 249) hergestellt. Der Kranz ist ein Stück Flacheisen, das rund gebogen und durch eine Stumpfnaht gestoßen wird (Abb. 251 S. 58 bzw. 261 S. 62). Ausführung je nach Kranzbreite ohne Rippen (Abb. 245) oder mit einseitigen bzw. beidseitigen Rippen (Abb. 246 u. 249). Genügen die Flacheisenrippen zur Versteifung des Kranzes nicht, so werden noch dreieckförmige Rippen zwischen ihnen angeordnet (Abb. 261 S. 62).

Zur Vermeidung von Spannungen beim Schweißen eines Radkörpers nach Abb. 245 empfiehlt Bierett folgenden Arbeitsgang[1]:

Scheibe 2 je nach Größe von D_1 vorwärmen, aufschieben und an der Nabe 1 heften. Nähte S_1 schnell fertig schweißen und dabei die Nabe kühlen. Kranz 3 entsprechend D_2 vorwärmen, aufsetzen und an der Scheibe heften. Danach Nähte S_2 schweißen und dabei kühlen. Die Schweißarbeit darf nicht unterbrochen werden.

Große Räder (z. B. Stirnräder) werden zwecks Gewichtersparnis mit einem Armsystem aus [- oder I-Stahl ausgeführt. Scheiben (z. B. Seilscheiben und Riemenscheiben) erhalten oft Speichen aus Flachstahl oder Rohren.

Werkstoff der Naben, Rippen und Scheiben: St 37 oder St 00. Der Kranz (z. B. bei Zahnrädern, Laufrollen usw.) wird mitunter aus Stahl höherer Festigkeit hergestellt.

Die bauliche Ausführung hängt von der Radgröße, von dem Verwendungszweck, der Umfangskraft und der Umfangsgeschwindigkeit ab.

Geschweißte Räder sind leichter und (namentlich bei kleinerer Stückzahl) billiger als gegossene; ihr Schwungmoment ist kleiner, was bei raschlaufenden Rädern, Bremsscheiben usw. beim Anlaufen und Bremsen oft von ausschlaggebender Bedeutung ist. Derartige Räder müssen natürlich sorgfältig dynamisch ausgewuchtet werden.

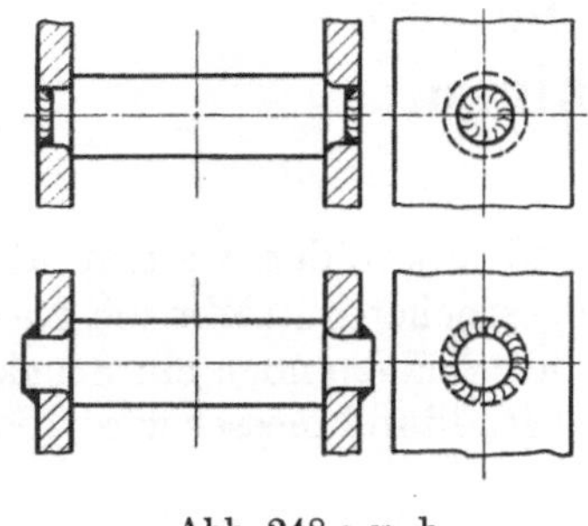

Abb. 248 a u. b.

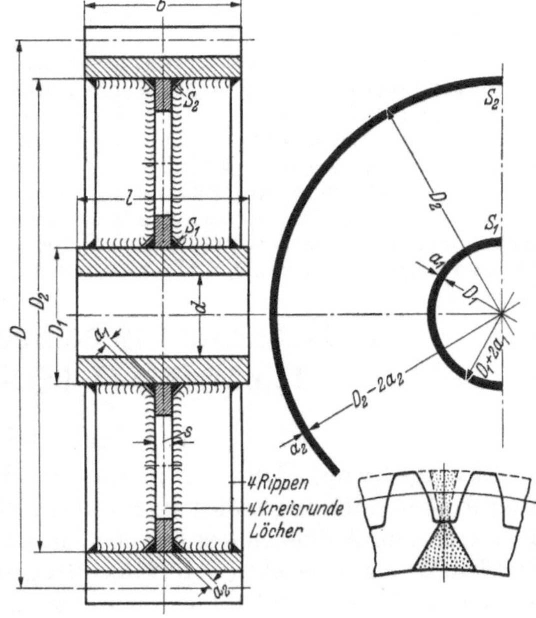

Abb. 249—251.

Die Abb. 247—265 zeigen eine Reihe ausgeführter Konstruktionen. Die für die Gestaltung maßgebenden Gesichtspunkte sind unter Beachtung der Angaben über Naben, Rippen, Versteifungen usw. (S. 57) aus den Zeichnungen herausgelassen. Man beachte die Gesamtform, den Zuschnitt und die Vorbereitung der einzelnen Teile, die Art und Lage der Nähte und die Arbeitsbedingungen, denen die einzelnen Bauteile beim Betrieb ausgesetzt sind.

a) Zahnräder. Das Ritzel zum Drehwerkvorgelege eines Hafendrehkranes (Abb. 247), das mit dem auf dem Torgerüst befestigten Triebstockkranz kämmt, ist nach Ausführung A wie in Abb. 244 gestaltet. Die mitunter erforderliche Ausführung B ist teurer.

Bei den Triebstockvorgelegen mit Zahnstange, wie man sie im Kranbau und bei Schützenanlagen verwendet, werden die Triebstöcke nicht mehr mit den Flacheisen vernietet, sondern nach Abb. 248a bzw. b verschweißt. Bei Stirnrädern in Scheibenbauart (Abb. 249) oder mit Armsystem wird der Stoß des Zahnkranzes zwischen zwei Zähnen angeordnet. Ausbildung der Stumpfnaht derart, daß nach dem Einfräsen

[1] Anleitungsblätter f. d. Schweißen im Maschinenbau, Berlin 1936 S. 27.

der Zähne noch eine unverletzte V-Naht vorhanden ist (Abb. 251). Abb. 252 zeigt eine von der üblichen Ausführung abweichende Bauart eines geschweißten Zahnrades. Für hochbeanspruchte Räder wird der Zahnkranz nach Abb. 253 aufgepreßt oder aufgeschrumpft und durch Kegelstifte oder Schraubstifte gesichert. Diese Verbindung wendet man auch an bei den aus Nichteisenmetall bestehenden Zahnkränzen der Schneckenräder an.

Abb. 249—251. Normales Stirnrad mittlerer Größe mit stumpf geschweißtem Zahnkranz (Abb. 251), Mittelscheibe und beiderseitigen Rippen.

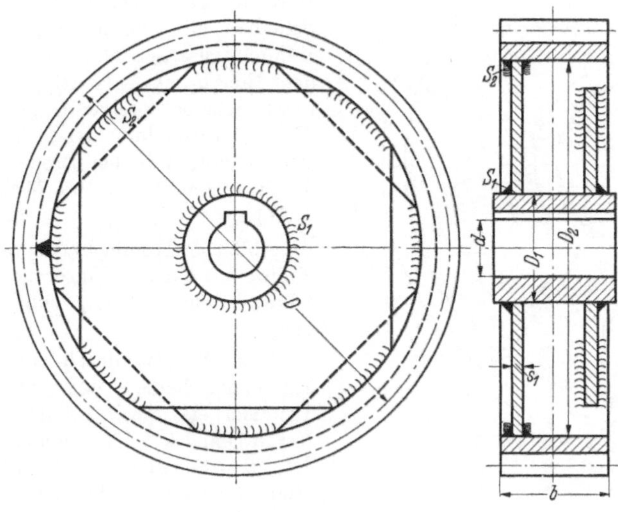

Abb. 252.

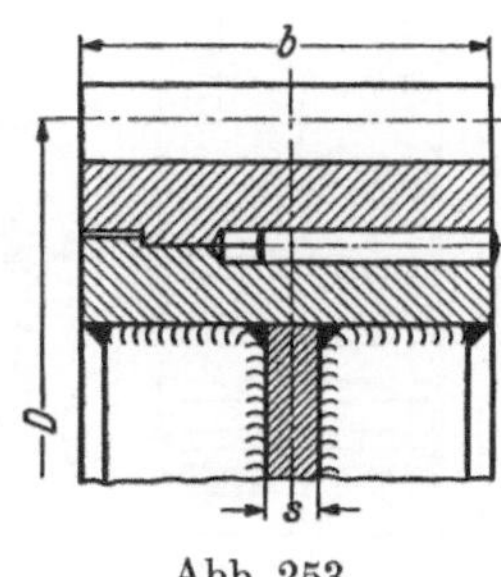

Abb. 253.

Abb. 252. Stirnrad mit zwei quadratischen Scheiben, SSW, Berlin-Siemensstadt. (Da die Scheiben an der Nabe nur einseitig angeschweißt werden können und die einseitige Kehlnaht [Abb. 69 S. 15] eine geringere Festigkeit hat, sind kräftige Nähte erforderlich.)

Berechnung der Schweißnähte. Bei einem Stirnrad nach Abb. 249 sei: Zähnezahl: $z = 60$; Modul: $m = 6$ mm; Teilkreisdurchmesser: $D = 360$ mm; Zahnbreite: $b = 100$ mm; Bohrung: $d = 60$ mm; Nabenbreite: 110 mm.

Durchmesser der Nabe: $D_1 = 100$ mm; Innendurchmesser des Zahnkranzes: $D_2 = 325$ mm; Scheibendicke: $s_1 = 10$ mm; Rippendicke: $s_2 = 8$ mm.

Werkstoff: St 37.11 bzw. St 37.21 (L).

Dicke der Schweißnähte: $a_1 = 4$ mm; $a_2 = 3$ mm.

Zahndruck: $P = 940$ kg (bei $k = 50$ kg/cm². Werkstoff des Kranzes: St 50.11). Drehmoment: $M_d = P \cdot R = 940 \cdot 18 \approx 17000$ kgcm.

1. Schweißnähte S_1 zwischen Nabe und Scheibe. $a_1 = 4$ mm. Schweißquerschnitt: Ringfläche mit den Durchmessern D_1 und $D_1 + 2\,a_1$ (Abb. 250). Polares Widerstandsmoment: $W_{p1} = 66$ cm³. Vorhandene Schubspannung (Nennspannung):

$$\tau_1 = \frac{M_d}{2 \cdot W_{p1}} = \frac{17000}{2 \cdot 66} \approx 130 \text{ kg/cm}^2 .$$

2. Schweißnähte S_2 zwischen Kranz und Scheibe. $a_2 = 3$ mm. Schweißquerschnitt: Ringfläche mit den Durchmessern D_2 und $D_2 - 2\,a_2$ (Abb. 250). $W_{p_2} = 208$ cm³.

$$\tau_2 = \frac{M_d}{2\,W_{p_2}} = \frac{17000}{2 \cdot 208} \approx 40 \text{ kg/cm}^2 .$$

Diese Spannungen sind verhältnismäßig niedrig. Da weder statische noch dynamische Versuche mit derartigen, auf Drehung beanspruchten Schweißnähten vorliegen, kann man ihnen keine Werkstoff-Festwerte gegenüberstellen. Einen ungefähren Anhalt gibt die zulässige Drehungsspannung, die für St 37 und den Belastungsfall II zu $\tau_{zul} = 300$ bis 500 kg/cm² angenommen werden kann[1]. Aus Mangel an Versuchen kann man für die zulässige Beanspruchung der Schweißnähte 90% der des vollen Werkstoffs zulassen. Bei dynamisch hoch beanspruchten Rädern ist es vorteilhaft, die Nabe aus Stahlguß herzustellen und durch eine Stumpfnaht (V- oder X-Naht) an die Scheibe anzuschließen (Abb. 180a u. b S. 47). Hierdurch wird der Kraftfluß weniger stark abgelenkt, auch ist die Beanspruchung der Naht wegen ihres größeren Abstandes von der Drehachse günstiger.

[1] Hütte, 26. Aufl. I. Bd. S. 103.

Abb. 254 und 255 zeigen zwei Sonderausführungen geschweißter Stirnräder für schweren Betrieb (Baggerbetrieb), während Abb. 256 die Ausführung eines geteilten Stirnrades wiedergibt. Abb. 257: Geschweißter Zahnkranz zu einem Kranlaufrad.

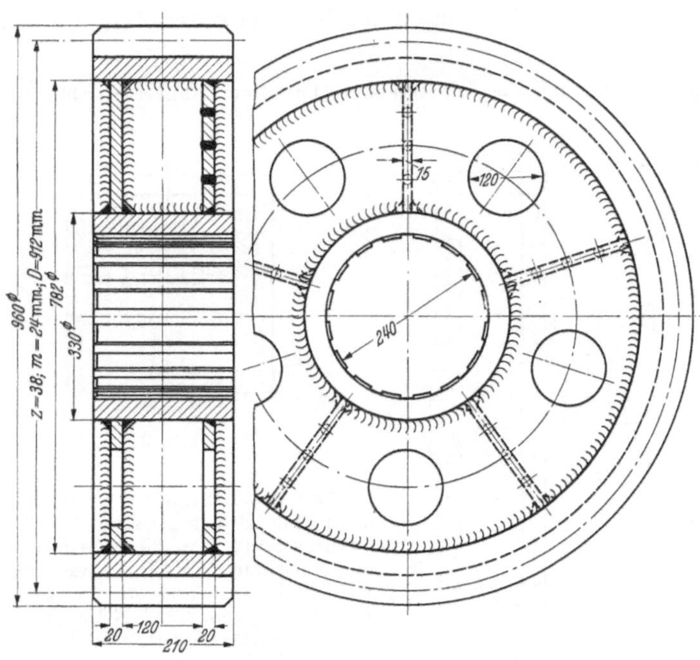

Abb. 254.

Abb. 254. Stirnrad zum Antrieb eines Baggers (Demag A.-G., Duisburg).

Schwerer, stoßweiser Betrieb, daher Rad mit 16 Nuten auf der Treibwelle aufgesetzt. Herstellung: Zuerst linke Scheibe mit doppelseitigen Kehlnähten anschließen. Nach dem Einschweißen der Rippen rechte Scheibe einsetzen ($^1/_2$V-Naht). Verbindung der rechten Scheibe mit den Rippen durch Lochnähte (s. Abb. 74 a S. 16).

Abb. 255. Trommelrad zum Hubwerk einer Baggermaschine (Demag A.-G., Duisburg).

Das Rad ist durch eine Mitnehmerscheibe mit der Trommel gekuppelt. Teile: *1* = Nabenböckchen (geschmiedet); *2* = Scheibe; *3* = Zahnkranz (Werkstoff: St 50.11); *4*—*7* = Versteifungsrippen zum Zahnkranz; *8* und *9* = Naben (ausgebüchst); *10* = gebogenes Blech zum linksseitigen Befestigen der Naben; *11* und *12* = Versteifungsrippen zu den Naben; *13* = Auswuchtgewicht; *14* = Anlaufscheibe; *15* = Ansatz aus Quadratstahl. Gewicht des fertigen Rades: ~ 380 kg.

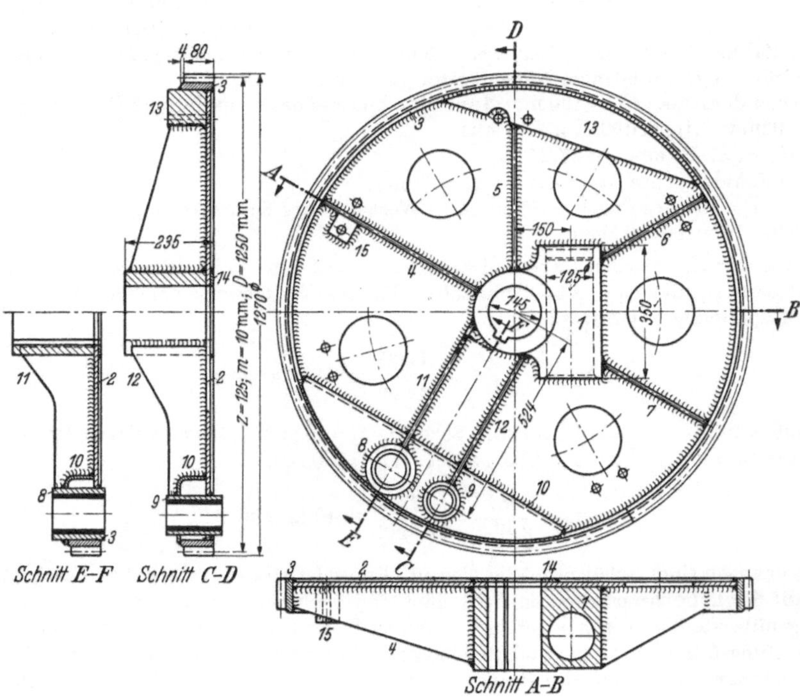

Abb. 255.

Abb. 256. Geteiltes Stirnrad für dieselelektrischen Triebwagen („Elin“-Ges. f. elektr. Industrie, Wien).

Teile: *1* = Nabe; *2* = innerer Kranz; *3* = Zahnkranz; *4* = Arme (Gasrohr); *5* = Segmente, Nabe, Kranz und Rohrarme verbindend; *6* = [-Stahl und *7* = Flachstahl (Auflageflächen); *8* = Verbindungsschrauben mit Sicherungsblechen.

Herstellung: Beide Radhälften schweißen, Teilfugen bearbeiten, Schraubenlöcher bohren, Radhälften zusammenschrauben und Radkörper fertig bearbeiten. Dann die Zahnkranzhälften einzeln aufschweißen, die Teilfugen bearbeiten, die Radhälften zusammenschrauben und die Zähne einfräsen.

Werkstoff des Zahnkranzes: St C 60.61 (vergütet), der übrigen Teile: St 37 (L).

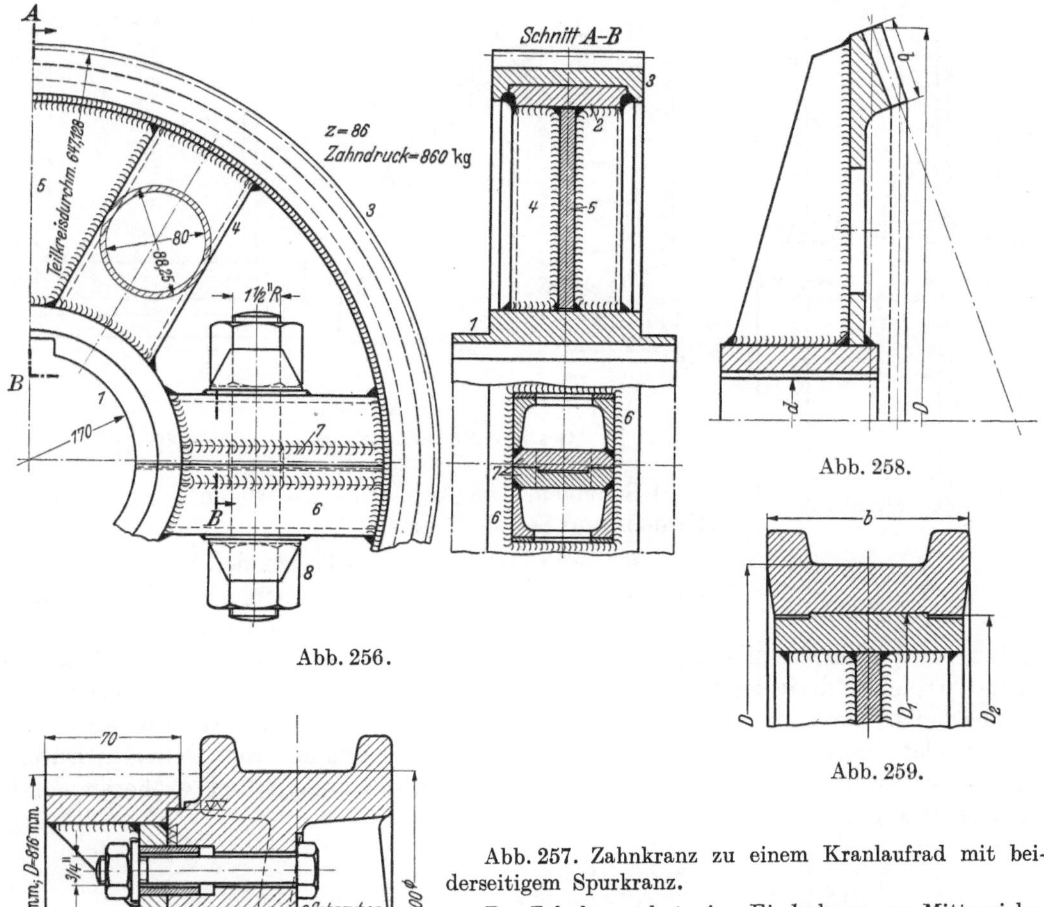

Abb. 256.

Abb. 258.

Abb. 259.

Abb. 257.

Abb. 257. Zahnkranz zu einem Kranlaufrad mit beiderseitigem Spurkranz.

Der Zahnkranz hat eine Eindrehung zur Mittensicherung. Zwei gegenüberliegende Schrauben haben Scheerringe, die das Drehmoment übertragen.

Werkstoff des Zahnkranzes: St 50.11, der übrigen Teile St 37.

Geschweißte Kegelräder werden nach Art von Abb. 258 ausgeführt. Bei Berechnung der Kehlnähte zwischen Nabe und Scheibe ist zu beachten, daß bei den Kegelrädern noch eine Zahndruckkomponente in Richtung der Wellenachse auftritt, die eine zusätzliche Schubbeanspruchung in den Schweißnähten hervorruft.

b) Laufrollen und Laufräder. Formgebung in bezug auf die Schweißung ähnlich wie bei den Stirnrädern (Abb. 249 S. 58).

Von den im Kranbau verwendeten genormten Laufrädern (DIN 4004 bis 4009) sind die kleineren und mittelgroßen keine geeigneten Schweißgegenstände, da sie in größeren Reihen hergestellt und auf Lager gelegt werden. Bei großen Rädern dagegen, die in kleinerer Stückzahl benötigt werden, sowie solchen mit nicht genormten Abmessungen ist das Schweißen vorteilhaft. Hochbeanspruchte, starkem Verschleiß ausgesetzte Laufräder (z. B. bei Hüttenwerkskranen) erhalten einen geschweißten Radkörper mit aufgeschrumpftem Kranz (Abb. 259). Nach der Erwärmung (vor dem Aufschrumpfen) muß $D_2 > D_1$ sein.

Geschweißte Walzräder für Straßenwalzen (Abb. 260) haben sich bei dem rauhen Betrieb dieser Maschinen als sehr widerstandsfähig erwiesen.

Abb. 260. Walzrad zu einer Straßenwalze (Hubert Zettelmeyer, A.-G., Conz b. Trier).
Teile: *1* = Nabe aus Rundstahl; *2* = Mantel, aus Blech rundgebogen und durch eine V-Naht stumpf gestoßen; *3* = Scheiben, durch Winkel *4* miteinander verbunden. Die linksseitige Scheibe hat vier verschließbare Öffnungen.

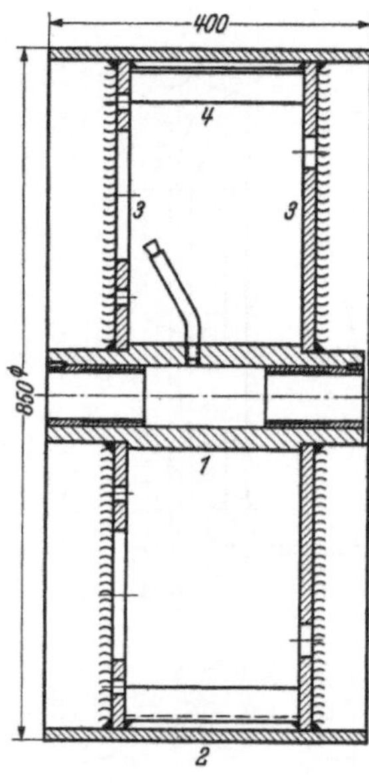

Abb. 260.

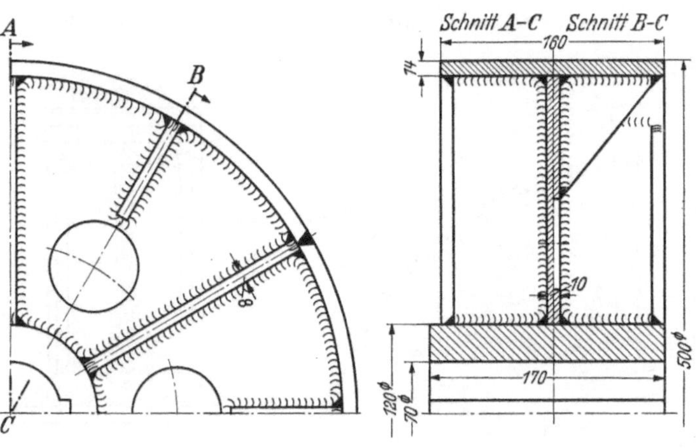

Abb. 261.
Geschweißte Bremsscheibe nach DIN 4003.

c) **Scheiben.** Die Abb. 261—265 zeigen Bremsscheiben, Riemen- und Seilscheiben.

Geschweißte Bremsscheiben lassen sich mit schwächerer Kranzdicke ausführen als die gegossenen und haben daher ein entsprechend kleines Schwungmoment, was sich beim Anlauf und Abbremsen eines Triebwerks günstig auswirkt. Bei breiten Scheiben (Abb. 261) sind dreieckige Zwischenrippen erforderlich, die den Kranz gegen die Blechscheibe absteifen. Bei elastischen Kupplungen, wie sie im Hebezeugbau viel angewendet werden, wird die eine Hälfte als Bremsscheibe und mit größerem Durchmesser geschweißt ausgeführt (Abb. 262), während die andere, der größeren Fertigungszahl wegen gegossen wird.

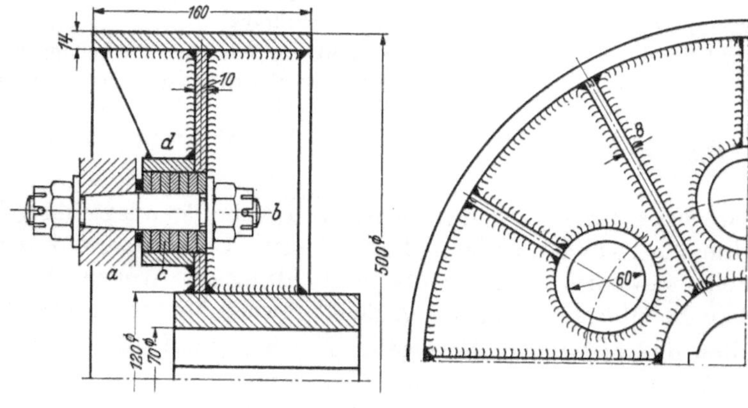

Abb. 262.

Abb. 262. Scheibe für elastische Kupplung mit Bremskranz nach DIN 4003.

a Kupplungsscheibe (350 ⌀); *b* Bolzen (4 Stück), an *a* befestigt; *c* Lederscheibenpaket, in die Hülsen *d* der Bremsscheibe eingesetzt.

Die Einzelherstellung geschweißter Riemenscheiben ist im allgemeinen nicht lohnend, dagegen ergibt die Fertigung in großen Reihen, bei richtiger Gestaltung und zweckentsprechenden Vorrichtungen für die Herstellung der Einzelteile dieser Schweißstücke wirtschaftliche Vorteile.

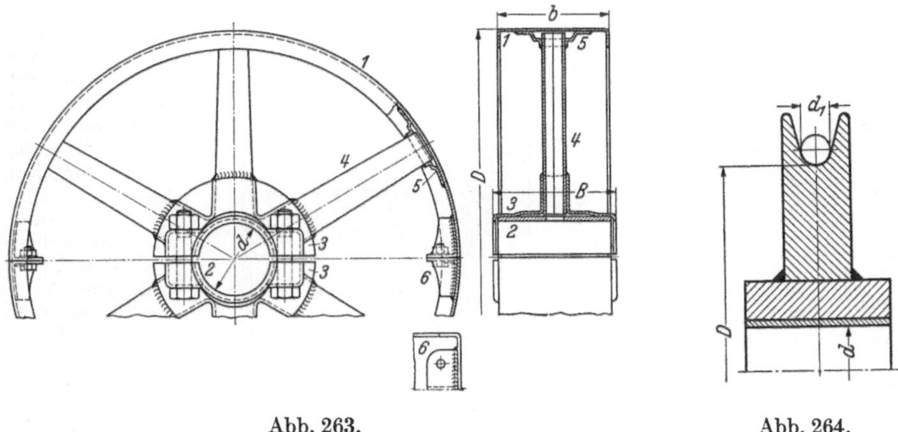

Abb. 263. Abb. 264.

Abb. 263. Geteilte, geschweißte Riemenscheibe (Vereinigte Stahlwerke, A.-G., Dortmunder Union Dortmund).

Teile der Schweißkonstruktion: *1* = Kranz; *2* = geteilte Büchse; *3* = Nabenflanschen; *4* = Arme (Querschnitt hier elliptisch, meist kreisrund); *5* = gepreßte Scheiben für den Anschluß der Arme an den Kranz.

Geschweißte Seilrollen sind gegen Stoß und Schlag widerstandsfähiger als die gegossenen (Beispiele in den Abb. 264 u. 265).

Abb. 264. Kleine Seilrolle mit voller Scheibe.

Abb. 265. Seilscheibe von 625 mm Scheibendurchmesser für Seile von 22 mm ⌀. (Demag, A.-G., Duisburg.)

Der aus Flachstahl bestehende Kranz ist dem Rillenprofil entsprechend geformt, rund gebogen und durch eine V-Naht stumpfgestoßen. Die Rundstahlnabe und der Kranz sind durch zehn Flacheisenspeichen verbunden, die zueinander versetzt sind. Gewicht geschweißt ≈ 28 kg, gegossen ≈ 40 kg.

Die Wirtschaftlichkeit des Schweißens dieser Seilrollen ist von der Zweckmäßigkeit der Vorrichtung zur Herstellung des Kranzes und einer genügend großen Fertigungszahl abhängig.

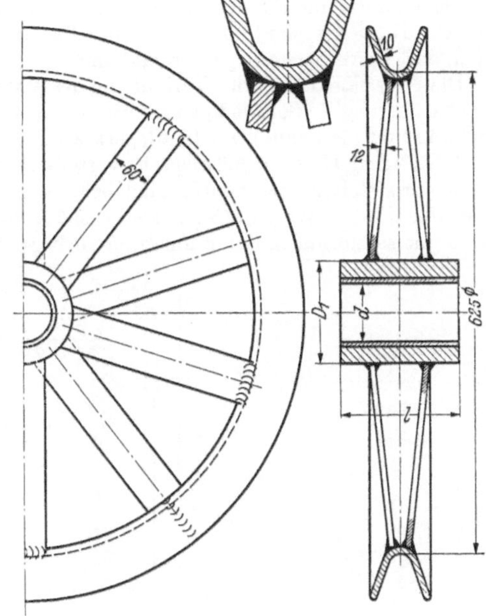

Abb. 265.

2. Seiltrommeln.

Die bei den Hebezeugen (Winden und Kranen) verwendeten Drahtseiltrommeln erhalten zur Schonung des Seiles im Mantel eingedrehte Rillen und sollen nach den Unfallverhütungsvorschriften seitliche Bordscheiben haben, deren Höhe mindestens gleich dem 2,5-fachen Seildurchmesser ist. Werden mehrere Seillagen aufgewickelt, so müssen die Bordscheiben entsprechend höher sein.

Je nach Art des angewendeten Rollenzuges greifen an der Trommel ein oder zwei tragende Seilstränge an. Bei zwei tragenden Seilsträngen wickelt der eine am rechts- und der andere am linksgängigen Rillengewinde auf. Der Mantel ist entweder ein nahtlos gewalztes Stahlrohr oder er wird aus Blech gebogen und durch eine V-Naht stumpf gestoßen.

Der Außendurchmesser des Mantels D_1 ist so zu wählen, daß eine genügende Bearbeitungszugabe für das Einschneiden des Rillengewindes vorhanden ist. Der Innendurchmesser D_2 ist durch die kleinste

Wanddicke w bestimmt, die zweckmäßig in Abhängigkeit vom Seildurchmesser d angenommen wird. $w = 0{,}5\,d$ bis $1{,}0\,d$, i. M. $0{,}75\,d$.

Als Werkstoff ist allgemein, auch bei stoßweisem Betrieb, St 37 ausreichend.

Abb. 266 zeigt die meist angewendete Trommelbauart, bei der Trommel und Trommelrad miteinander verschraubt sind und lose auf der durch Achshalter festgestellten Achse umlaufen[1].

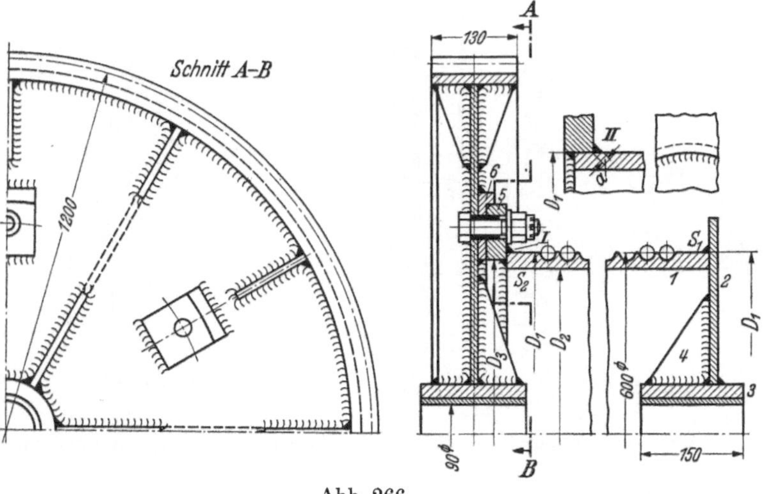

Abb. 266.

Abb. 266. Geschweißte Trommel, mit dem geschweißten Trommelrad durch sechs Schrauben verbunden (zwei gegenüberliegende Schrauben haben Scheerringe).

Teile der Schweißkonstruktion: *1* = Trommelmantel; *2* = Seitenscheibe; *3* = Naben; *4* = Rippen zur Versteifung; *5* = Flansch zur Befestigung der Trommel am Trommelrad; *6* = Zentrierplatten am Trommelrad. Ausführung I: zwei Ringflächen mit den Durchmessern $(D_1 + 2a)$ und D_1 sowie D_2 und $(D_2 - 2a)$. Ausführung II: Durchmesser $(D_1 + 2a)$ und D_1 sowie D_1 und $(D_1 - 2a)$.

Berechnung der Schweißnähte der Trommel. Der Querschnitt des Schweißanschlusses S_1 zwischen Mantel und Seitenscheibe (Abb. 266 rechts) ist eine Ringfläche mit den Durchmessern $(D_1 + 2a)$ und D_1. Die Nähte sind auf Schub und Biegung beansprucht. Die Biegespannung ist jedoch meist so klein, daß sie vernachlässigt werden kann.

Die Schweißnähte S_2 der Verbindung des Mantels mit dem Trommelflansch (Abb. 266 links) sind bei der Ausführung *I* (Schweißquerschnitt s. Legende z. Abb.) durch das Drehmoment der Trommel auf Drehung und die Schubkraft (Auflagerkraft) auf Schub beansprucht[2].

Ausführung *II* (Abb. 266 oben) ist vorteilhafter, da beide Nähte nur auf Drehung beansprucht sind.

Die ermittelten Spannungen sind bei den großen Schweißquerschnitten meist ziemlich klein. Man kann ihnen keine Werkstoffestwerte gegenüberstellen, da, wie bereits S. 59 erwähnt, noch keine Versuche mit ringförmigen Schweißnähten vorliegen.

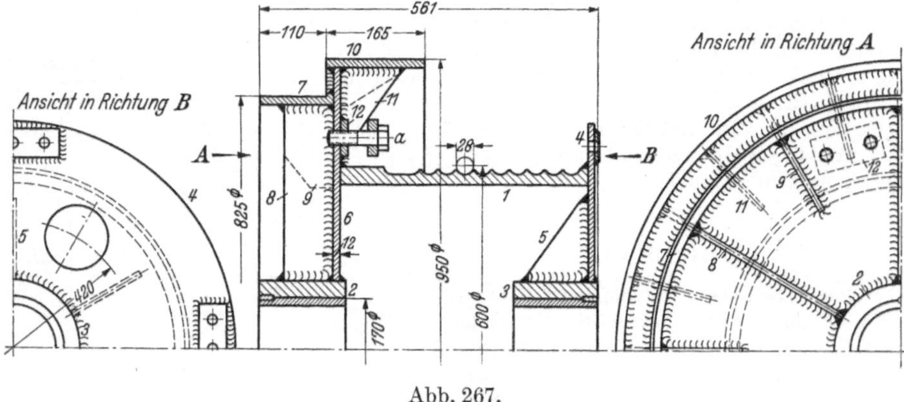

Abb. 267.

Abb. 267 zeigt die Sonderausführung einer Seiltrommel mit Kupplungs- und Bremsflansch, bei der das Trommelrad durch eine Mitnehmerscheibe mit der Trommel gekuppelt wird.

[1] Zu einer elektrisch betriebenen Laufkatze von 30 t Tragkraft (Ardeltwerke G. m. b. H., Eberswalde).

[2] Berechnungsbeispiel siehe Hänchen: Schweißen im Hebezeugbau. Heft 3 der Sammlung: Aus Theorie und Praxis der Elektroschweißung. Braunschweig: Friedrich Vieweg u. Sohn 1936.

Abb. 267. Haupttrommel zum Hubwerk einer Baggermaschine (Demag, A.-G., Duisburg [Type E 32]). Trommel lose, Achse festgestellt. *a* Seilbefestigung durch Klemmplatten.

Teile der Trommel: *1* = Trommelmantel (nahtloses Mannesmannrohr); *2* und *3* = Naben; *4* = rechte Stirnscheibe; *5* = Versteifungsrippen; *6* = linke Stirnscheibe; *7* = Kupplungsflansch; *8*—*9* = Versteifungsrippen; *10* = Bremsflansch; *11* = Versteifungsrippen; *12* = Verstärkungen zur Seilbefestigung. Werkstoff des Kupplungs- und Bremsflansches: St 60.11, der übrigen Teile St 37.11 und St 37.21 (L).

In Abb. 268 ist eine Seiltrommel dargestellt, deren Ausführung von der üblichen Bauart (Abb. 266) abweicht. Die Trommel hat beiderseitig Scheiben, an denen durch vier Rippen versteifte Zapfen angeschweißt sind. Diese laufen in Lagern nach DIN 504, die auf dem Katzenrahmen aufgeschraubt sind.

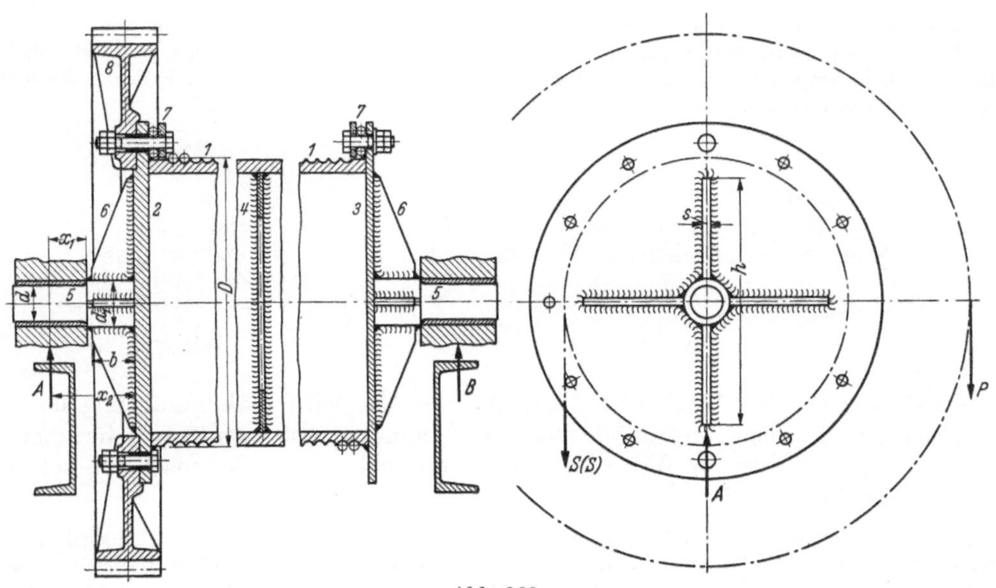

Abb. 268.

Abb. 268. Seiltrommel zum Hubwerk einer elektrisch betriebenen Laufkatze von 10 t Tragkraft (Unruh & Liebig, Leipzig). Die Trommel hat Rechts- und Linksgewinde für zwei Seilstränge. Zug je Seilstrang (bei vier tangenden Seilsträngen) = $Q/4$ = 2500 kg.

Teile der Trommel: *1* = Mantel; *2* und *3* = Seitenscheiben; *4* = Aussteifungsring; *5* = Zapfen; *6* = Versteifungsrippen zum Zapfenanschluß; *7* = Seilbefestigung; *8* = Zahnkranz mit Zentrierrand. (Werkstoff: Stahlguß.)

Nachrechnung des Zapfenanschlusses (Abb. 269—271).

1. Zapfendurchmesser d (Abb. 269) berechnen (mit zulässiger Anstrengung k_b nach Bach oder auf Grund der Dauer-Wechselfestigkeit mit einer vom Werkstoff und der Hohlkehle abhängigen Kerbwirkungszahl). Es sei $d = 70$ mm.

2. Zapfendurchmesser $d_1 \approx 80$ mm annehmen, Länge $b = 100$ mm annehmen. Momentenarm x_2 bestimmen ($x_2 = 120$ mm).

An der Trommel (theoretischer $D = 370$ mm) greifen (am Rechts- und Linksgewinde) zwei Seilstränge mit je 2500 kg Zugkraft an. Die Umfangskraft P am Zahnkranz (Teilkreis $\varnothing = 740$) folgt aus $5000 \cdot 370 = P \cdot 740$ mit $P = 2500$ kg.

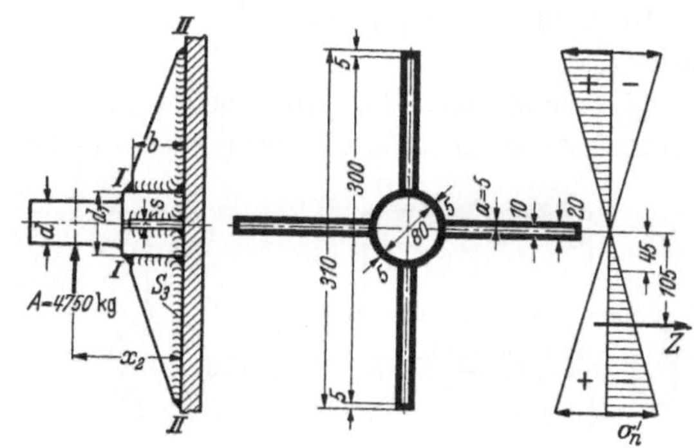

Abb. 269—271.

Daraus ergeben sich die Auflagerdrücke $A = 4750$ kg (links); $B = 2750$ kg (rechts). Dabei ist der ungünstigste Fall mit $S\,(S)\,//\,P$ (Abb. 268) vorausgesetzt.

Die Zapfen und ihre Schweißanschlüsse an die Seitenscheiben der Trommel (Abb. 269) sind auf Schub und Wechselbiegung beansprucht. Nahtdicke: $a = 5$ mm ang.

Der linke Zapfenanschluß ist am stärksten belastet. Eine Nachrechnung des rechten, der die gleichen Abmessungen erhält, ist daher überflüssig.

3. Werkstoffquerschnitt kurz vor Schnitt *II—II* (Abb. 269) und Schweißquerschnitt im Schnitt *II—II* ermitteln und nachrechnen. Im vorliegenden Fall genügt die Nachrechnung des Schweißquerschnittes (Abb. 270). Seine Fläche beträgt 62 cm², sein Widerstandsmoment 180 cm³. Aus $A \cdot x_2 = W_{Schw.} \cdot \sigma_n$ folgt die Biegenennspannung mit $\sigma_n \approx \pm 316$ kg/cm² (Abb. 271). Ist (nach S. 34) im Gefahrenzustand $C \cdot \sigma_W \approx \pm 0{,}43 \cdot 1100 \approx 475$ kg/cm², so wird das Spannungsverhältnis $V = 475/316 \approx 1{,}50$. Die Schubspannung τ beträgt im Mittel 77 kg/cm² und wird vernachlässigt, da ihr Höchstwert nicht mit dem Höchstwert der Biegespannung zusammenfällt.

4. Anschluß der kurzen Rippenseiten an die Nabe nachrechnen.

Zugkraft Z in der Schweißnaht S_3 näherungsweise bestimmen (σ_z im Mittel $\approx 316/2$), Abstand $\approx {}^2/_3 \cdot 155—45 \approx 60$ mm. Dann ist (bei senkrecht stehender Rippe und Spannungsverteilung nach einem Dreieck):

$$Z \cdot 6 \approx {}^1/_3 \cdot 2\, a\, b^2 \cdot \sigma_n.$$

Daraus σ_n (an der Spitze der kurzen Naht) ≈ 620 kg/cm². Dieser Wert ist zu hoch!

Abhilfe: b vergrößern, oder Rippenstärke und Dicke a der Schweißnaht erhöhen oder die Kehlnaht durch eine Eckstumpfnaht (s. S. 24) ersetzen, deren Wechselfestigkeit höher ist. Falls die Höchstlast nur sehr selten zu heben ist, kann man mit σ_n ziemlich hoch gehen (Zeitfestigkeit).

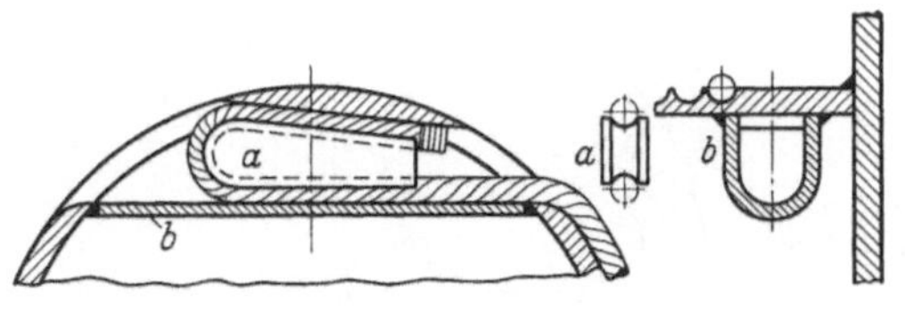

Abb. 272.

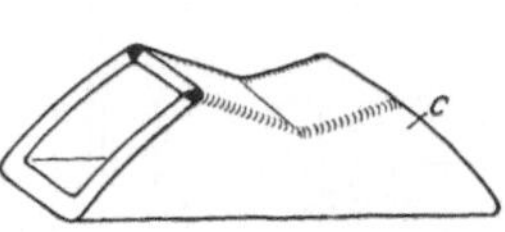

Abb. 273.

Ausführung der Seilbefestigung. Das Seil wird schlaufenförmig um den Trommelmantel gelegt und durch mehrere Klemmplatten vermittels Schrauben an ihm befestigt. In gleicher Weise kann das Seil auch an der Seitenscheibe befestigt werden (Abb. 267 u. 268).

Die bei den gegossenen Trommeln vielfach angewendete Seilbefestigung mittels Einlegekeils wird auch bei den geschweißten Trommeln ausgeführt (Abb. 272). Sie ist jedoch, verglichen mit den vorgenannten Befestigungen, teurer. Bei der Seilbefestigung Abb. 272 kann der Keil a nur von einer Seite aus eingelegt werden. Die Tasche b zum Einlegen des Keils wird aus Blech zugeschnitten, gebogen und innen am Trommelmantel angeschweißt. Die Öffnungen am Mantel werden mit dem Brenner ausgeschnitten. Die Seiltasche c Abb. 273 ermöglicht das Einlegen des Keils a von beiden Seiten.

3. Läufer für elektrische Maschinen.

In baulicher Hinsicht unterscheidet man: Blechläufer und Polräder (Magneträder).

a) Blechläufer. Bei den Blechläufern (Abb. 274—280) ist das Blechpaket auf dem Läuferkörper (der Nabe) aufgesetzt und befestigt. Die Nabe ist im allgemeinen auf der Maschinenwelle aufgekeilt, in Sonderfällen ist der Läuferkörper mit der Welle durch Schweißung verbunden (Abb. 274 u. 275).

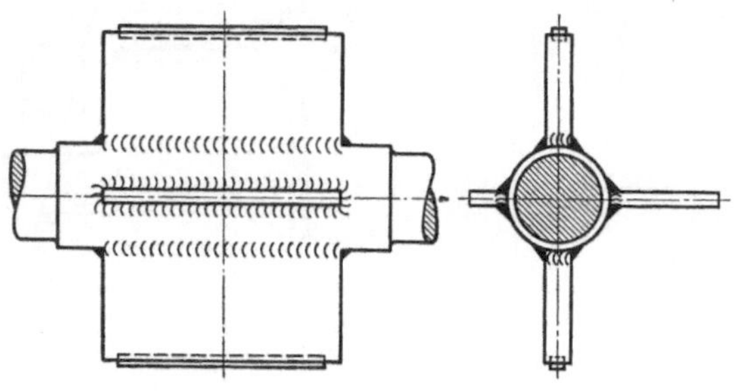

Abb. 274.

Die Formgebung der Nabe ist von der Größe des Läufers und seiner Umfangsgeschwindigkeit abhängig. Werkstoff der Nabenteile (je nach Höhe der Beanspruchung): St 37 oder St 50.

Ausführung der Naben als Sternnaben mit strahlenförmig angeordneten Armen oder als Scheibennaben. Das Blechpaket hat entweder Rundschnitt oder Segmentschnitt. Dementsprechend ist auch seine Befestigung auf der Nabe verschieden auszuführen.

Abb. 274. Sternnabe für Rundschnitt. Arme mit der Welle verschweißt, zwei Arme stärker und mit Keilnut versehen. Nur für kleinere Durchmesser und geringere Umfangsgeschwindigkeiten geeignet.

Abb. 275. Sternnabe für Rundschnitt (mittelgroßer Drehstrommotor der AEG.). a_1 und a_2 Wellenteile. b Arme, mit den Wellenenden verschweißt. c durch Rippen d abgesteifte Endscheibe, gegen die das Blechpaket gepreßt wird. e Entlastungskerben.

Abb. 276. Sternnabe für Rundschnitt. 6 Arme, 2 Nabenringe. Eignung wie bei Abb. 274.

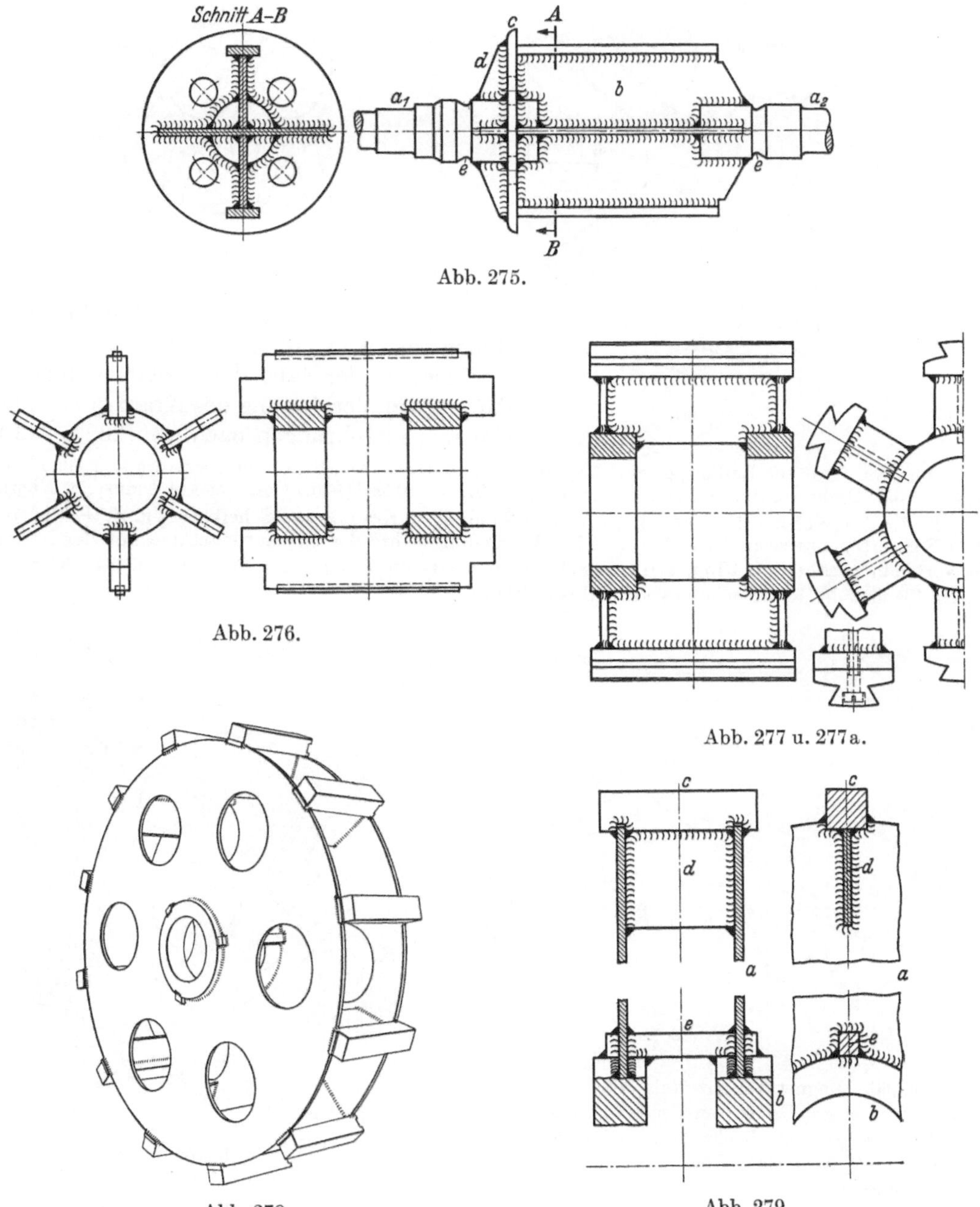

Abb. 275.

Abb. 276.

Abb. 277 u. 277a.

Abb. 278.

Abb. 279.

Abb. 277 u. 277a. Sternnabe für Segmentschnitt, für hohe Beanspruchungen geeignet. (Bei Abb. 277a sind die Schwalbenschwanzstücke nicht aufgeschweißt, sondern mit versenkten Schrauben an den Querstücken befestigt.)

Abb. 278 u. 279. Scheibennabe zu einem Asynchronläufer (SSW.).

Teile der Schweißkonstruktion (Abb. 279): a = Blechscheiben mit Aussparungen (Brennschnitt); b = 2 Rundstahlnaben; c = 12 Querstücke; d = 12 Rippen; e = 3 Stück Vierkantstahl (gehen durch Aussparungen in den Scheiben und sind mit diesen und den Naben verschweißt).

Abb. 280. Nabe zum Läufer eines Asynchronmotors (SSW.).

Die Nabe besteht aus zwei gleichen Armsternen, die durch die Querstücke miteinander verbunden sind. Jeder Armstern hat drei gleiche aus Blech zugeschnittene Teile (Schnittskizze s. Abb. 281), die durch Kehlnähte miteinander und mit den Nabenringen verbunden sind.

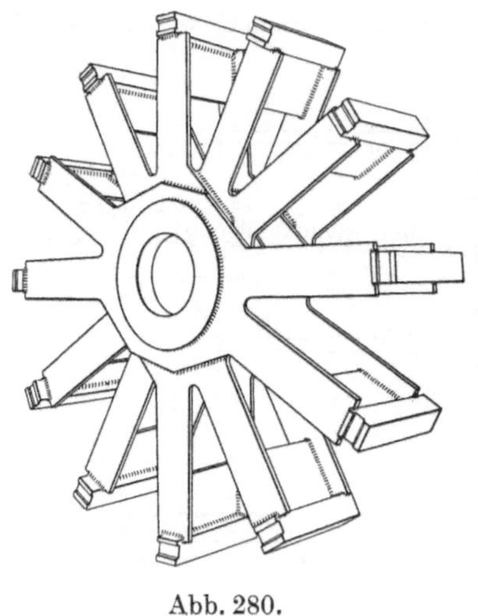

Abb. 280.

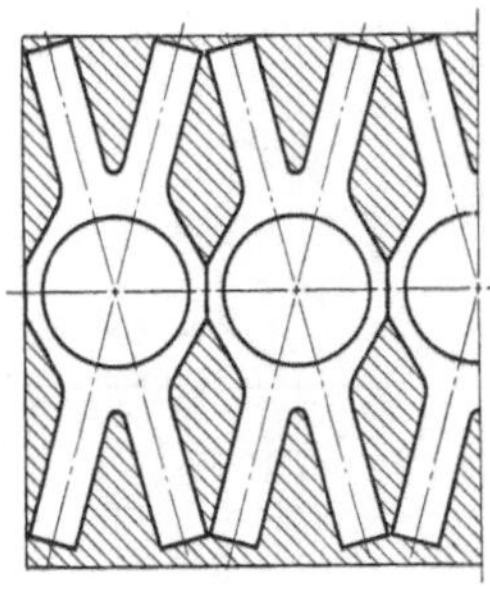

Abb. 281.

b) Polräder (Magneträder). Polräder bestehen aus einem kräftigen Kranz zum Tragen der Pole, aus der Nabe, den Scheiben und den Rippen zur Verbindung des Kranzes mit der Nabe. (Ausführungen nach Abb. 282 u. 283.)

Abb. 282. Geteilter Radkörper zum Magnetrad eines Drehstrom-Synchrongenerators von 500 kVA. $\cos\varphi = 0{,}8$; Drehzahl: $n = 188$; Schwungmoment: $GD^2 \approx 10$ tm² (Elin, Ges. f. elektr. Industrie, Wien).

Teile der Schweißkonstruktion: a = Nabe; b = Kranz; c = Scheibe; d_1 u. d_2 = Rippen; e_1 = Schraubenansätze an der Nabe (S_1 und S_2 Verbindungsnähte der Schraubenansätze mit der Nabe; S_3 Verbindungsnähte mit Rippe d_1); e_2 = Schraubenansätze am Kranz. Die Pole sind an plan bearbeiteten Flächen des Kranzes aufgesetzt und verschraubt.

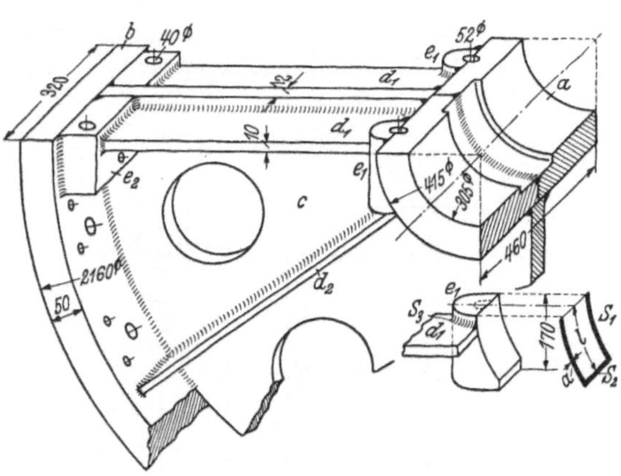

Abb. 282.

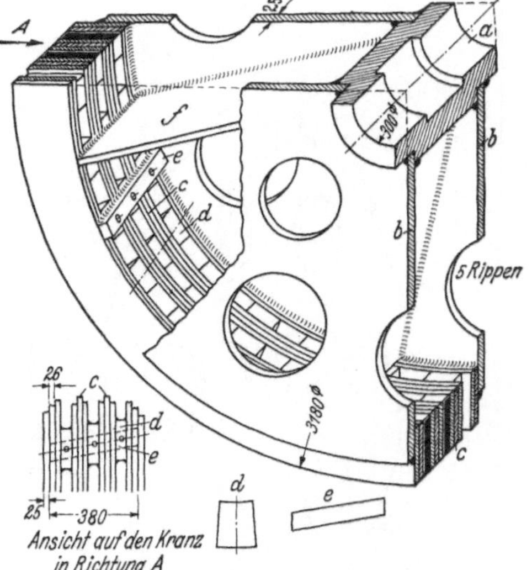

Abb. 283.

Abb. 283. Magnetradkörper (als Schwungrad ausgebildet) zu einem Drehstrom-Vertikalgenerator von 1250 kVA. $\cos\varphi = 0{,}6$; Drehzahl: $n = 150$; Schwungmoment: $GD^2 \approx 70$ tm² (Elin, Ges. f. elektr. Industrie, Wien).

Teile der Schweißkonstruktion: a = Nabe; b = 2 Scheiben; c = 10 Kranzringe; d = 40 Zwischenstücke zur Befestigung der Pole; e = 40 Verbindungsstücke für die Kranzringe; f = 5 Rippen.

Berechnung. Die Berechnung läßt sich nur im Zusammenhang mit der Berechnung des elektrischen Teiles durchführen. Es müssen bekannt sein die Umfangskräfte, die Schwankungen des Drehmomentes, namentlich beim Anlaufen, Regeln, Parallelschalten usw., die Fliehkräfte, die Massenwirkungen, die Leistungsschwankungen (z. B. beim Antrieb einer Walzenstraße) usw.

Auf Grund dieser Angaben sind zunächst die Werkstoffquerschnitte wie bei Schwungrädern oder Seilscheiben zu bestimmen und dann die Spannungsverhältnisse in den Schweißanschlüssen nachzurechnen.

Bei Scheibennaben (Abb. 278) wird das Drehmoment des Motors von den auf Schub beanspruchten Rundnähten zwischen Scheibe und Nabe aufgenommen. Berechnung wie bei Zahnrädern (S. 59). Bei den Sternnaben (z. B. Abb. 277) werden die Arme, und daher auch die verbindenden Kehlnähte auf Biegung und Schub beansprucht. Dies ist auch bei Abb. 275 der Fall. Der linke Anschluß an den Zapfen kann ähnlich wie bei Abb. 269 S. 65 berechnet werden. Sehr hohe Spannungen treten beim Anlauf der Rippen und auch am Ansatz der Arme auf. Um die an der Wellenoberfläche verlaufenden Kraftlinien in das Welleninnere abzuleiten und damit die Schweißanschlüsse und ihre Einbrandstellen vor Kerbwirkung zu schützen, sind Entlastungskerben e eingedreht (Vorschlag Bobek). Bei geteilten Läufern sind die Verbindungsteile wie bei geteilten Schwungrädern zu rechnen. So müssen in Abb. 282 die Schraubenansätze e_1 den Schraubenzug aufnehmen können. Bei einem Kerndurchmesser d ist

$$\frac{\pi d^2}{4} \cdot \sigma = \text{Schweißquerschnitt } 2\,a\,l \times \text{Schubspannung in der Naht.}$$

Die Nähte S_2 und S_3 sind dabei vernachlässigt, so daß man die zulässige Schubspannung etwas höher annehmen darf.

C. Lager und Lagerböcke.

Bauarten[1]. Nach der Richtung der Lagerkraft unterscheidet man:
Querlager (die Lagerkraft steht senkrecht zur Wellenachse) und
Längslager (die Lagerkraft wirkt in Richtung der Wellenachse).

Die Längslager sind in der Regel mit einem Querlager baulich vereinigt (z. B. Abb. 270 S. 71).

Ferner unterscheidet man: Freistehende (selbständige) Lager und eingebaute Lager.

Die eingebauten Lager sind mit anderen Bauteilen (z. B. Rahmen, Ständern, Räderkästen u. dgl.) verbunden. Für die eingebauten Lager gelten die gleichen Gestaltungsgrundsätze wie für die selbständigen Lager, so daß nur der eigentliche Einbau besonders (z. B. bei Räderkästen, s. S. 93) zu betrachten ist.

Aufbau der Lager. Bei den selbständigen Lagern unterscheidet man folgende Teile:

1. Die Teile zum Tragen oder Stützen der Welle. Diese sind bei den Gleitlagern Büchsen oder Schalen mit oder ohne Ringschmierung, bei den Spurlagern Platten (aus gehärtetem Stahl), bei den Wälzlagern Lagerringe und Wälzkörper.

2. Den Lagerkörper, der je nach Bauart des Lagers geteilt oder ungeteilt ist.

3. Die Stützung. Die Gestalt der Stützung ist von der Lage und Art der Stützfläche abhängig. Bei dem Abschnitt Lager sollen jene Stützungen besprochen werden, die mit dem Lagerkörper ein Stück bilden. Die Stützungen für selbständige Lager werden im Abschnitt Stützungen (s. S. 80) behandelt.

Je nach der Lage der Stützfläche unterscheidet man folgende Bauarten:
a) Stützfläche waagerecht, unten liegend: Stehlager und Lagerböcke.
b) Stützfläche waagerecht, oben liegend: Hängelager und Deckenlager.
c) Stützfläche senkrecht: Wandlager (Konsollager).

4. Die Nebenteile, wie Schraubenansätze, Schmieransätze, Ölstandsanzeiger, Ölablaß, Schmierdeckel u. dgl.

Werkstoff. Für die geschweißten Lager (Lagerkörper mit Stützung) wird St 00 oder St 37 verwendet. In den meisten Fällen ist St 00 ausreichend.

1. Stehlager.

Genormte Lager, wie Hebemaschinenlager nach DIN 502 bis 506, Ringschmierlager und Lager mit kugeliger Einstellung sind keine geeigneten Schweißgegenstände, da sie in großen Reihen hergestellt werden und gegossen billiger sind. Dagegen ist das Schweißen nicht genormter Lager, insbesondere bei geringer Stückzahl und großen Abmessungen stets vorteilhaft.

[1] Auf Anwendung, Berechnung und Bearbeitung der Lager wird hier nicht eingegangen. Hierfür wird verwiesen auf Schiebel: Die Gleitlager und Gohlke-Behr: Die Wälzlager. Achtes und viertes Heft der „Einzelkonstruktionen aus dem Maschinenbau“. Berlin: Julius Springer.

Abb. 284 zeigt ein einfaches ungeteiltes Stehlager. In Rücksicht auf die Bearbeitung ist der Lagerkörper breiter als die Grundplatte gehalten.

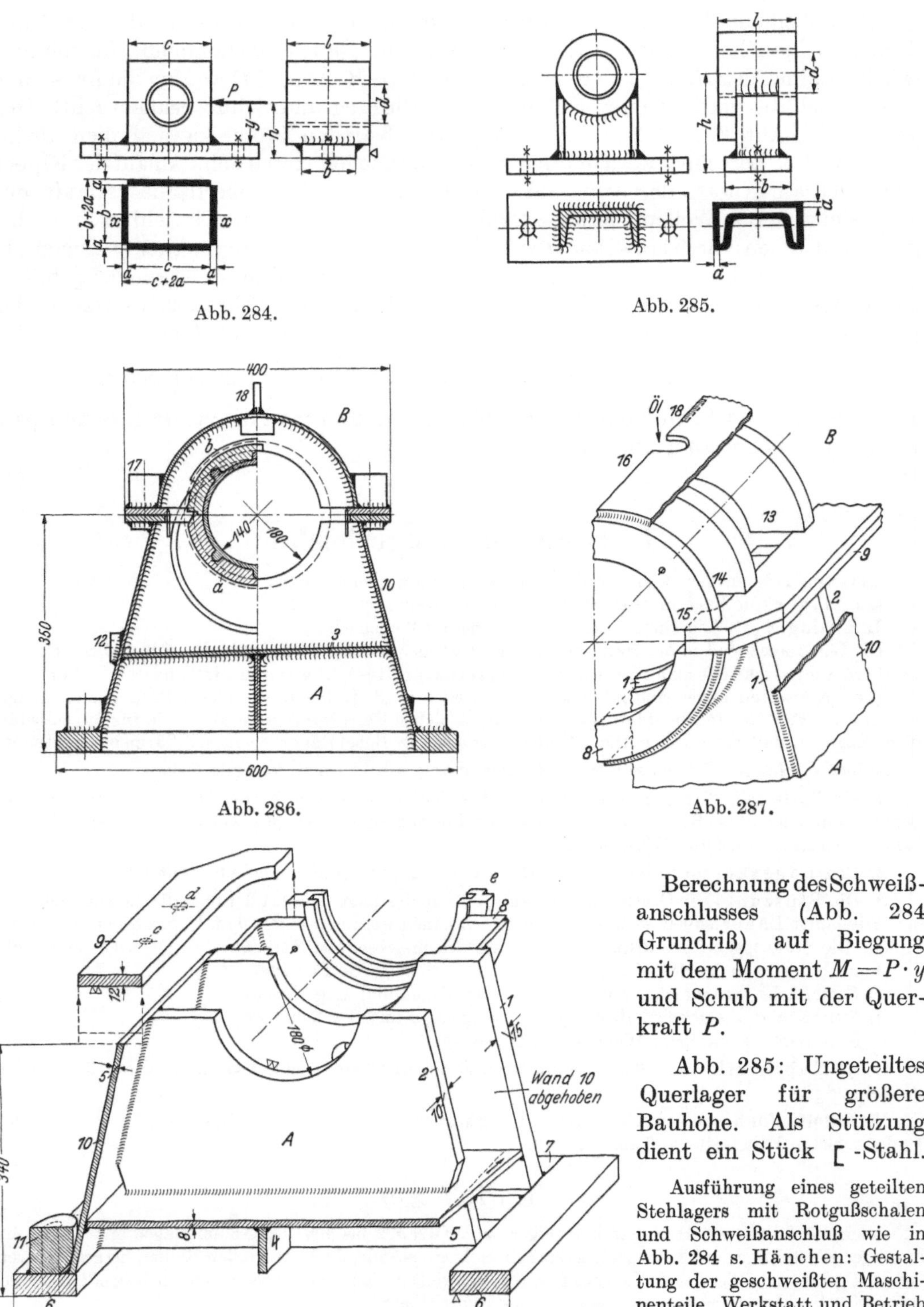

Abb. 284.

Abb. 285.

Abb. 286.

Abb. 287.

Abb. 288.

Berechnung des Schweißanschlusses (Abb. 284 Grundriß) auf Biegung mit dem Moment $M = P \cdot y$ und Schub mit der Querkraft P.

Abb. 285: Ungeteiltes Querlager für größere Bauhöhe. Als Stützung dient ein Stück [-Stahl.

Ausführung eines geteilten Stehlagers mit Rotgußschalen und Schweißanschluß wie in Abb. 284 s. Hänchen: Gestaltung der geschweißten Maschinenteile. Werkstatt und Betrieb 1938 S. 202.

In Abb. 286—288 ist ein Ringschmierlager mit großer Bauhöhe dargestellt.

Abb. 286—288. Lager mit Ringschmierung (Elin, Wien). Schalen *a* aus Flachstahl gebogen, Oberschale an den Ausschnitten für die Schmierringe durch aufgeschweißten Flachstahl *b* verstärkt.

Teile der Schweißkonstruktion. A. Unterteil: *1* = 2 Außenwände; *2* = Innenwand; *3* = Boden des Ölbehälters; *4* = Längsrippe; *5* = Querrippe; *6*, *7* = Grundrahmen; *8* = Ölfänger; *9* = Teilfugenflansch; *10* = Längswand (Verkleidung): *11* = Schraubenansätze; *12* = Verstärkung zum Ölablaß.
c = Paßstift; *d* = Schraubenlöcher.

B. Oberteil (Deckel): *13* = mittlerer Halbring; *14* = 2 äußere Halbringe; *15* = Abschluß des Ölfängers; *16* = Deckelverkleidung (mit Schmieröffnung); *17* = Schraubenansatz; *18* = Transportöse

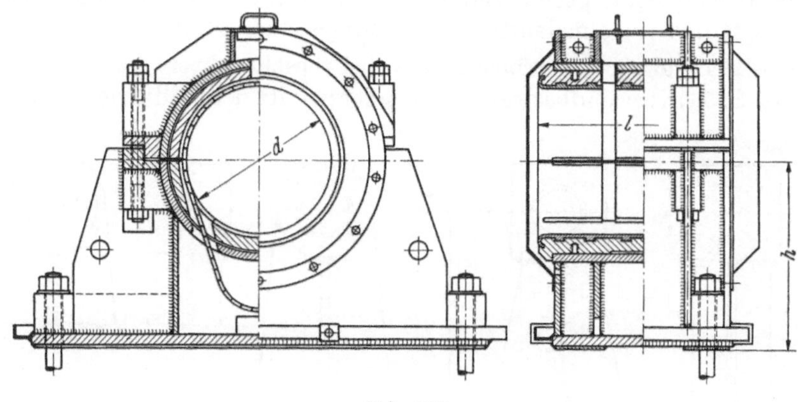

Abb. 289.

Fördermaschinenlager nach Abb. 289 werden für große Bohrungen ($d = 400$ bis 500 mm) hergestellt und sind hoch belastet. Derartige Lager sind besonders zum Schweißen geeignet und ergeben große Gewichtsersparnis gegenüber der Gußausführung (bis etwa 25%).

Abb. 289. Fördermaschinenlager (Dinglerwerke, Akt.-Ges., Zweibrücken; Fördertechn. 1937 S. 477). Die Lager haben Kettenschmierung. An den Stirnflächen sind Ölfanghauben befestigt. Aufbau verfolgen. Unterschiede gegen Abb. 286—288 feststellen.

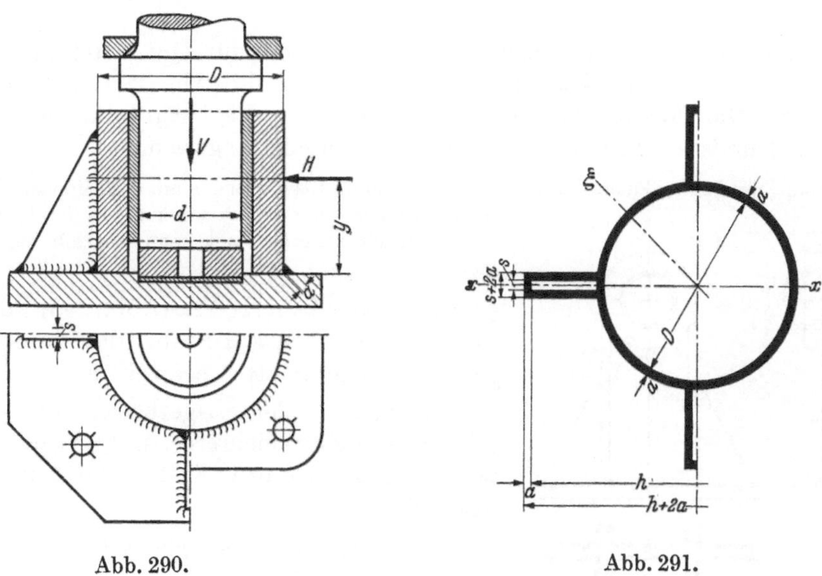

Abb. 290. Abb. 291.

Abb. 290: Unteres Längs- und Querlager zu einem Wanddrehkran mit Ober- und Unterzapfen. Zum Aufnehmen der Längskraft *V* dient eine Spurplatte, der eine Bleiplatte untergelegt ist.

Bei kleinerer waagerechter Lagerkraft *H* ist die Ausführung Abb. 290 rechts ausreichend. Berechnung des Schweißanschlusses (Abb. 291 rechts) nach den Angaben S. 27 auf Biegung (Moment $M = Hy$) und Schub.

Bei größerer Lagerkraft H wird die Grundplatte verbreitert und der Lagerkörper durch vier Rippen gegen die Grundplatte abgesteift (Abb. 290 links). Für den Schweißanschluß (Abb. 291 links) ist das Widerstandsmoment in bezug auf die x-Achse kleiner als das für die ξ-Achse und wird daher der Berechnung zugrunde gelegt.

2. Lagerböcke.

Lagerböcke (Lager mit großer Bauhöhe) werden im Maschinenbau in Sonderausführung und mit den verschiedensten Abmessungen hergestellt.

Abb. 292—294 zeigen Lagerböcke, die bei beschränkter Ausladung auch als Wandlager (s. S. 74) verwendbar sind. Der Querschnitt der Stützung zwischen Lager-

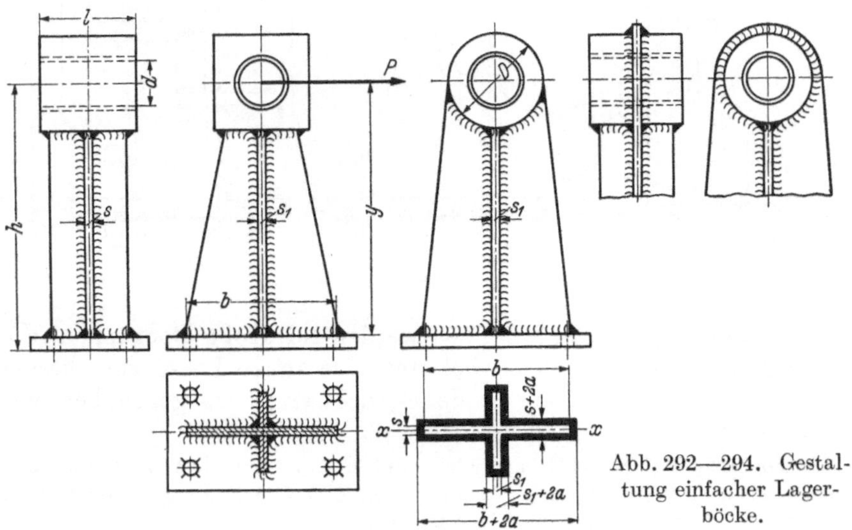

Abb. 292—294. Gestaltung einfacher Lagerböcke.

körper und Grundplatte ist kreuzförmig. Lagerkörper aus Quadratstahl (Abb. 292) sind schweißtechnisch am besten, solche aus Rundstahl (Abb. 293) seitlich leichter bearbeitbar. Die Ausführung mit durchgehendem Stegblech und seitlich angeschweißten Rundstahlstücken (Abb. 294) wird seltener angewendet.

Berechnung des Schweißquerschnittes (Abb. 293 Grundriß) auf Biegung mit dem Moment $M = P \cdot y$. Die noch auftretende Schubspannung aus der Querkraft (P) ist wesentlich niedriger und kann vielfach vernachlässigt werden.

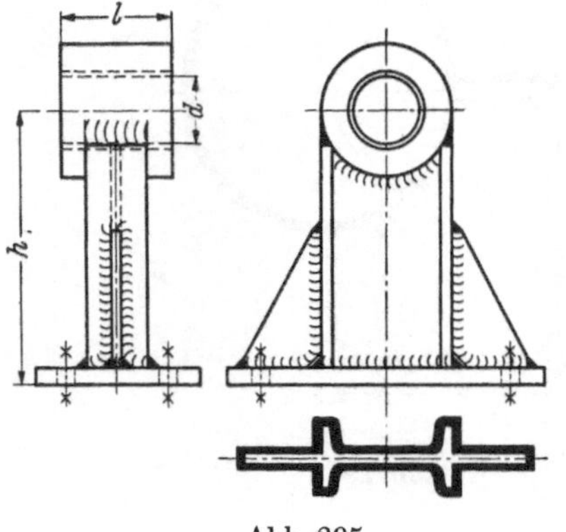

Abb. 295.

Bei dem Lagerbock (Abb. 295) dient als Stützung ein Stück I-Stahl, das durch Rippen gegen die Grundplatte abgesteift ist.

Ausführung der Lagerböcke auch derart, daß zwei (oder mehrere) Lager eine gemeinsame Grundplatte bzw. Stützung haben (Abb. 296 bis 299).

Abb. 296, 297 und 298 zeigen Lagerböcke für zwei parallele Wellen (mit Stirnrädergetrieben).

Bei dem Lagerbock Abb. 296 dient als Stützung ein durchgehendes Stegblech. An dieses angeschlossene Rippen geben dem Bock die erforderliche seitliche Steifigkeit. Die Stützung des Lagerbocks Abb. 297 u. 298 besteht aus [-förmig abgekanteten Blechen, die durch Rippen untereinander und gegen die Grundplatte verbunden sind.

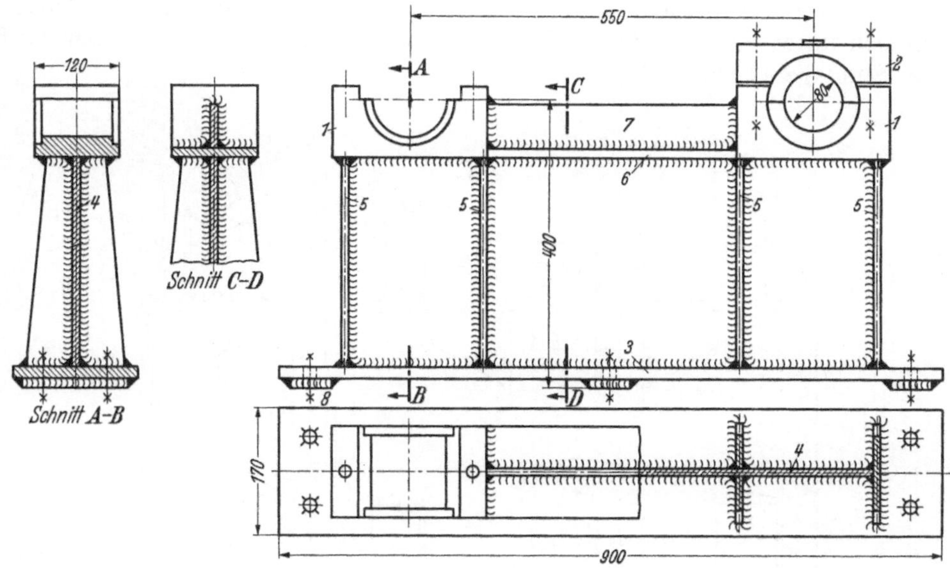

Abb. 296.

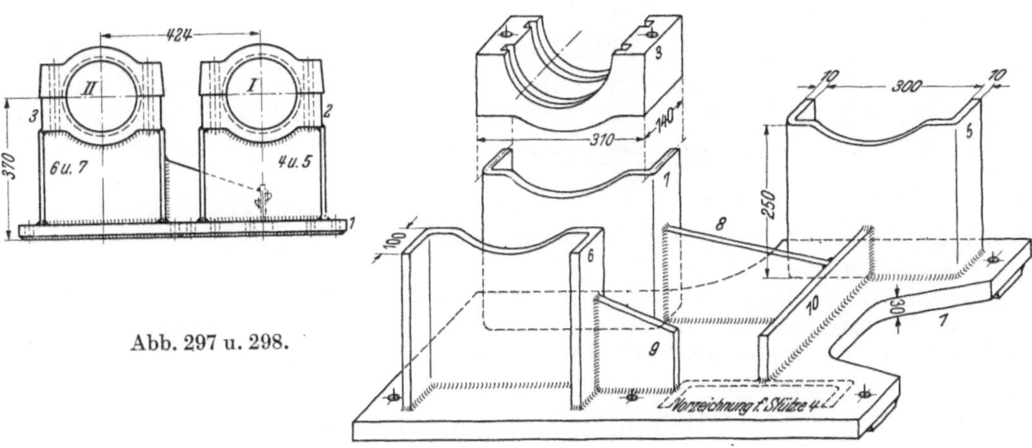

Abb. 297 u. 298.

Abb. 296. Lagerbock für zwei geteilte Lager.

Teile der Schweißkonstruktion: *1* = Lagerkörper; *2* = Lagerdeckel aus Vierkantstahl; *3* = Grundplatte; *4* = Stegblech; *5* = Versteifungsrippen; *6*—*7* = Flachstahl zur Verbindung der Lagerkörper; *8* = Arbeitsleisten zur Fußplatte.

Abb. 297 u. 298. Lagerbock zum Hubwerk eines Baggers (Demag A.-G., Duisburg). Zwei parallel liegende Wellen, vier Lager (Rollenlager). Stützung durch Bleche, [-förmig abgekantet.

I u. *II*. Wellenmitten.

Teile der Schweißkonstruktion: *1* = Grundplatte; *2* u. *3* = Lagerkörper; *4* u. *5* bzw. *6* u. *7* = Stützungen; *8*—*10* = Versteifungsrippen.

Abb. 299. Lagerbock für ein Kegelrädergetriebe. Der Bock kann um 90° gedreht auch als Wandbock verwendet werden.

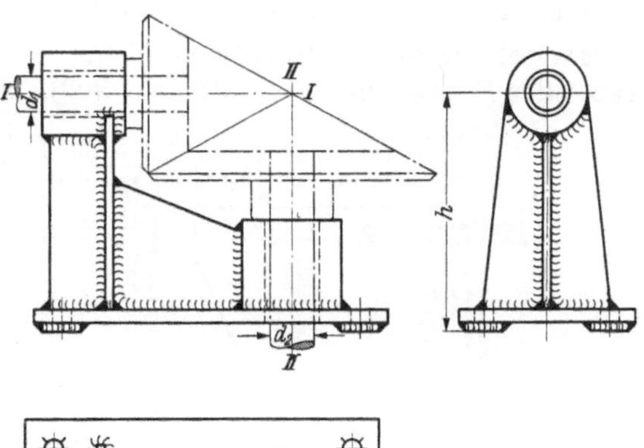

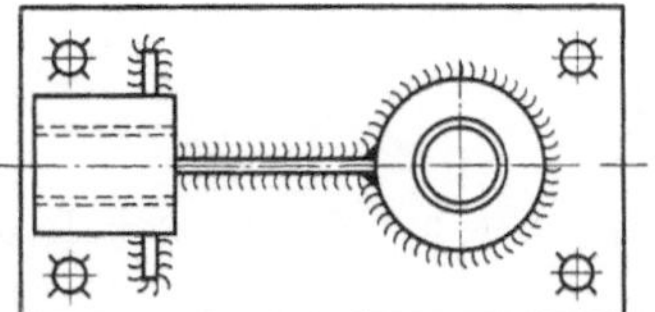

Abb. 299.

Abb. 300 zeigt einen Lagerständer für ein Kegelrädergetriebe. Die Wellenachsen kreuzen sich unter 90°. Die Lager der waagerechten Welle entsprechen der Ausführung des Stehlagers (Abb. 285, S. 70).

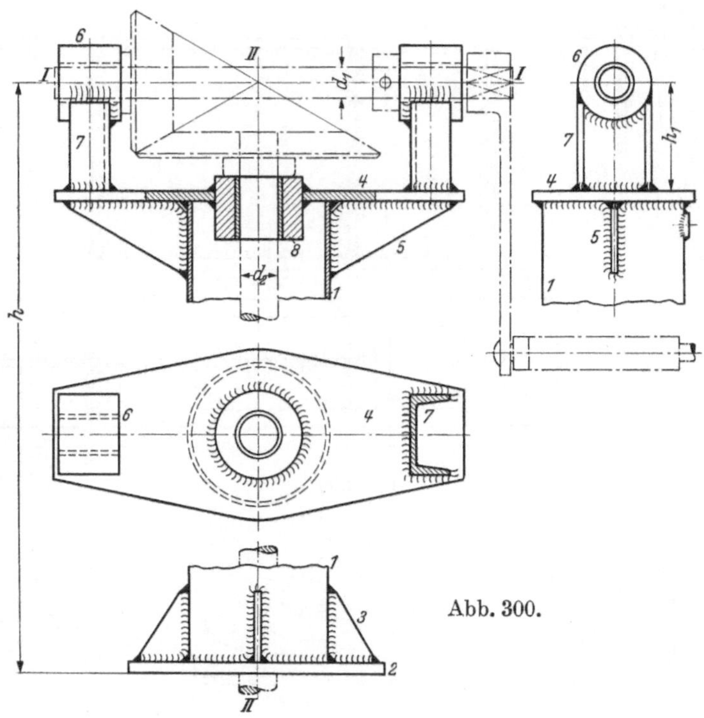

Abb. 300. Lagerständer zum Handdrehwerk eines Kranes.
I u. *II* Wellenmitten; *h* Ständerhöhe.
Teile der Schweißkonstruktion: *1* = Stahlrohr als Stützung; *2* = Grundplatte, durch Rippen *3* abgesteift; *4* = Lagerplatte; *5* = Versteifungsrippen; 6 = Lagerkörper; *7* = Stützungen ([-Eisen) zu den Lagern der Welle *I*; *8* = Lagerkörper zur Welle *II*.

3. Wandlager (Konsollager).

Ausführung meist nur für kleinere Bohrungen bei beschränkter Ausladung (a).

Herstellung des Lagerkörpers, ebenso wie bei den Lagerböcken (S. 72) aus Quadrat- oder Rundstahl (Abb. 301 bzw. 302). Bei abwärts wirkender Lagerkraft ist der

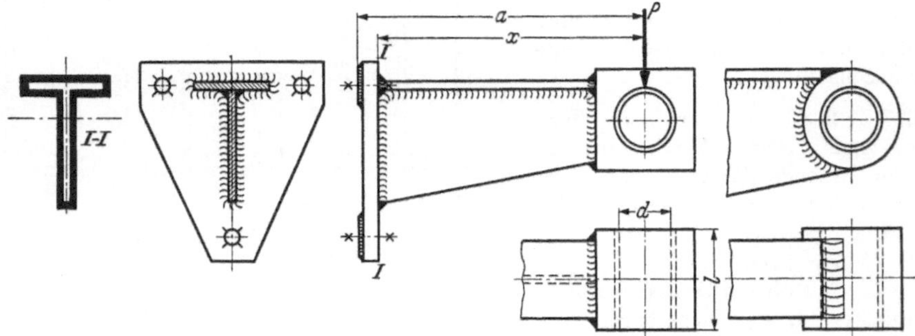

Abb. 301 u. 302. Gestaltung einfacher Wandlager.

T-förmige Armquerschnitt der gegebene. Die Berechnung des Schweißanschlusses ist die gleiche wie bei den einfachen Lagerböcken (Abb. 292—294 S. 72).

Bei dem Wandlager (Abb. 303) dient ein Stück T-Stahl als Arm, an dessen Steg noch eine Rippe R angeschweißt ist.

Das untere Längs- und Querlager zu einem Wanddrehkran (Abb. 304) hat einen ähnlichen Lagerkörper wie das Lager Abb. 290 rechts. Er ist ebenfalls durch einen Arm von T-förmigem Querschnitt mit der Wandplatte verbunden.

Abb. 304 u. 305. Unteres Längs- und Querlager zu einem Wanddrehkran. (Berechnung des Schweißanschlusses an die Wandplatte.)

Der Schweißanschluß I—I des Tragarms an die Wandplatte ist durch die senkrechte Kraft V auf Biegung (Moment $M_v = V \cdot x$) und Schub beansprucht. Die Biegespannung σ_v' ist in Abb. 305 zeichnerisch dargestellt. Die Schubspannung wurde vernachlässigt.

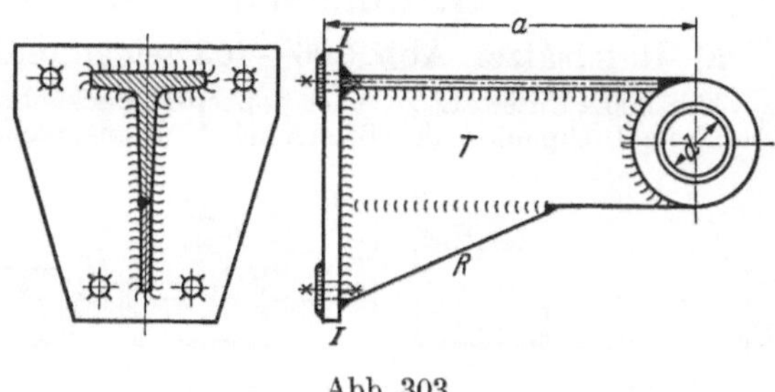

Abb. 303.

Die Spannungen, die durch die waagerechte Lagerkraft H in dem Schweißanschluß hervorgerufen werden, sind je nach der Auslegerstellung verschieden.

Hat die Lagerkraft H die Richtung I (Abb. 304 Grundriß), so treten noch waagerechte Biegespannungen durch das Moment $M_h = H \cdot x$ auf, die in Abb. 305 mit σ_h' bezeichnet sind.

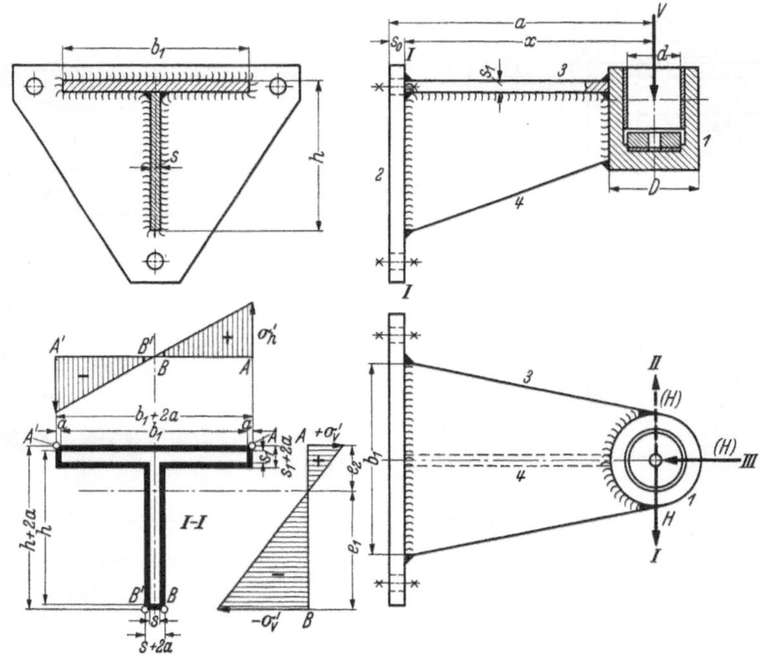

Abb. 304 u. 305.

Die Biegespannungen σ_v' und σ_h' werden zu resultierenden Biegespannungen σ_r' zusammengesetzt. Im vorliegenden Fall tritt der größte positive Wert (Zug) der resultierenden Spannung rechts oben bei A (Abb. 305) und der größste negative Wert (Druck) links unten bei B' auf.

Wirkt die Lagerkraft H in Richtung II, so liegt die größte Zugspannung $+\sigma_h'$ links oben bei A'.

In Stellung III (Abb. 304 Grundriß) ist die Lagerkraft H in bezug auf den Schweißanschluß eine Druckkraft. Sie entlastet die Zugspannung in der oberen Faser und erhöht die Druckspannung in der unteren.

Wandarme für selbständige Lager s. S. 86.

D. Stützungen.

Werkstoff: Allgemein St 00 oder St 37. In besonderen Fällen, wenn die Bauteile dynamisch beansprucht sind, oder Gewichtsersparnis ausschlaggebend ist, werden auch Werkstoffe höherer Festigkeit verwendet.

1. Untersätze — Grundplatten — Rahmen.

a) Untersätze. Abb. 306—308 zeigen einige Ausführungsbeispiele.

Abb. 306. Untersatz zu einer doppelten Backenbremse[1]. *I—I* feste Drehpunkte der Backenhebel. Beanspruchung der Schweißanschlüsse auf Biegung durch $M = N/2 \cdot y$, auf Schub durch $N/2$. (Die seitlich angeschweißten Winkel dienen zum Anschrauben der Stellvorrichtung für die Backenlüftung.)

Abb. 307. Untersatz zu einem Drehstrom-Magnetbremslüfter[2]. *a* Lüftergehäuse, *b* Zugstange, durch ein Gelenkstück an Bremshebel *c* angeschlossen. Der Untersatz wird auf den Katzenrahmen aufgeschraubt.

Abb. 308. Untersatz zu einem Magnetbremslüfter (andere Ausführung). *1* = abgekantetes Blech mit eingebrannten Aussparungen. *2* = Flacheisen, die als Arbeitsleisten dienen. *3* = Flacheisen zur Versteifung.

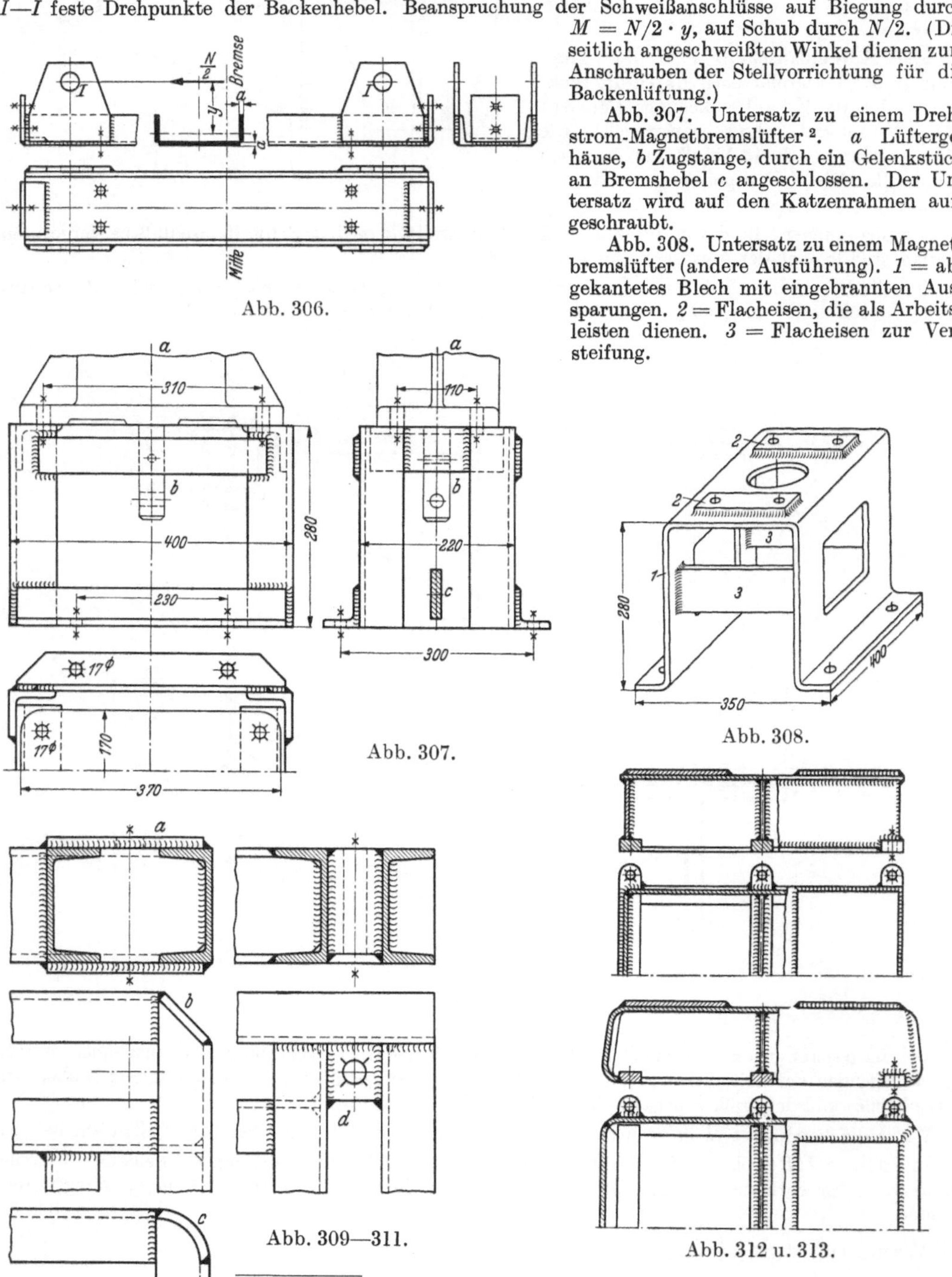

Abb. 306.

Abb. 307.

Abb. 308.

Abb. 309—311.

Abb. 312 u. 313.

[1] Ardeltwerke G. m. b. H., Eberswalde. [2] Type K 3830 IV der SSW.

b) Grundplatten. Abb. 309—311: Gestaltung der Ecken bei Grundplatten aus [-Eisen[1].

Abb. 309. Ecke durch ein Flacheisen *b* abgedeckt.
Abb. 310. Ecke abgerundet, abdeckendes Flacheisen *c* gebogen.
Abb. 311. Ecke mit eingeschweißtem Schraubenansatz *d*.

Werden die Grundplatten aus Blechen hergestellt, so ist es zweckmäßig, diese abzukanten (s. auch S. 11). Hierdurch wird erheblich an Schweißnähten gespart.

Abb. 312 u. 313: Gestaltung der Grundplatten aus Blech.

Abb. 312[2]. Grundplatte. Ältere, ungünstige Ausführung mit Schweißnähten an den Kanten.
Abb. 313[2]. Grundplatte mit gebogenen, durch Stumpfnähte verbundenen Seitenblechen. (Hat 47 % weniger Nahtlänge als die Ausführung nach Abb. 312.)

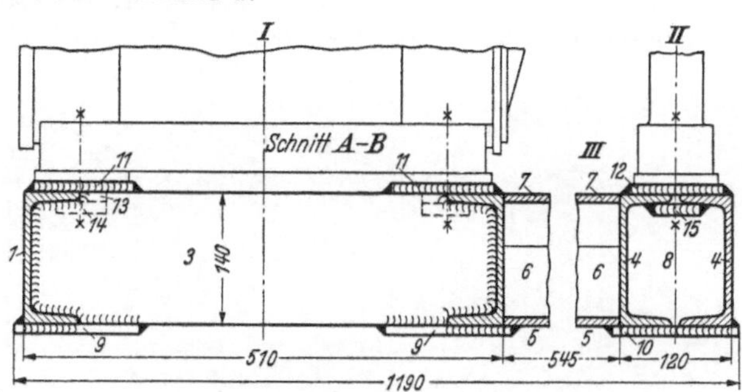

Abb. 314.

Beispiele ausgeführter Grundplatten s. Abb. 314 u. 315, sowie Abb. 316.

Abb. 314 u. 315. Grundplatte zu einem Drehstrommotor von 110 kW und 1460 Umdr./Min.[3]. Gewicht des Motors: ~ 850 kg. *I* = Untersatz für den Motor, *II* = Untersatz für den Lagerbock. *I* u. *II* sind durch einen kastenförmigen Träger *III* verbunden.

Teile: *1—3* = [- Eisen, zum Motoruntersatz (*2* und *3* ausgeklinkt). *4* = [- Eisen zum Lagerbockuntersatz. *5—7* = Bleche zum kastenförmigen Verbindungsträger. *8* = Seitenbleche zum Lagerbockuntersatz. *9* u. *10* = Grundbleche. *11* u. *12* = Arbeitsleisten. *13* bis *15* Verstärkungsstücke. *16* = Schraubenansätze. Gesamtlänge der Schweißnähte ~ 16 m.

Ausführung des Trägers III nach Abb. 315a spart Schweißnähte.

Abb. 316. Grundplatte zu einem freistehenden Handdrehkran von 5 t Tragkraft und 4,5 m Ausladung.

a = sternförmige Grundplatte, in das Betonfundament eingebaut. b = aus Stahl geschmiedete Kransäule. c = Ankerschrauben.

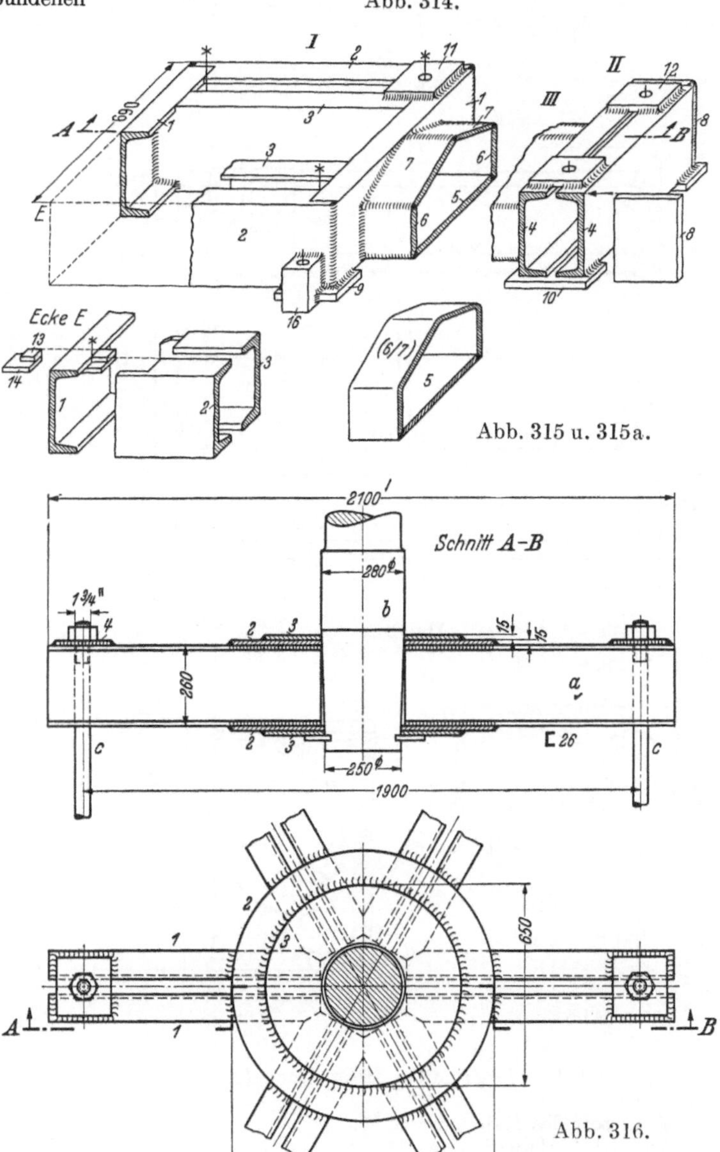

Abb. 315 u. 315a.

Abb. 316.

[1] Deckplatten *a* im Grundriß der Abb. 309 u. 310 sind fortgelassen.

[2] Stieler: Schweißen und Gießen. Maschinenbau 1934, S. 295.

[3] Elin, A-G. f. elektr. Industrie, Weiz (Steiermark).

Teile der Schweißkonstruktion: *1* = Arme aus [-Stahl; *2*—*3* = Nabenbleche; *4* = Unterlegplatten zu den Ankerschrauben.

c) Rahmen. Die Ausführung der Rahmen ist baulich sehr verschieden. Abb. 317 bis 323 geben einige kennzeichnende Beispiele.

Abb. 317: Grundrahmen zu einem Dieselmotor. Der Rahmen zeigt die vorbildliche Formgebung für das Schweißen in Leichtbau. Die tragenden Blechteile sind dünn gehalten und zur Werkstoffersparnis mit Aussparungen versehen, die mit dem Brenner ausgeschnitten sind. Durch ebenfalls ausgeschnittene Querwände und Rippen ist das ganze Stück vollkommen steif gemacht. Das fertige Schweißstück wird „normal geglüht" (s. S. 20), wodurch es praktisch spannungsfrei wird.

Abb. 318—322. Rahmen zu einer elektrisch betriebenen Laufkatze von 20 t Tragkraft. Radstand = 760 mm, Spurweite (Schienenmittenentfernung) = 1900—2300 mm. *I*—*I* Mitte Seiltrommel (*a* = Löcher zur Befestigung der Trommellager; Gestaltung der Trommel s. Abb. 268 S. 65); *II*—*II* Mitte Hubmotor; *III*—*III* Mitte Laufradachsen; *IV*—*IV* Mitte Katzenfahrmotor.

Abb. 317.

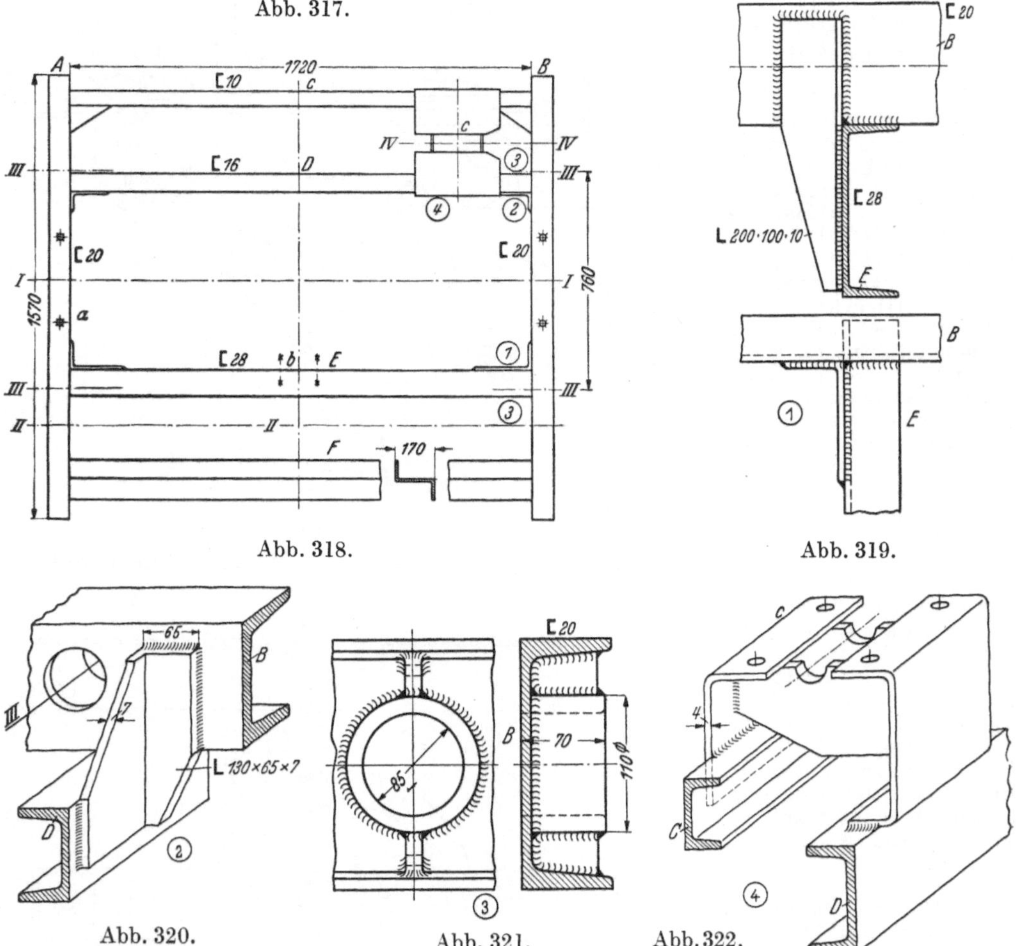

Abb. 318. Abb. 319. Abb. 320. Abb. 321. Abb. 322.

Werkstoff des Rahmens: St 37.

Abb. 318. Hauptteile des Rahmens: *A* u. *B* = Längsträger (parallel zur Fahrtrichtung der Katze). *C* bis *F* = Querträger.

Abb. 319. Anschluß des Querträgers E (durch die Seilaufhängung b belastet).

Abb. 320. Anschluß des Querträgers D. Die unter Wirkung der Last stehenden Träger (der Querträger E und die Längsträger A und B) sind auf Biegung und ihre Schweißanschlüsse auf Biegung und Schub zu berechnen.

Abb. 321. Lager für die Laufradachsen, an den Längsträgern A und B angeschweißt.

Abb. 322. Untersatz zum Fahrmotor, bestehend aus zwei abgekanteten Blechen mit Versteifungsblechen, an C und D angeschweißt.

Abb. 323: Rahmen zu einem Elektrokarren (Elin, Wien). Die Rohre sind gebogen und durch V-Nähte stumpf gestoßen.

Bei dem Rahmen zu einem fahrbaren Kompressor[1] (Frankfurter Maschinenbau AG., Frankfurt a. M.) dienen die als Längs- und Querträger verwendeten Rohre gleichzeitig als Luftbehälter.

Rahmen (Untergestelle) für Eisenbahnwagen und Triebwagen, Drehgestelle, Unterwagen für fahrbare Drehkrane usw., sowie Bemessung, Formgebung und Bauelemente dieser Teile s. Fußnote 2.

Abb. 323.

2. Lagerstühle — Lagerböcke — Windenschilde.

Abb. 324: Lagerstuhl (Lagerschild) zur Trommelachse einer elektrisch betriebenen Laufkatze von 30 t Tragkraft.

Zwei derartige Lagerstühle sind auf dem aus [-Stahl gebildeten Katzenrahmen aufgeschweißt. An den Schildblechen sind Schleißscheiben a befestigt, an denen die Naben der Trommel bzw. des Trommelrades (Abb. 266 S. 64) anlaufen. In Längsrichtung der Trommelachse wirkende Kräfte (aus Schrägzug der Last) werden durch eine Rippe auf den oberen Flansch des [-Rahmens übertragen, der ebenfalls durch eine Rippe abgesteift ist.

Abb. 325: Lagerstuhl (Stützung) zur Seilausgleichrolle der gleichen Laufkatze.

Diese Stützung ist ebenfalls auf dem Katzenrahmen aufgeschweißt und besteht bei der Ausführung A aus den beiden Stegblechen, in

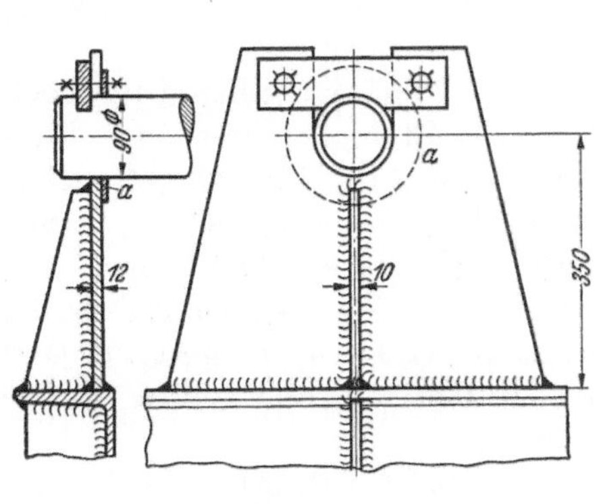

Abb. 324.

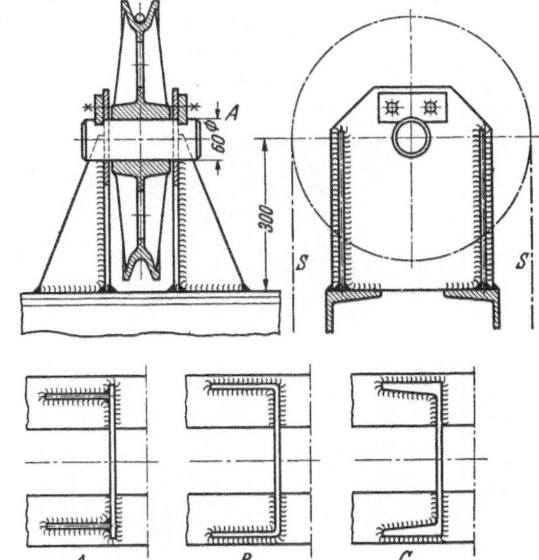

Abb. 325.

denen der Rollenbolzen eingesetzt ist und zwei seitlichen Rippenpaaren zum Aufnehmen von Längskräften in Richtung der Rollenachse.

[1] Ausgewählte Schweißkonstruktionen. Masch.-Bau, 2. Bd. Berlin: VDI-Verlag 1931.

[2] Maurer: Geschweißte Fahrzeugkonstruktionen der deutschen Reichsbahn. Aus Theorie und Praxis der Elektroschweißung. Heft 6. Braunschweig: Friedr. Vieweg & Sohn 1938.

Wird der tragende Teil [-förmig abgekantet (Abb. 325 Ausf. B) oder wird ein [-Stahl verwendet (Abb. 325 Ausf. C), so werden die Schweißnähte zwischen Stegblech und Rippen (Ausf. A) gespart und die Konstruktion wird billiger.

Abb. 326—328 zeigen die Gestaltung von **Lagerböcken**, bei denen die Lager als selbständige Lager aufgeschraubt sind[1].

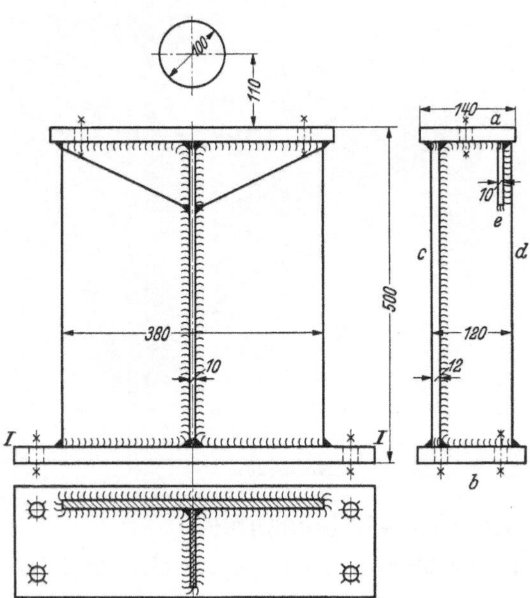

Abb. 326.

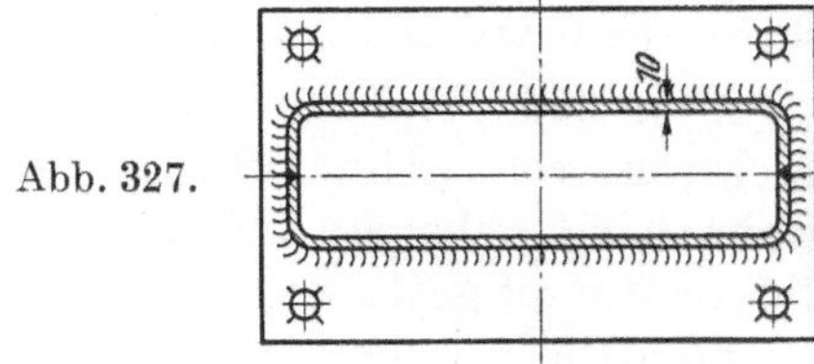

Abb. 327.

Abb. 328.

Abb. 326. Lagerbock zu einem Stehlager mit zwei Fußschrauben nach DIN 505. Der Lagerdruck wird von der Lagerplatte *a* durch das Stegblech *c* und die Rippe *d* auf die Grundplatte *b* übertragen. Rippen *e* versteifen die Lagerplatte gegen die Tragrippe *d*. Berechnung des Schweißanschlusses *I*—*I* an der Grundplatte nach den Angaben S. 72.

In Abb. 327 ist die Stützung kastenförmig ausgebildet. Sie besteht aus zwei [-förmig abgekanteten Blechen, die durch V-Nähte miteinander verbunden sind. Bei kastenförmigem Querschnitt ist der Schweißanschluß an die Grundplatte (*b* in Abb. 326) nur durch eine einseitige Kehlnaht möglich, die bei ungünstigem Kraftangriff ihrer geringen Festigkeit wegen (s. S. 27) kräftig zu bemessen ist.

Abb. 328 zeigt einen Lagerbock für zwei Stehlager mit vier Fußschrauben (Jul. Pintsch AG., Fürstenwalde-Spree), der sich durch eine gute und zweckmäßige Form auszeichnet. Er ist aus verhältnismäßig dünnen Blechen hergestellt und ist durch eingeschweißte Rohre versteift.

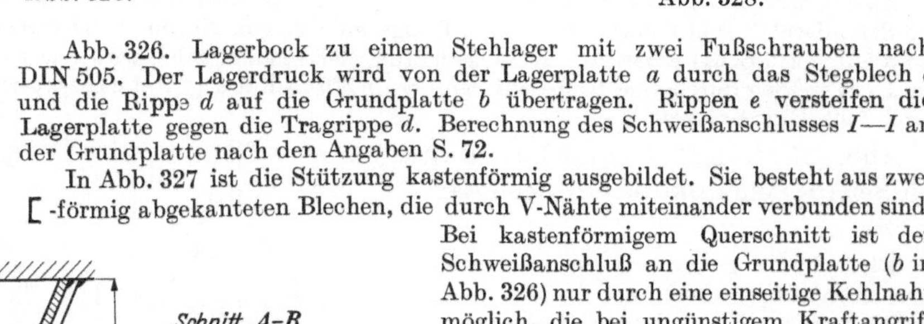

Abb. 329 u. 330.

Abb. 329 u. 330: Stützung (Hängebock) für einen Hebelzapfen (Orenstein & Koppel, Berlin).

Teile der Schweißkonstruktion: *1* = Vorderwand (gepreßt); *2* = Rückwand (gebogen); *3* = Verstärkung für die Augen.

Werkstoff: St 52 (L).

[1] Lagerböcke, bei denen die Lager mit den Böcken baulich vereinigt sind, s. Abschnitt C, S. 72. Vgl. auch die Wandarme Abb. 346 u. 347.

Bei geringerer Stückzahl und etwas anderer Form kann die Wand *1* auch aus Blech abgekantet werden. Der Bock wird mit einem Kastenträger aus abgekantetem Blech verschweißt.

Abb. 331: Windenschild zu einer Handkabelwinde mit zwei Stirnrädervorgelegen. Tragkraft je nach Größe: 1000—4000 kg.

An Stelle der für die Vorgelegewellen bisher verwendeten Flanschlager (DIN 502) werden die Lagerkörper in den Schildblechen eingeschweißt (s. auch S. 47) und ausgebüchst. Der früher aus Winkelstahl am Schildblech angenietete Fuß besteht bei der geschweißten Ausführung aus einem, durch zwei Kehlnähte an das Schildblech angeschlossenen Stück Flachstahl, das durch Rippen abgesteift ist. Durch Abkanten des Schildbleches (Abb. 331, Seitenriß rechts) werden die beiden Längsnähte gespart.

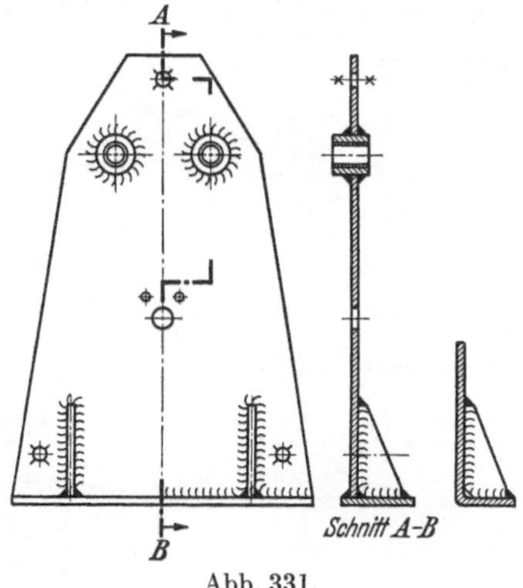

Abb. 331.

3. Lagerbrücken (Traversen) — Hinterachsbrücken — Armkreuze — Lenkbügel.

Halslagerbrücken für Francis-Turbinen mit stehender Welle wurden bisher gegossen ausgeführt, was vielgestaltige Modelle und umständliches Formen (in Hohlguß) erforderte. Auch mußten diese Lagerbrücken, den jeweiligen örtlichen Verhältnissen entsprechend mit neuen Modellen oder unter kostspieligen Modelländerungen hergestellt werden. Bei dem schon seit längerem angewandten Schweißen entfallen die hohen Modell- und Gießereikosten, auch werden bis zu 30% an Werkstoff gespart.

Abb. 332. Halslagerbrücke zu einer stehenden Francis-Turbine (J. M. Voith, Heidenheim a. d. Brenz). Die Brücke ist an zwei I-Trägern (Nr. 36) angeschraubt. An der Wand *3* sind Arbeitsleisten *8* zur Befestigung des Tragarmes für das Lager der waagerechten Welle (*II*) vorgesehen.

Teile der Schweißkonstruktion: *1* = Befestigungsplatten; *2* = Arbeitsleisten (vor der Bearbeitung 15 mm dick); *3* und *3* = tragende Wände;

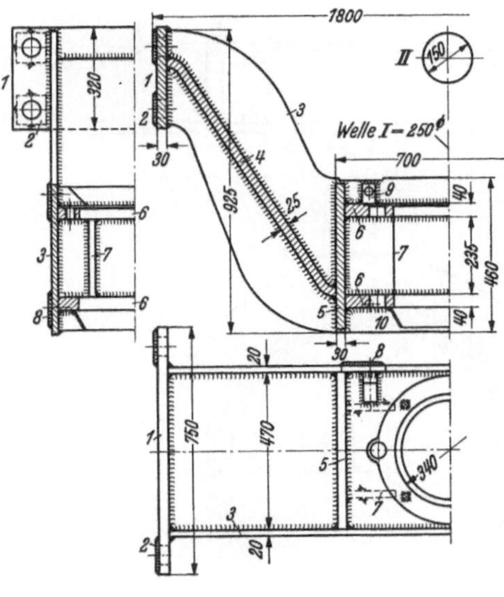

Abb. 332.

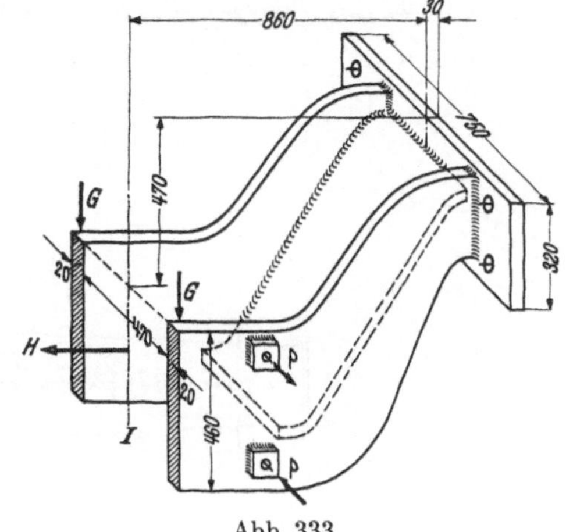

Abb. 333.

4 = Bleche zur Versteifung; *5* = Querrippen; *6* = Platten für das Halslager; *7* = Rippen; *8* = Arbeitsleisten für den Lagertragarm der waagerechten Welle; *9* = Verstärkungen für Stiftschraubengewinde; *10* = kegeliger Dichtungsring.

Beanspruchung (Abb. 333): Das Halslager (der Welle *I*) ist durch die senkrechten Kräfte *G*—*G* und die Horizontalkraft *H* belastet. Der Lagerdruck der waagerechten Welle *II* übt auf die Brücke ein Kräftepaar *P*—*P* mit dem Schraubenabstand als Hebelarm aus.

Hinterachsbrücken für Kraftwagen bestehen aus dem Gehäuse für das

Ausgleichgetriebe und den beiden Achstrichtern. Der aus mehreren Teilen zusammengesetzten Brücke wird in neuerer Zeit allgemein die einstückige geschweißte Hinterachsbrücke vorgezogen, die bei geringem Gewicht eine hohe Steifigkeit aufweist. Abb. 334 zeigt eine längsgeteilte und Abb. 335 eine quergeteilte Ausführung.

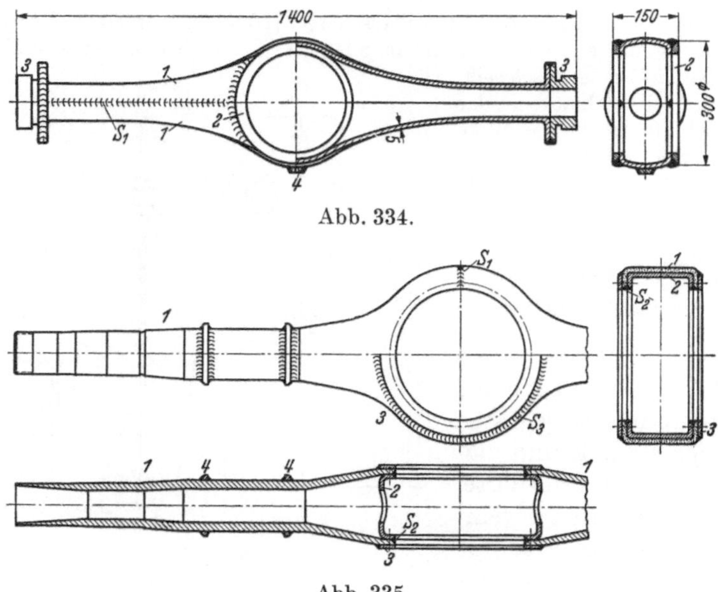

Abb. 334.

Abb. 335.

Abb. 334. Hinterachsbrücke für Kraftwagen.

1—1 = aus Stahlblech gepreßte Achstrichterhälften, durch Längsnähte S_1 (V-Nähte) verbunden; *2* = aufgeschweißte Ringe am Getriebegehäuse; 3 = Naben, an den Achstrichterenden angeschweißt; *4* = Auge für den Ölablaß.

Abb. 335. Hinterachsbrücke zu einem Lastkraftwagen (Büssing-NAG, Braunschweig).

1—1 = Achstrichter, auf Gehäusemitte durch eine *V*-Naht (S_1) verbunden; *2* = Verstärkungsring im Gehäuse, durch eine V-Naht (S_2) mit der Brücke verschweißt; *3* = Außenringe (Anschlußnaht S_3); 4 = Bunde, an den Achstrichtern aufgeschweißt. Werkstoff: St 60. 11 (L).

Berechnung der Hinterachsbrücken s. Dubbel[1].

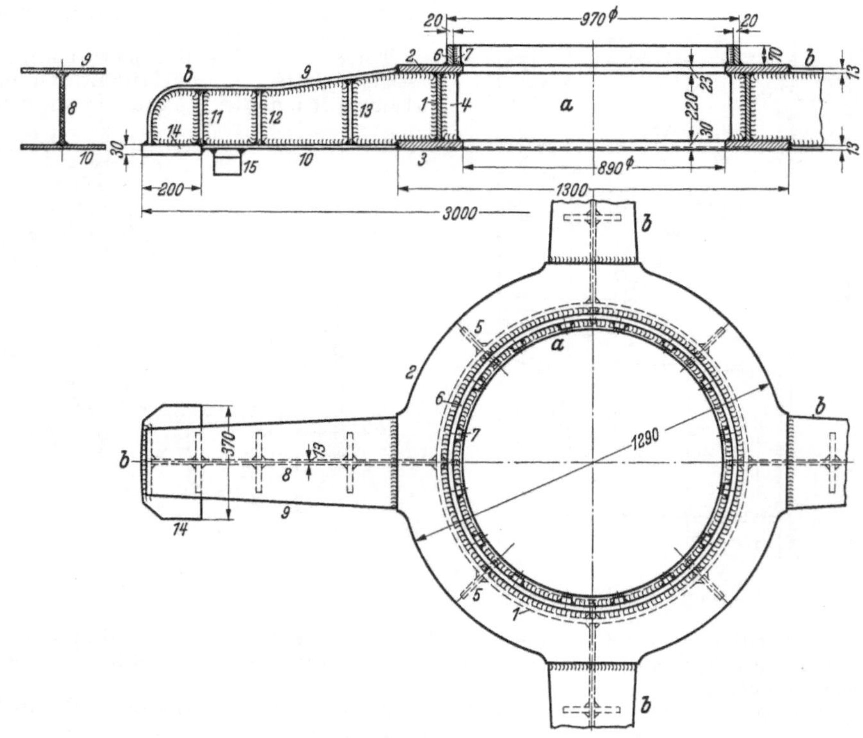

Abb. 336.

[1] Taschenbuch für den Maschinenbau. 6. Aufl. II. Bd. S. 432. Berlin: Julius Springer 1935.

Armsterne (Tragkreuze) dienen bei stehenden Francis-Turbinen von großer Leistung zum Abstützen des mit der Turbinenwelle unmittelbar gekuppelten Generators.

Ausführung je nach Größe mit drei bis sechs Armen. Die Ausführung mit drei Armen hat den Vorzug der statisch bestimmten Lastverteilung.

Die an den Nabenring angeschlossenen Arme erhalten I-förmigen (Abb. 336) oder Kastenquerschnitt (s. Abb. 135 S. 39).

Abb. 336. Armstern mit vier Tragarmen (SSW, Berlin-Siemensstadt).
a = Nabenring; *b* = Tragarme.
Teile der Schweißkonstruktion: 1 = Stegring; *2* und *3* = Gurtringe; *4* und *5* = Versteifungsrippen zum Stegring; *6* = oberer Ring; *7* = Verstärkungen zum oberen Ring. *8* = Stegblech; *9* und *10* = Gurtplatten; *11*—*13* = Aussteifungen; *14* = Fußplatte; *15* = Auge.
Werkstoff: St 00.12 bzw. St 00.21 (L).

Abb. 337: Lenkbügel zu einer Straßenwalze mit Dieselantrieb (Gebr. Zettelmeyer, AG., Konz bei Trier).

I—*I* senkrechte Drehachse. *II*—*II* Achse der Vorderwalze.
Teile des Lenkbügels: *1* = Stegbleche; *2* = Obergurt; *3* = Untergurt; *4* = Lenkzapfen, im Oberteil des Bügels eingesetzt und mit diesem verschweißt; *5* = aufgeschweißte Leisten für das (angeschraubte) Drehzapfenlager; *6* = Einsatzstück für die Walzenbolzen.
Werkstoff: St 37.11 und St 37.21 (L).

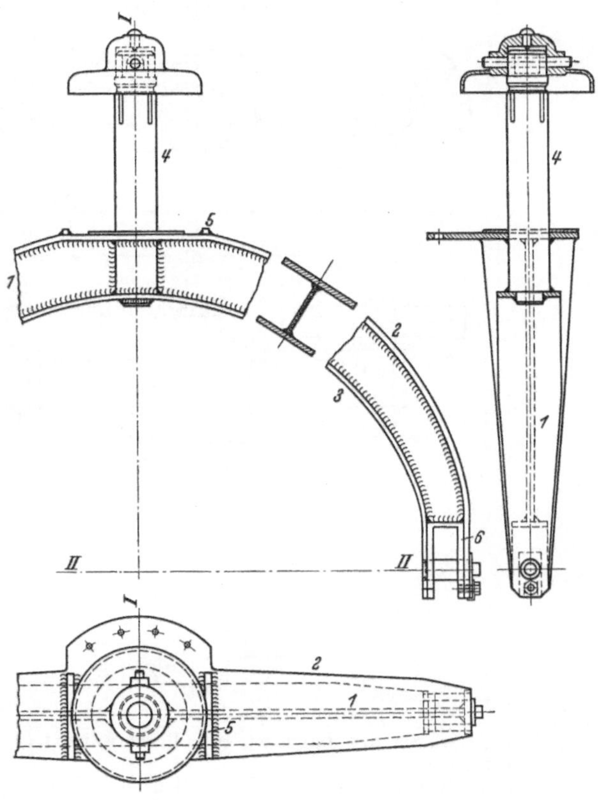

Abb. 337.

4. Radschemel — Rollenwagen — Schwingen.

Radschemel (einstellbare Radgestelle) sind am Unterteil der Krangerüste gelenkig angeordnet und ermöglichen statisch bestimmte Lastverteilung der beiden in ihnen gelagerten Laufräder auf die Kranfahrbahn.

Abb. 338. Einstellbares Radgestell zum Fahrwerk eines Tordrehkranes von 20/5 t Tragkraft und 25/14 m Ausladung (Kampnagel, Hamburg). Spurweite des Kranes: 9,1 m. Abstand der Radgestelle: 6,0. Radstand des Schemels: l = 1,0 m. Größter Raddruck: max P = 15 t.

a = Radgestell; *b* = Laufräder mit angeschraubtem Zahnkranz; *c* = Laufradbolzen, durch Achshalter festgestellt; *d* = Bolzen zur Aufnahme der Last Q.

Das Radgestell besteht aus zwei trapezförmigen Trägern *1* mit abgekanteten Gurtungen und angeschweißten Versteifungsrippen. Die beiden Träger *1* sind durch die aus abgekanteten Blechen hergestellten Radbruchstützen *2* miteinander verschraubt. An den Bohrungen der Bolzen *c* und *d* sind Verstärkungsbleche *3* aufgeschweißt (s. auch Abb. 160 S. 44).

Werkstoff: St 37 (L).

Abb. 338.

Abb. 339. Laufrollenschemel zu einem Einschienendrehkran (Velozipedkran) von 5 t Tragkraft und 6 m Ausladung.
a = Gelenkbolzen, am Oberteil des Kranauslegers befestigt; *b* = Schemel; *c* = Laufrollen; *d* = Rollenbolzen.

Teile des geschweißten Schemels: *1* = Blech; *2* = Nabe zum Gelenkbolzen (Rundstahl); *3* = Naben zu den Laufradbolzen; *4* = Versteifungsrippen.

Werkstoff: St 37 (L).

Abb. 340. Rollenwagen zum Raupenfahrwerk eines Baggers (Orenstein & Koppel, A.-G., Berlin). Die Rollenwagen übertragen die vom Bagger herrührenden Drücke auf den Boden.

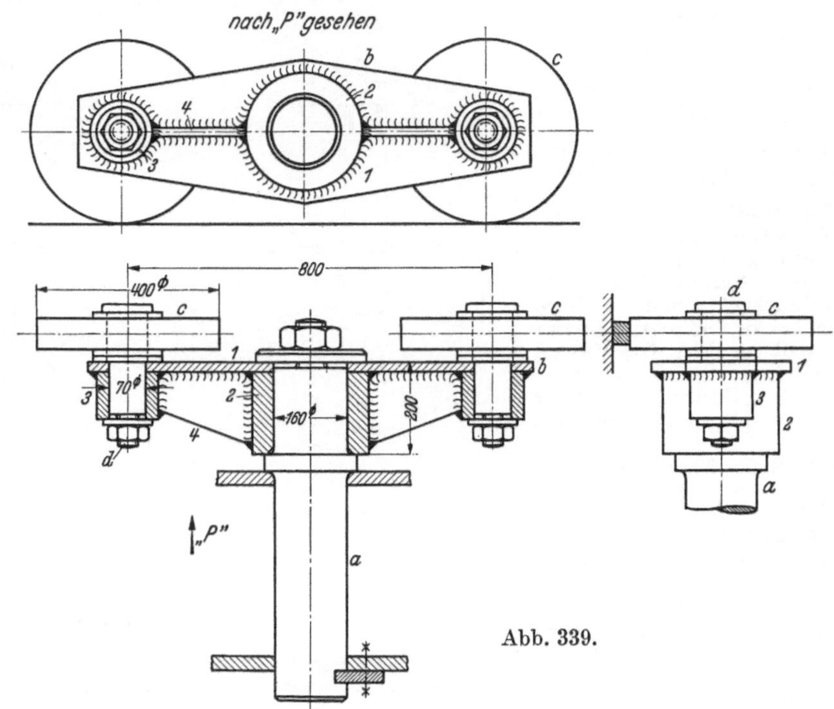

Abb. 339.

A = Unterwagen des Baggers; *B* = Rollenwagen; *C* = am Unterwagen angeschweißte Stützen; *D* = Raupenkette.

Zu *B* (Rollenwagen): *a* = Laufrollen; *b* = Rollenbolzen; *c* = Gelenkbolzen, an der Stütze *C* angeschweißt; *d* = senkrecht geführtes, auf dem Gelenkbolzen sitzendes Zugstück; *e* = Kegelfeder zum Aufnehmen der Fahrstöße.

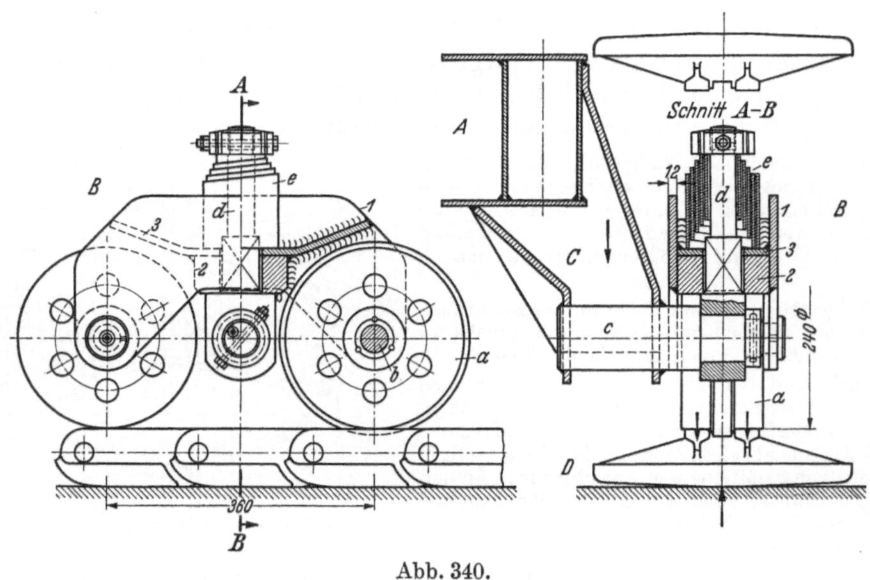

Abb. 340.

Teile der Schweißkonstruktion: *1* = Stegbleche; *2* = Querstück aus Vierkantstahl; *3* = Verbindungsblech für die Stegbleche.

Werkstoff: St 37 (L). Nahtdicke 5 mm. Gewicht des Schweißstückes: ~ 226 kg.

Abb. 341 zeigt die Schwinge zum Raupenfahrgestell eines Baggers[1].

I = Bolzen zur Schwingachse; *II—II* = Gelenkbolzen zu den einstellbaren Laufrollenschemeln; l = Abstand der Gelenkbolzen, l_1 = Radstand der Laufrollenschemel.

Teile der Schweißkonstruktion: *1* = Stegbleche; *2* und *3* = Gurtplatten; *4* = Naben zum Schwingbolzen; *5* und *6* = Rippen zur Absteifung der Naben; *7* und *8* = Aussteifungen der Träger; *9* und *10* = Querverbindungen; *11* = Abdeckung; *12* = unteres Querblech.

Werkstoff: St 37 (L).

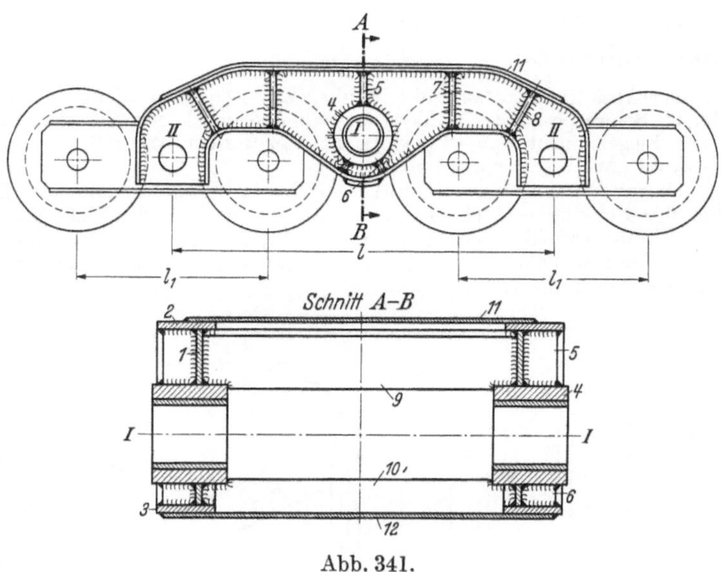

Abb. 341.

5. Zapfenbefestigungen. Tragarme.

Abb. 342: Fester Bremshebelbolzen zur Drehwerksbremse eines Baggers (Demag, A.-G., Duisburg).

Der ringförmige Schweißanschluß *I—I* ist durch das Moment $M = P \cdot x$ auf Biegung und die Kraft P auf Schub beansprucht. Spannungsermittlung s. S. 27.

Abb. 343—345: Ausführung von Zapfenbefestigungen.

Abb. 343: Der Zapfen ist in eine Hülse eingepaßt und durch einen Kerbstift befestigt. Berechnung des Schweißanschlusses der Hülse an das Stegblech wie bei Abb. 342.

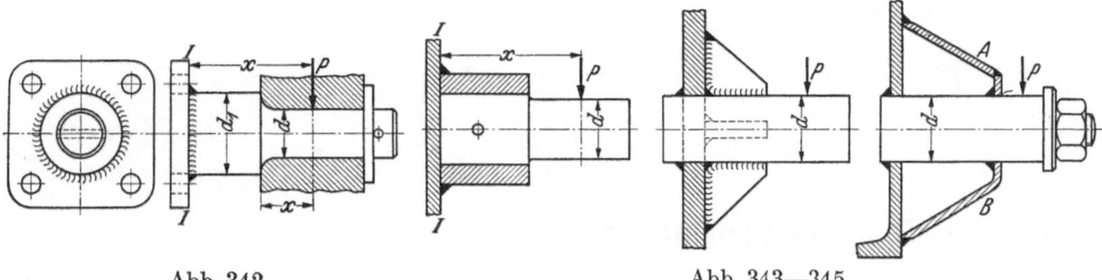

Abb. 342. Abb. 343—345.

Abb. 344: Der Zapfen ist in das Stegblech eingesetzt und durch zwei Ringnähte mit ihm verbunden. Vier Rippen versteifen ihn gegen das Stegblech.

Bei einer anderen Zapfenbefestigung (Abb. 269 S. 65) ist der Zapfen durch eine Rundnaht an das Stegblech angeschlossen und ebenfalls durch Rippen abgesteift (vgl. Abb. 340).

Abb. 345: Zur Verminderung des Biegehebelarmes ist der Zapfen durch eine Kappe gegen das Stegblech abgestützt.

In Ausführung A besteht die Kappe aus einem kegelig geformten Blech und einer Ringscheibe. Bei größerer Fertigungszahl Herstellung der Kappe als Preßstück (Ausführung B).

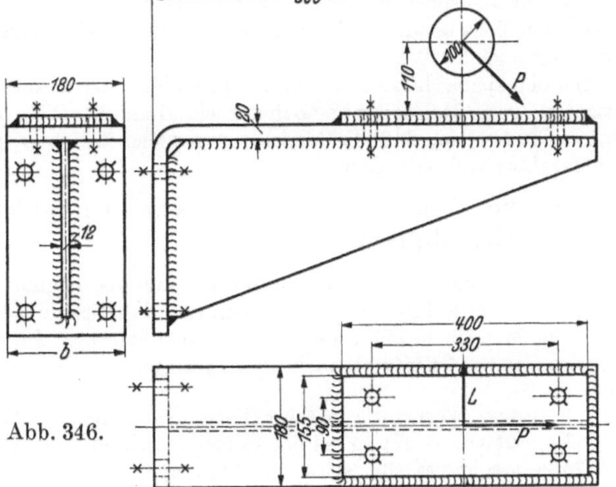

Abb. 346.

[1] Schaft: Neuzeitliche Schweißtechnik im Braunkohlenbergbau. Braunkohle 1937 S. 213.

Abb. 346 u. 347: Tragarme für Zapfen oder Lager.

Der Tragarm Abb. 346 stellt eine andere Ausführung des in Abb. 118 u. 119 S. 34 dargestellten Tragarmes dar. Wand- und Lagerplatten bestehen aus einem Stück abgekantetem Flachstahl, wodurch die Ausführung vereinfacht und Schweißnähte gespart werden. Bei größerem Längsdruck L (z. B. durch den Einrückungsdruck einer Kupplung) wird ein entsprechend breiter Flachstahl gewählt.

Abb. 347: Tragarm für ein Augenlager nach DIN 504 (zum Kranfahrwerk eines Handlaufkranes).

Zur Absteifung des tragenden Winkelstahls *1* (Ausf. A) dient ein auf Zug beanspruchter Flachstahl *2*, der im Schwerpunkt des Winkels angreift und von Lagermitte den Abstand y besitzt. Bei kleinem P kann Biegemoment $M_2 = P \cdot y$ vernachlässigt werden, bei größerem P ist symmetrische Anordnung mit [-Stahl (Ausf. B) vorzuziehen.

Nachrechnung. Querschnitt I—I des Winkelstahls mit dem Biegemoment $M_1 = P \cdot (x - x')$. Für den Schweißanschluß II—II der Stäbe *1* u. *2* an die Wandplatte ist $P' = P \cdot x/x'$. Zerlegung von P' gibt Druckkraft S_1 und Zugkraft S_2, Zerlegung von S_2 ergibt S_2' (Zug) und S_2'' (Schub).

Bei Beanspruchung auf Schwingungsfestigkeit ist diese Bauart eines Tragarmes wegen der geringen Dauerfestigkeit der Anschlußnähte der Zugstrebe (s. S. 26) nicht geeignet.

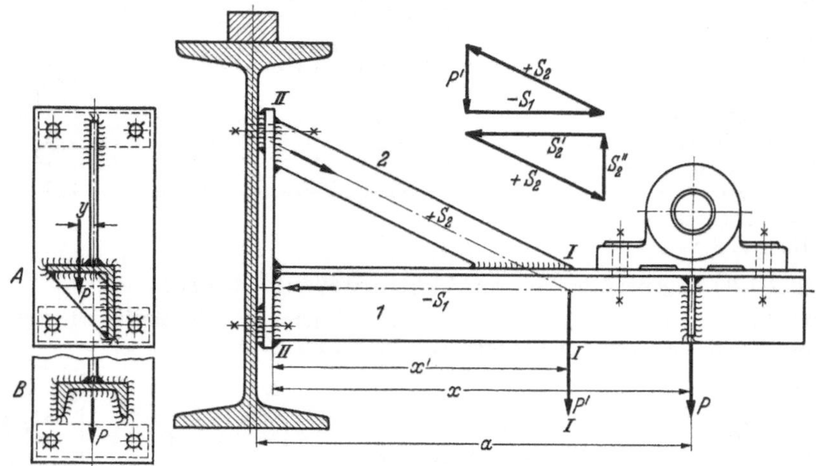

Abb. 347.

6. Maschinenständer, -gestelle und -untersätze.

a) Allgemeines. Die Gestaltung der Maschinenständer, -gestelle und -untersätze, der Drehbankbetten usw. in Leichtbauweise ist zur Zeit noch in der Entwicklung begriffen und beginnt mit dem Schweißen der Ständer und sonstigen Teile schwerer Maschinen (Pressen, Scheren, Stanzen u. a.), da der Ersatz der gegossenen Teile bei diesen Maschinen besonders große Ersparnisse an Werkstoff-, Modell- und Gießereikosten ermöglicht.

Bei den spanabhebenden Werkzeugmaschinen ist man der geschweißten Bauart der Ständer, Untersätze usw. gegenüber teilweise noch zurückhaltend [1]). Diese Teile lassen sich jedoch bei richtiger Gestaltung so herstellen, daß die Maschinen ausreichend starr und schwingungsfest sind und die Leistung der Maschine voll befriedigt.

Für die Gestaltung der Werkzeugmaschinen in Stahlbauweise gelten folgende Grundsätze[2]:

1. Die Werkzeugmaschinen müssen so starr als möglich sein. Ein Bauteil gilt als „starr", wenn es möglichst große Kräfte aufnehmen kann und dabei möglichst kleine Formänderungen erleidet [3].

2. Die Maschinen müssen so leicht als möglich sein. Im Gegensatz zur bisherigen Anschauung steht fest, daß der Werkstoffverbrauch um so geringer wird, je starrer gestaltet wird [4].

---

[1] Hegner: Werkstoffe in Löwe-Maschinen. Loewe-Notizen 1938, Heft 1/3, S. 2 u. 3.

[2] Bericht von C. Krug bei der Gemeinschaftssitzung des Amtes für deutsche Roh- und Werkstoffe, des Fachausschusses für Schweißtechnik beim VDI und der Fachgruppe Werkzeugmaschinen vom August 1937.

[3] Weiteres s. Masch.-Bau 1927 S. 169.

[4] Masch.-Bau 1931 S. 505; Z. VDI 1933 S. 301.

3. Der Resonanzbereich ist möglichst hoch zu legen [1]. Dieser Forderung wird dadurch Rechnung getragen, daß man den Werkstoff möglichst an den Randfasern anordnet und Hohlkörper wählt, die durch Versteifungswände unterteilt werden.

4. Ausgeführte Vergleichsversuche [2] haben ergeben, daß die Schwingungen in der Stahlbaumaschine besser abgedämpft werden, als in der Gußeisenmaschine, d. h. die Stahlbaumaschine ist der Gußeisenmaschine auch schwingungstechnisch überlegen.

Nach Jurczyk[3] sind die unter 3. genannten Hohlkörper möglichst diagonal auszusteifen. Die Aussteifungen und Wände, die nicht gewölbt angeordnet werden können, sind biegesteif zu pressen. Die Schweißnähte sind möglichst nicht an die Kanten zu legen, sondern besser durch Umbördeln eines Teils neben den Kanten anzuordnen.

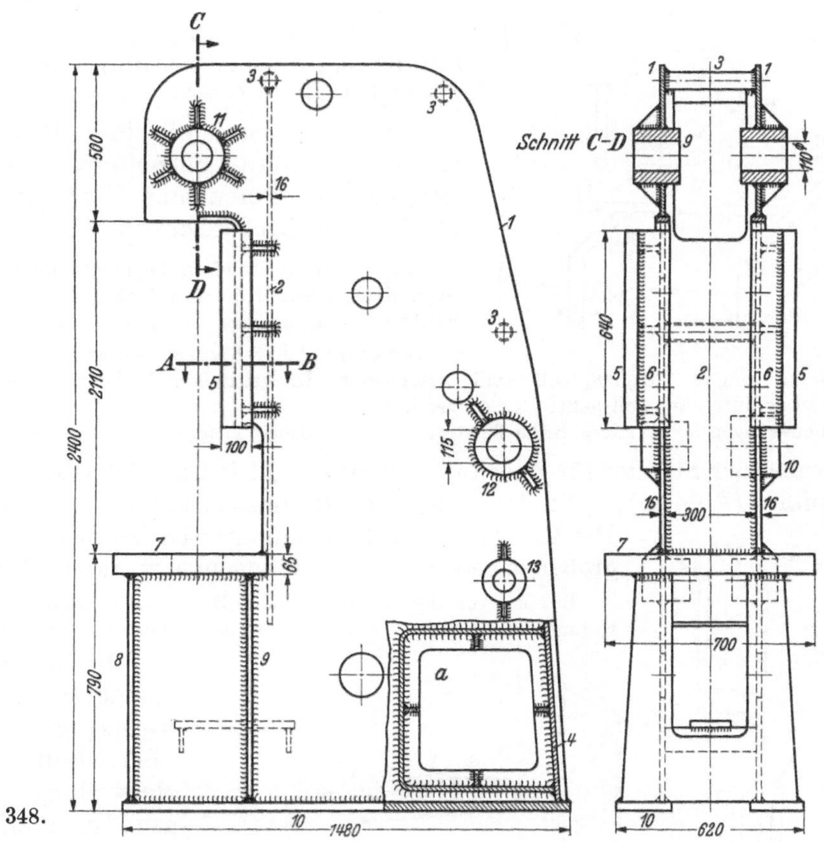

Abb. 348.

Den unter 1 bis 4 genannten Grundsätzen trägt die Zellenbauweise am meisten Rechnung.

Bei der sog. Zellen- oder Diskusbauweise[4] (s. S. 90) werden durch Abkanten oder Pressen hergestellte, verhältnismäßig dünne Blechteile durch Schweißung zu einem starren Körper verbunden. Als Werkstoff wird der handelsübliche Flußstahl (St 37 oder St 42) verwendet. Bei Teilen, die hoch beansprucht sind und solchen, die eine harte Oberfläche haben müssen, werden auch Stähle höherer Festigkeit (bis 80 kg/mm²) verwendet. Laufflächen aus Gußeisen werden aufgeschraubt.

b) Ausführungsbeispiele. Abb. 348—352 zeigen die Entwicklung im Aufbau von Pressenständern.

Abb. 348 u. 349: Ständer zu einer Exzenterpresse (Erdmann & Kircheis, Aue-Sachsen).

---

[1] Dynamische Starrheit s. Werkst.-Techn. und Werksleiter 1936 S. 201.

[2] Techn. Hochschule Berlin (Lehrstuhl für Werkzeugmaschinen).

[3] Konstruktive Fragen bei der elektrischen Lichtbogenschweißung im Maschinenbau. Elektroschweißung 1938 S. 161.

[4] Diskuswerke, Frankfurt a. M.

a = Im Unterteil des Ständers eingebauter Druckluftbehälter von 10 atü Betriebsdruck.

Hauptteile der Schweißkonstruktion (Abb. 348 u. 349): *1, 1* = Hauptwände; *2* = Querwand; *3* = Distanzrohre zur Verbindung der Hauptwände; *4* = Behälterwand; *5* u. *6* = Führungsleisten (Bearbeitung beachten); *7* = Tischplatte; *8* = vordere Tischwand; *9* = Rippe; *10* = Fußplatten; *11—13* = Lagerkörper für die Exzenter- und Vorgelegewellen.

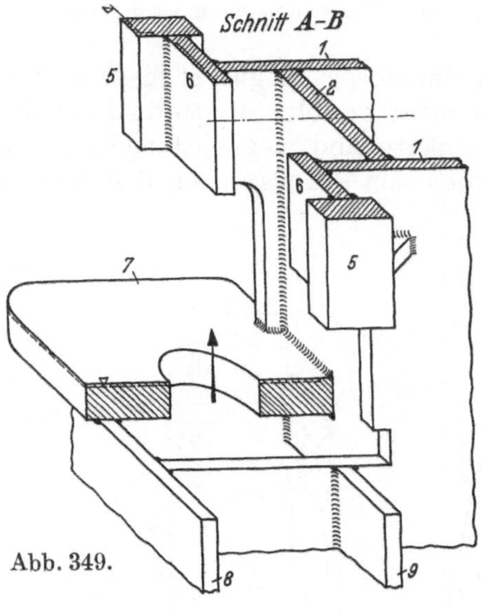

Der Ständer ist durch den Exzenterdruck auf Zug und Biegung beansprucht. Berechnung näherungsweise als gekrümmter Stab unter Vernachlässigung der Schubkräfte [1]. Die größte Spannung (Summe aus Zug- und Biegespannung) tritt am Anschluß der Tischplatte an die Wände 1 auf. Wesentlich für den Arbeitsvorgang ist eine möglichst geringe Formänderung (Aufbäumung).

Die für die Lebensdauer der Maschine maßgebende Lastspielezahl ist gleich der Anzahl der Arbeitsgänge mit dem größten Exzenterdruck.

Abb. 349.

Abb. 350: Ständer einer Druckwasserpresse von 300 t Betriebsdruck zur Herstellung von Türen und Türrahmen (Aug. Pfaffenbach, Großauheim) [2].

An den beiden Ständern der Presse sind die Zylinder angeordnet, deren Kolben gelenkig an den senkrecht geführten waagerechten Druckbalken angreifen.

Der Ständer hat Kastenquerschnitt und ist daher, im Gegensatz zu dem in Abb. 348, vollständig geschlossen. Im kritischen Zugbereich (am Anschluß des Tisches) ist er durch angeschweißte Rippen verstärkt.

Hauptabmessungen des Ständers: Höhe: 3200 mm; Breite: 400 mm; Tiefe: 1290 mm; Blechdicke: 25 mm.

Ausführung der Ständer für Druckwasserpressen mit hohem Betriebsdruck meist in Rahmenform (Abb. 351). Die Berechnung des Rahmens ist statisch unbestimmt [3]. Die Ermittelung der Spannungen ist bei den verschieden großen Querschnitten nur angenähert durchführbar.

Beispiel für die überschlägliche Berechnung eines geschweißten Rahmens s. Knauer: Geschweißter Rahmen einer 100 t-Presse [4].

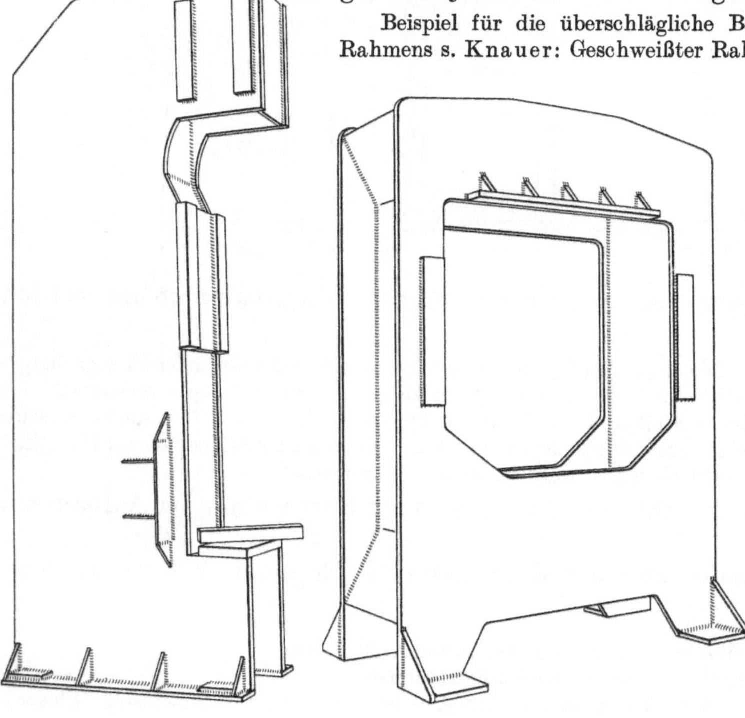

Abb. 350. Abb. 351.

Abb. 351: Rahmenständer zu einer Druckwasserpresse von 150 t Betriebsdruck (zur Herstellung von Felgen (Aug. Pfaffenbach, Großauheim, s. Fußnote [2]).

Hauptabmessungen des Rahmens: Höhe: 2820 mm; Breite: 2000 mm; Tiefe: 660 mm; Blechdicke: 30 mm.

[1] Dubbel: Taschenbuch für den Maschinenbau. 6. Aufl. I. Bd. S. 464. Berlin: Julius Springer 1935.

[2] Arcos-Mitt. 1938 S. 1781.

[3] Unold: Statik für den Eisen- und Maschinenbau. Berlin: Julius Springer 1927.

[4] Arcos-Mitt. 1935 S. 1187.

Abb. 352: Rahmenständer in Zellenbauweise[1].

a = Holme; b = unteres Querstück mit den Holmen zusammengeschweißt; c = Ständerfüße; d = cberes Querstück; e = Zuganker; f_1 und f_2 = Schraubenansätze zu den Zugankern.

Näheres über die Zellenbauweise s. S. 90.

Besondere Aufmerksamkeit erfordert das Gestalten der Drehbankbetten, da diese durch den Stahldruck auf Biegung und bei freitragender Bauart noch auf Verdrehung beansprucht sind. In Rücksicht auf sauberes Arbeiten des Stahls müssen die Bänke schwingungsfest sein, was durch eine möglichst geringe Verformung bzw geeignete Aussteifung des tragenden Betteils erreicht wird. Die starkem Verschleiß ausgesetzten Gleitbahnen werden am besten an den Gleitflächen im Einsatz gehärtet und bleiben an den Stellen, an denen sie angeschweißt werden, weich.

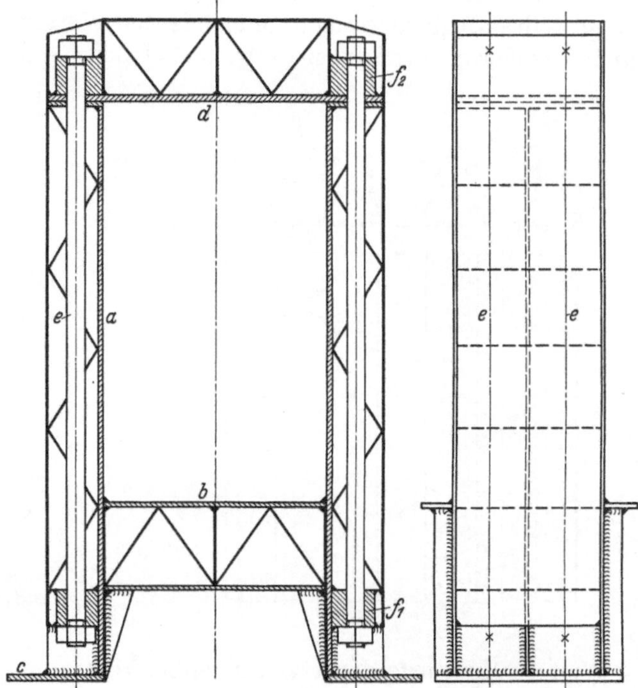

Abb. 352.

Abb. 353 zeigt den Querschnitt und den Blechzuschnitt der Querverbindungen eines Drehbankbettes (Versuchsanordnung der SSW).

1 u. *2* = Gleitbahnen; *3* = Längsträger; *4* u. *5* = Stegbleche; *6* u. *7* = Querverbindungen (mit Aussparungen); *8* = Bettfüße.

Der Anschluß der Gleitbahnen an die Stegbleche erfordert sorgfältige Schweißarbeit, da die dicken Vierkantstahlstücke die Wärme schnell ableiten.

Abb. 354 u. 355 geben zwei Entwürfe (s. Fußnote[3] S. 87), in denen die Gestaltungsgrundsätze S. 87 auf Drehbankbetten angewendet sind.

Bei der für kleinere und mittlere Drehbänke geeigneten Bauart Abb. 354 sind die Längswände a des Bettes gewölbt und durch Diagonalaussteifungen b aus gepreßten Blechteilen verbunden, wodurch der Querschnitt

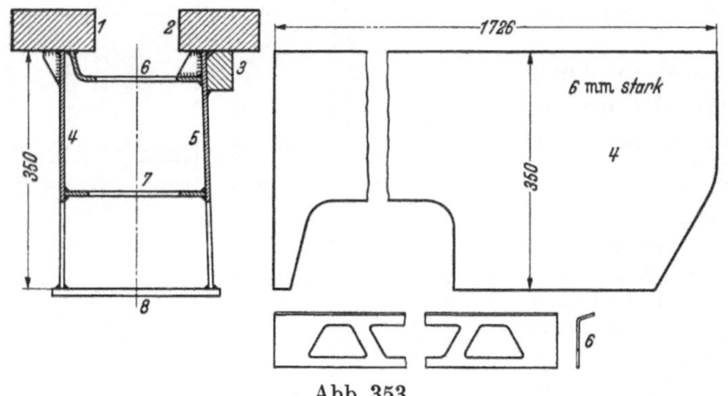

Abb. 353.

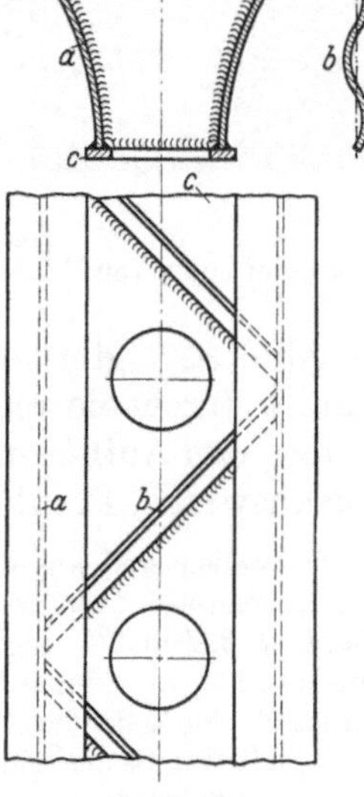

Abb. 354.

eine hohe Widerstandsfähigkeit gegen die außer der Biegung noch auftretende Verdrehungsbeanspruchung erhält. c Fußplatte (ausgespart).

[1] Krug, C.: Der Stahlbau bei Werkzeugmaschinen. Werkst.-Techn. u. Werksleiter 1937 S. 541.

Die Bauart Abb. 355 kommt für schwere Drehbänke mit vier Gleitbahnen in Frage. Die die gewölbten Stegbleche a_1 und a_2 verbindenden Aussteifungen b sind aus Blech gepreßt und bilden allseitig gekrümmte, zusammengeschweißte Hohlkörper.

Die Entwürfe entsprechen hinsichtlich der Starrheit und Schwingungsfestigkeit den gestellten Anforderungen, jedoch ist das Herstellen der gepreßten Teile teuer und nur bei größerer Fertigungszahl wirtschaftlich.

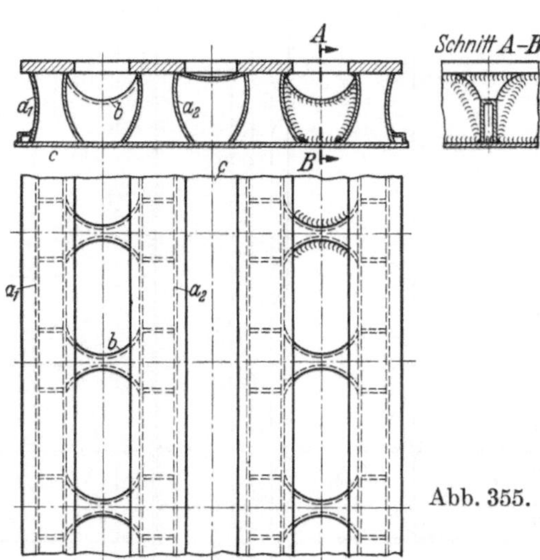

Abb. 355.

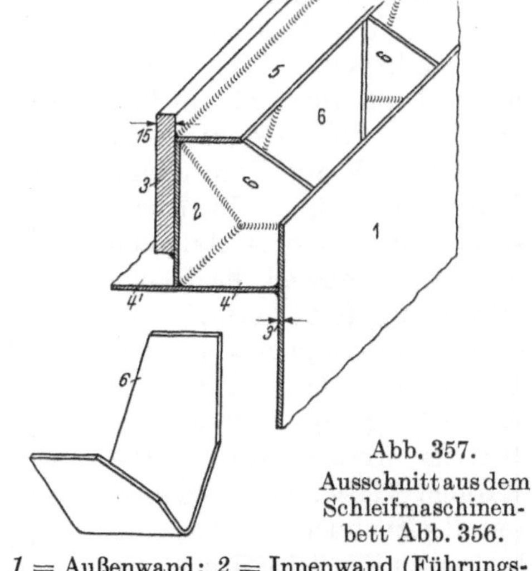

Abb. 357. Ausschnitt aus dem Schleifmaschinenbett Abb. 356. *1* = Außenwand; *2* = Innenwand (Führungswand); *3* = Führungsleiste; *4* = untere, *5* = obere Querwand; *6* = Zellen.

Weitere Entwürfe derartiger Drehbankbetten s. Fußnote 3 S. 87.

Abb. 356 zeigt ein Schleifmaschinenbett nach der Zellenbauweise mit zwei schrägen und einer senkrechten Führungsleiste[1].

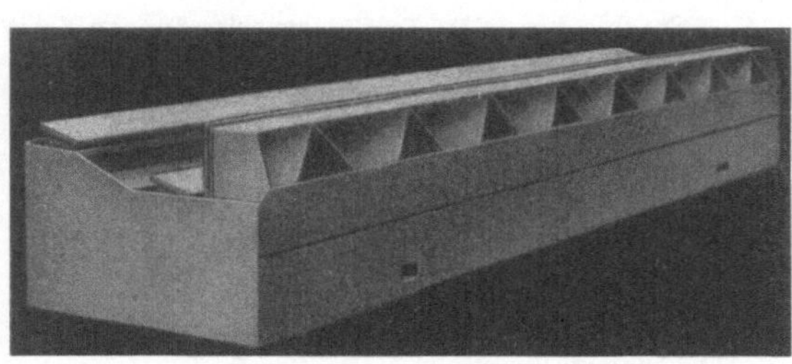

Abb. 356. Bett einer schweren Schleifmaschine (Zellenbauweise).

Abb. 357 gibt einen teilweisen Querschnitt durch die rechte Betthälfte und erläutert den Aufbau nach der Zellenbauweise (Diskuswerke, Frankfurt a. M.).

Die Zellen sind aus dünnem Blech zugeschnitten und abgekantet. Sie werden in den Hohlraum der Wände *1*, *2*, *4* und *5* eingesetzt und mit den Wänden verschweißt. In gleicher Weise sind auch die übrigen Wände durch Zellen verbunden, wodurch bei größter Steifigkeit des Bettes ein Mindestaufwand an Werkstoff erreicht wird. Gegenüber einem gegossenen Bett beträgt die Gewichtsersparnis etwa 50%.

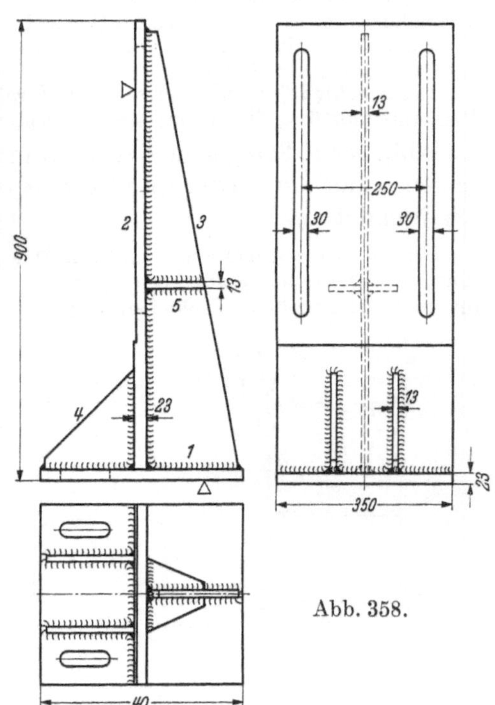

Abb. 358.

Mittelschwere Fräsmaschine in Stahlbauweise s. die Abhandlung Fußnote 1 S. 89.

[1] Elektroschweißg. 1938 S. 4 Abb. 7.

7. Vorrichtungen für Fertigungszwecke.

Abb. 358 u. 359 geben zwei Beispiele von geschweißten Vorrichtungen.

Abb. 358: Aufspannbock (SSW).

Teile der Schweißkonstruktion: *1* = Fußplatte; *2* = Aufspannplatte; *3*—*5* = Versteifungsrippen.

Abb. 359: Bohrvorrichtung zum Ständer einer kombinierten Blechschere, schrägliegendem Eisen- und Gehrungsschneider, Universal-Lochstanze und Ausklinker (Henry Pels & Co. AG., Berlin).

a Anbau für das Wälzlager der Schwungradwelle.

Teile der Schweißkonstruktion: *1* = Fußplatte; *2* = Fußleisten; *3* = Hinterwand; *4* = abgekröpfte Vorderwand; *5* = Seitenwand; *6*—*9* = Versteifungsrippen.

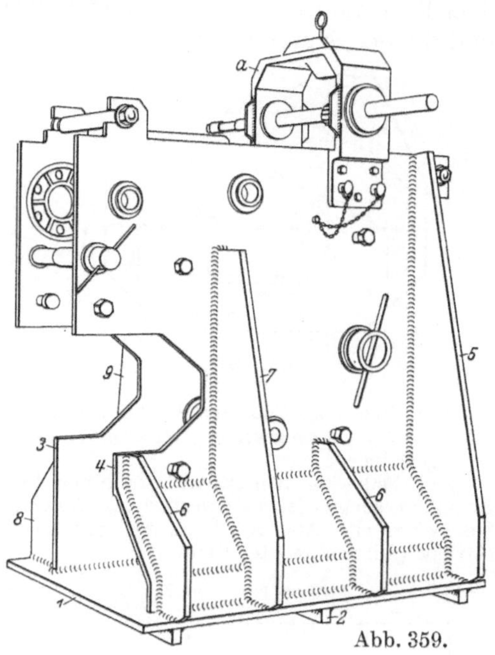

Abb. 359.

Schrifttum.

Schreyer: Gestalten und Fertigen geschweißter Vorrichtungen. Masch.-Bau 1935 S. 185 u. 259.

E. Räderkästen und Maschinengehäuse.

1. Räderkästen (Getriebekästen)[1].

a) Bauarten. Je nach Art der einzubauenden Getriebe unterscheidet man: Stirnräderkästen (Abb. 360—364), Kegelräder- oder Eckkästen (Abb. 365) und Schneckenkästen (Abb. 366—368).

Die im Getriebebau hergestellten Kästen sind sehr mannigfaltig und enthalten gleichartige (z. B. umschaltbare Stirnrädergetriebe) oder verschiedenartige Getriebe (z. B. Stirn- und Kegelrädergetriebe).

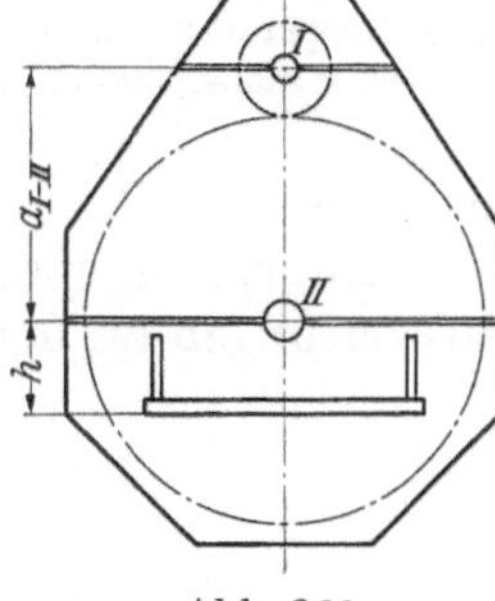

Abb. 360.

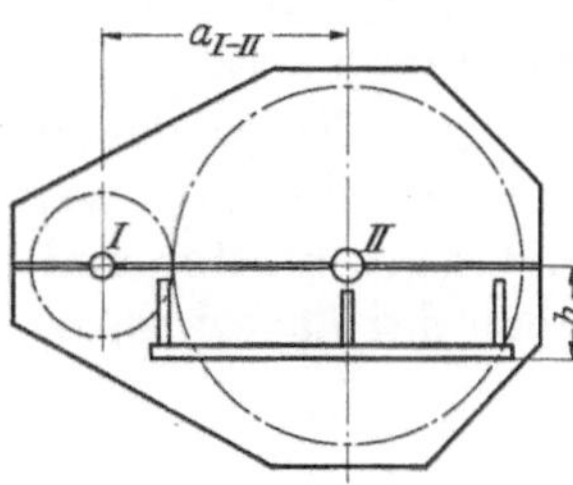

Abb. 361.

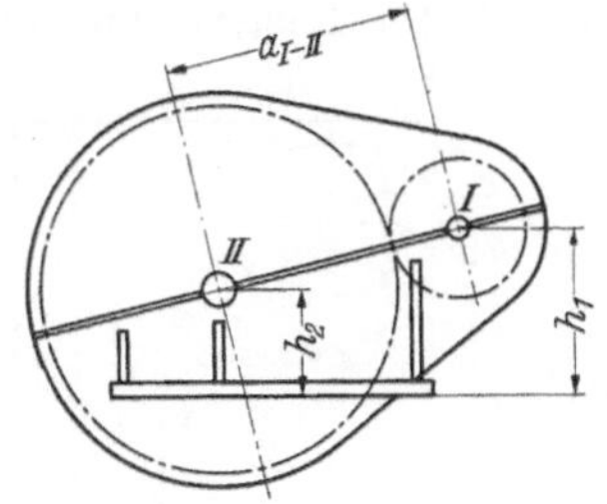

Abb. 362.

Der gegen die geschweißten Räderkästen erhobene Einwand, daß sie mitschwingen und im Betrieb klingen, ist bei den meist vorkommenden, mittleren Umfangsgeschwindigkeiten der Getriebe nicht stichhaltig. Bei höheren Umfangsgeschwindigkeiten wird das Mitschwingen des Gehäuses durch geeignete Formgebung, insbesondere durch zweckmäßige Rippenversteifung oder Wölbung der tragenden Wände vermieden.

[1] Schutzkästen, die die Getriebe nur gegen Staub und Feuchtigkeit schützen oder zur Verhütung von Unfällen dienen, sind einfache, aus dünnem Blech geschweißte Kästen.

b) Formgebung. Maßgebend für die Ausführung der Räderkästen sind die Art der einzubauenden Getriebe, die Lage der Getriebeachsen, die Abstände (Zentralen) derselben, die Bauarten der Wellenlager (Gleit- oder Wälzlager), die Lage der Teilebene und die der Stützflächen.

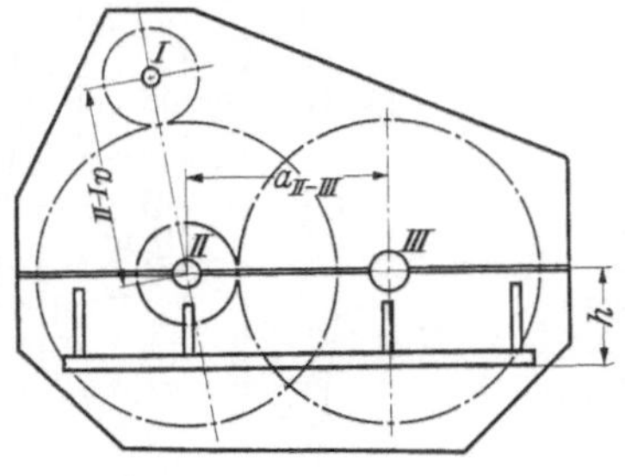

Abb. 363.

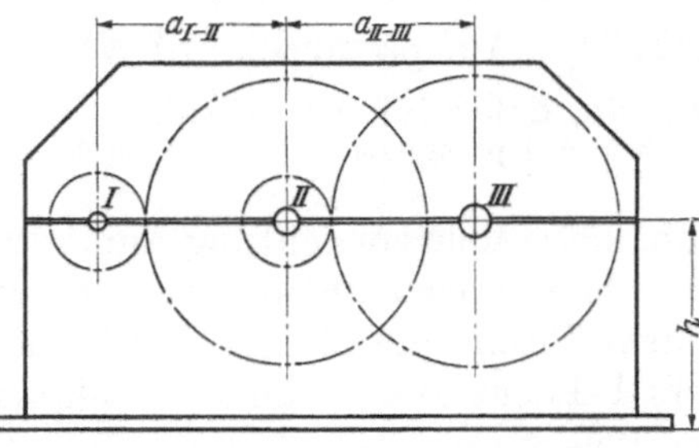

Abb. 364.

Abb. 360—368. Bauarten der Räderkästen (Getriebekästen).
I—III = Getriebewellen (*I* treibend); a_{I-II} u. a_{II-III} = Achsenabstände (Zentralen); h, h_1 u. h_2 = Lagerhöhen.
Abb. 360—362. Stirnräderkästen für ein Getriebe; Abb. 363 u. 364 desgl. für zwei Getriebe; Abb. 365 Kegelräderkasten (z. Fahrwerk eines Torkranes); Abb. 366 Schneckengetriebe mit unten liegender Schneckenwelle; Abb. 367 desgl. mit oben liegender Schneckenwelle; Abb. 368 waagerechtes Schneckengetriebe (mit senkrechter Radwelle).

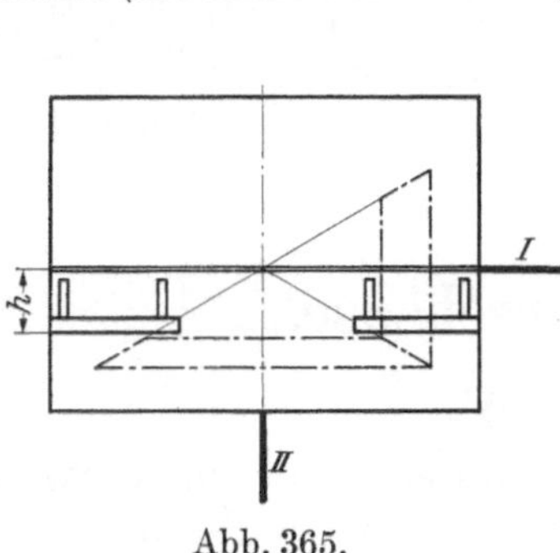

Abb. 365.

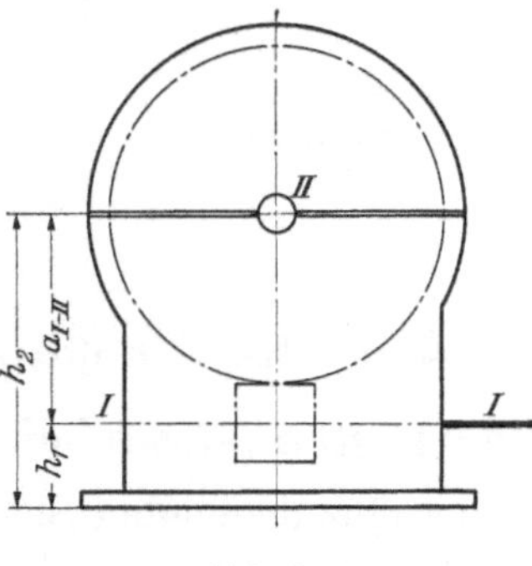

Abb. 366.

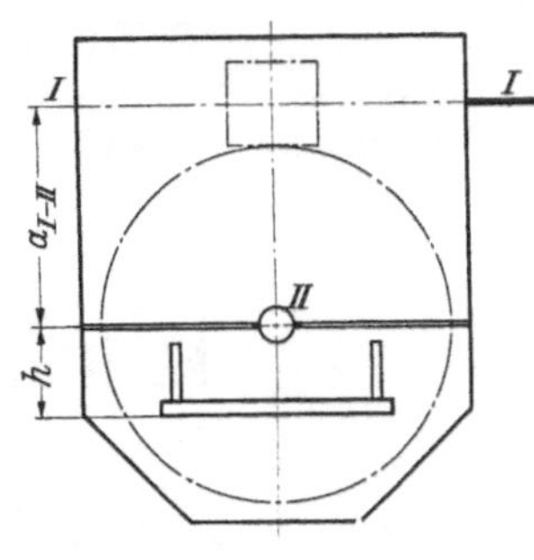

Abb. 367.

Wesentliche Teile eines geschweißten Räderkastens (z. B. eines Stirnräderkastens) nach Abb. 379 S. 94 sind:

Der zweiteilige Kasten (Unter- und Oberteil), die in ihm eingeschweißten Lagerkörper, die Stützung (Tragteile des Kastens) und die Zubehörteile (Transportöse, Haken für die Anschlagseile, Schmierdeckel, Ölablaß usw.).

Werkstoff: Allgemein St 37 oder St 00.

Die Blechwände werden der Kastenform entsprechend zugeschnitten und erhalten Aussparungen für den Einbau der Lagerkörper.

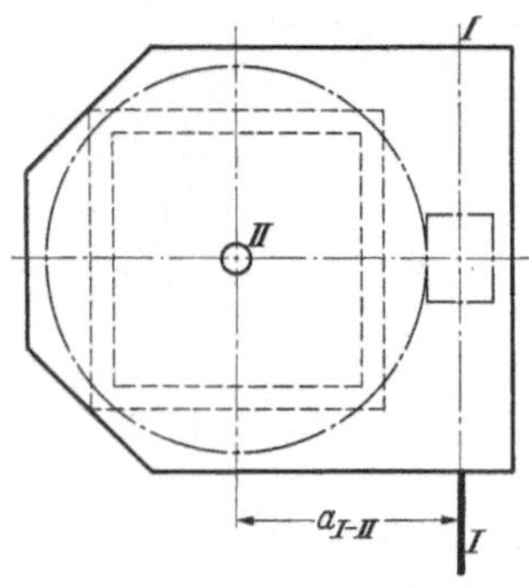

Abb. 368.

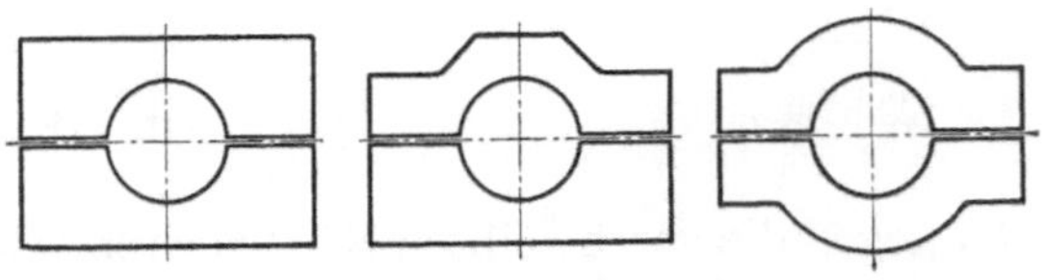

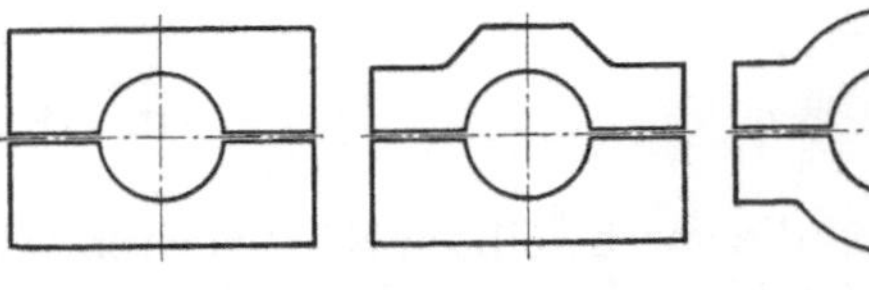

Abb. 369—371.

Das Zuschneiden der Wandbleche nach Abb. 360 und 361, 363 und 364, sowie 367 und 368 geschieht, mit Ausnahme der Aussparungen für die Lagerkörper, maschinell. Abgerundete, ganz mit dem Brenner zugeschnittene Formen (z. B. Abb. 362) sind teuer, wirken jedoch gefälliger.

Herstellung der in die Tragwände eingeschweißten Lagerkörper aus Vierkantstahl oder autogen (mittels Supportschnitt) zugeschnitten (Abb. 369—371).

Blechzuschnitt des Stirnräderkastens Abb. 379 S. 94 s. Abb. 27 S. 10.

Abb. 372 u. 373 zeigen den Einbau von Gleit- und Wälzlagern. Bei seitlicher Stützung (Abb. 372 u. 373) werden Tragpratzen angeschweißt, die durch Rippen gegen die Lagerkörper und die Teilfugenflanschen abgesteift werden.

Verbindung der Kastenwände durch gebogene oder abgekantete Blechstreifen, die nach Abb. 374 bis 376 angeschweißt werden. Die Verbindung Abb. 376 wird am meisten angewendet.

Die Teilfugenflanschen werden nach Art von Abb. 377 an die Blechwände angeschlossen und erhalten Rippen zur Aussteifung der Wände.

Zum Befördern durch Krane erhält das Kastenoberteil Transportösen, die nach Abb. 201 S. 50 oder Abb. 379 ausgeführt werden. An den Wänden angeschweißte Haken für die Anschlagseile (Abb. 378) erhalten seitliche Rippen.

Sind Ober- und Unterteil des Kastens fertig geschweißt, dann werden die Teilfugenflächen bearbeitet (durch die Bearbeitung sollen die Schweißnähte nicht geschwächt werden). Hierauf werden die Teile durch Zwingen zusammengehalten und die Löcher für die Kerbstifte (über Eck) gebohrt. Nach Einschlagen der Kerbstifte werden die Löcher für die Lager- und Flanschschrauben gebohrt, beide Teile zusammengeschraubt und die weitere Bearbeitung vorgenommen.

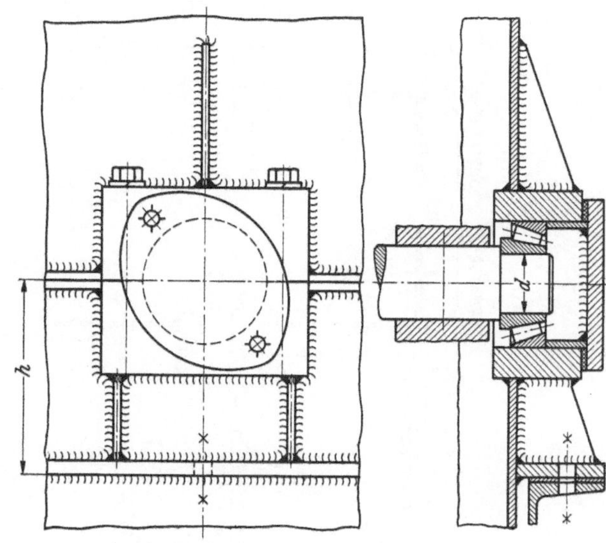

Abb. 373.

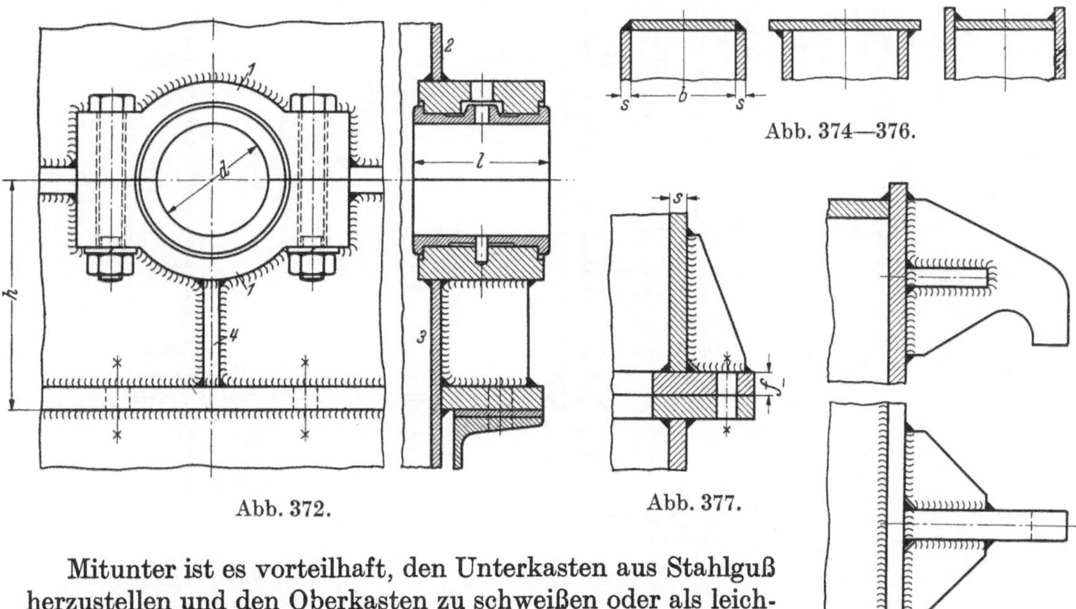

Abb. 374—376.

Abb. 372.

Abb. 377.

Abb. 378.

Mitunter ist es vorteilhaft, den Unterkasten aus Stahlguß herzustellen und den Oberkasten zu schweißen oder als leichten Deckel auszuführen.

c) Ausführungsbeispiele.

Abb. 379 S. 94. Räderkasten für ein doppeltes Stirnrädergetriebe (ATG., Leipzig).

Welle *I* hat Rollenlager, deren Gehäuse an den verstärkten Kastenwänden angeschraubt sind. Die Wellen *II* und *III* laufen in Gleitlagern.

a = Tragösen; b = Schmierdeckel; c = Vorreiber zu b; d = Ölstandszeiger; e = Ölablaß; f = Teilfugenflanschen.

Abb. 380 S. 95. Kegelräderkasten zum Kranfahrwerk eines Tordrehkranes. *I* = treibende (waagerechte) *II* = getriebene (senkrechte) Welle.

Das Lager zur Welle *I* ist geteilt und hat Schalen aus Bleibronze oder Preßstoff. Das Lager zur Welle *II* nimmt auch die Längskraft der Welle auf.

Man verfolge den Aufbau des Kastens aus den Teilen *1* bis *12* an Hand der Abb. 380.

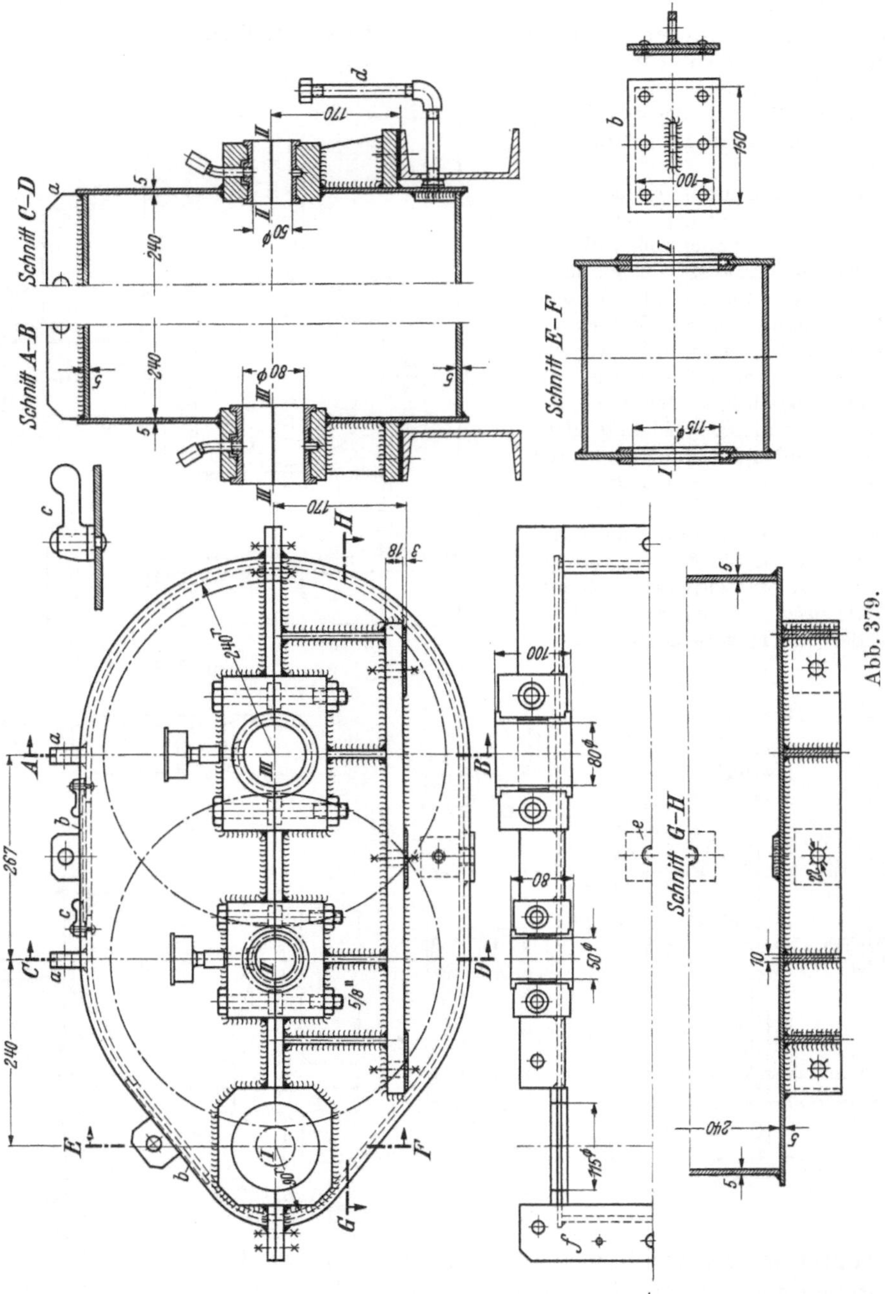

Abb. 379.

Der Oberkasten dient nur als Schutzhaube (für dichten Abschluß sorgen, namentlich am Lagerdeckel für *I*).

Abb. 381. Schneckenkasten mit oben liegender Schnecke (Maschinenfabrik Augsburg-Nürnberg).

Die Schneckenwelle hat als Querlager Rollenlager und als Längslager Kugellager. Die Lager der Radwelle sind einfache Gleitlager ähnlich Abb. 372 S. 93. Der Kasten hat zwei Teilfugenebenen, eine durch die Radwelle, die andere durch die Schneckenwelle.

Teile der Schweißkonstruktion: *1* = Flanschen der unteren Teilebene; *2* = Flanschen der oberen Teilebene; *3* = Vorder- und Rückwand; *4* = Lagerkörper für Gleitlager; *5* = Lagerkörper für die Wälzlager; *6* = gebogene Seitenwand; *7* = Rippen; *8* = Tragpratzen; *9* = Rippen zwischen *1* u. *8*.

Abb. 382 S. 96. Schneckenkasten mit unten liegender Schnecke (Siemens-Schuckert-Werke, Berlin).

a = Querlager, b = Längslager zur Schneckenwelle; c = Flansch für das linke Querlager; d = Flansch zu den rechten Lagern; e = Lager zur Schneckenradwelle; f = Ölstandszeiger; g = Ölablaß; h = Schmierdeckel; i = Tragösen.

Auf der Schneckenwelle sitzt links der Kupplungsflansch. Rechts ist ein Vierkant zum Aufsetzen einer Handkurbel (bei Notbetrieb) vorgesehen.

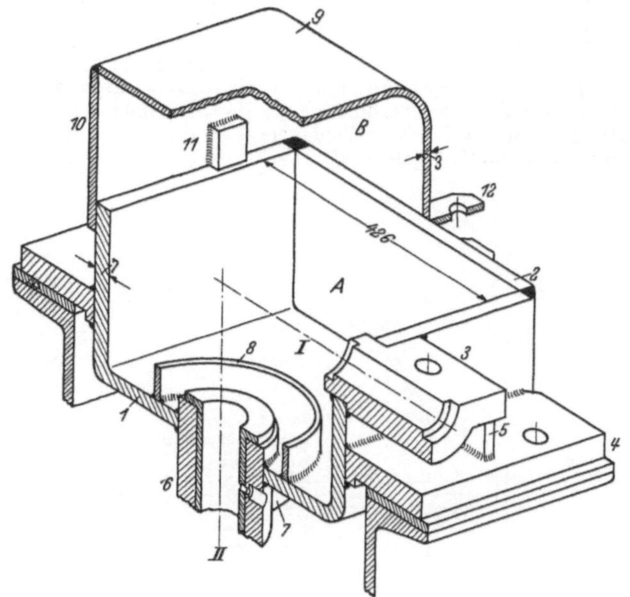

Abb. 380.

2. Maschinengehäuse.

a) Gehäuse für Kraft und Arbeitsmaschinen. In baulicher Hinsicht unterscheidet man Gehäuse für Kolbenmaschinen (Dieselmotoren stehende Verdichter u. a.) und Gehäuse für Kreiselmaschinen (Wasserturbinen, Kreiselpumpen, Dampfturbinen, Turbokompressoren u. a.).

Bei Gehäusen, die großem Innendruck oder äußerem Unterdruck ausgesetzt sind, werden die Wände durch Rippen versteift.

Bei geringem Gehäusedruck und nicht zu hohen Temperaturen ist St 37 als Werkstoff ausreichend. Höhere Drucke und hohe Temperaturen erfordern entsprechend hochwertige Werkstoffe.

Abb. 383 u. 384, S. 97 zeigen das Kurbelgehäuse zu einem stehenden, vierzylindrischen Luftverdichter[1].

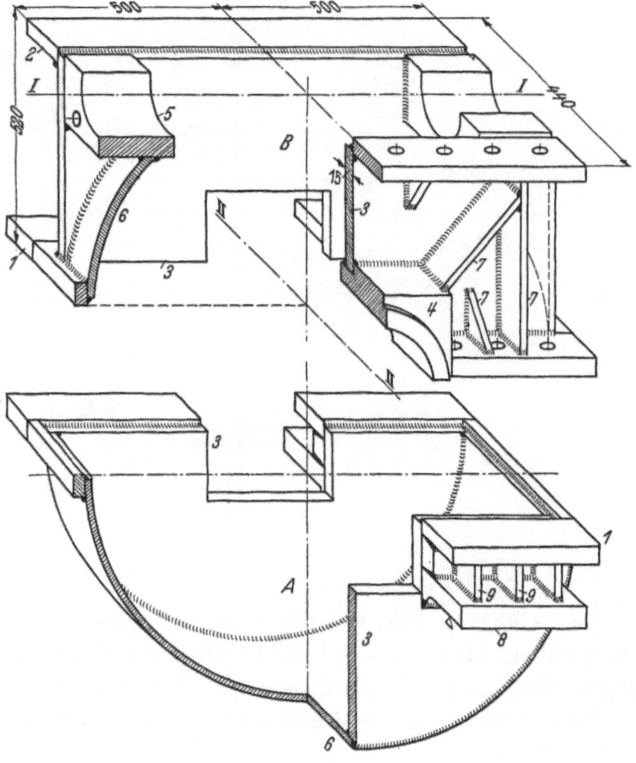

Abb. 381.

Der Boden und die beiden Längswände bestehen aus einem abgekanteten Blech (*1* in Abb. 383 u. 384). Die Seitenwände *2* und der Gehäusedeckel *3* sind durch V-Nähte an den Boden bzw. die Seitenwände angeschlossen (Abb. 383). Die V-Nähte erfordern zwar erhebliche Vorbereitungsarbeit, sind jedoch bei Schwingungsbeanspruchung den Kehlnähten überlegen. In bestimmten Abständen angeordnete Querverbindungen aus Blechen oder Flacheisen (*5* in Abb. 383) geben dem Gehäuse die erforderliche Steifigkeit. An den kräftig gehaltenen Seitenblechen sind Verstärkungsringe für den Einbau der Kurbelwellenlager angeschweißt. Am Boden des Gehäuses

[1] Maschinenfabrik Sürth.

ist eine Kühlschlange verlegt, für deren Durchgang die Querverbindungen ausgespart sind. Die Warteöffnungen (*III* in Abb. 383) werden durch angeschraubte Deckel verschlossen. Länge des Gehäuses: 1435 mm; Bodenbreite: 590 mm.

Zu Abb. 383 u. 384:

I = Achse der Kurbelwelle (dreifach gelagert); *II* = Zylindermitten. *III* = Mitte Warteöffnungen. Teile der Schweißkonstruktion: *1* = Längswände und Boden; *2* = Seitenwände; *3* = Deckplatte; *4* u. *5* = Querverbindungen; *6* = Arbeitsleisten am Gehäuseboden; *7* = Verstärkungsringe für den Einbau der Kurbelwellenlager; *8* = desgl. für die Warteöffnungen; *9* = Schraubenansätze aus schweißbarem Guß (Hersteller: J. D. Brakelsberg, Milspe [Westfalen]).

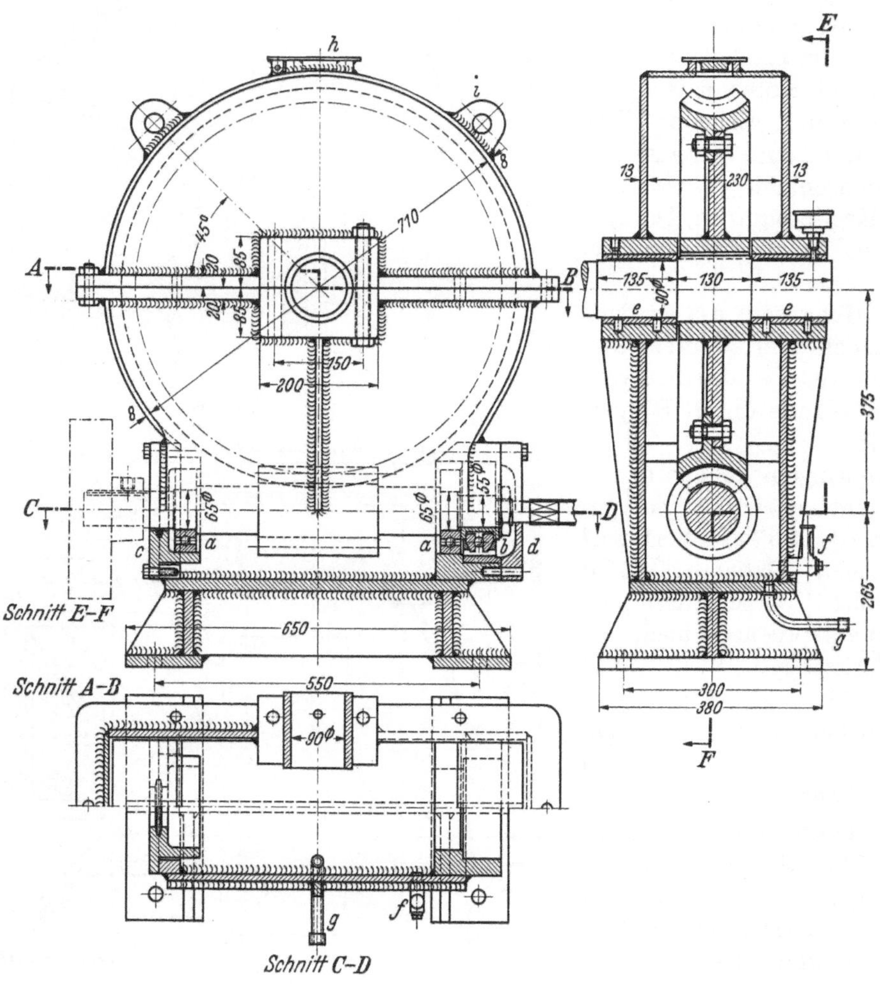

Abb. 382.

Die Gehäuse der Francis-Spiralturbinen wurden bisher gegossen oder genietet ausgeführt. Durch das Schweißen dieser Teile werden, besonders der Gußkonstruktion gegenüber, große Ersparnisse an Werkstoff und Arbeitslöhnen gemacht.

Herstellung der Gehäuse seltener mit rechteckigem, meist mit rundem Einlauf (Abb. 385 u. 386).

Das Wasser tritt bei *I* (Abb. 385) aus der Druckleitung in das Gehäuse ein, durchströmt die mittels eines Gestänges *a* in ihrer Beaufschlagung verstellbaren Leitschaufeln und das Laufrad. Aus diesem tritt es axial aus und läuft durch den Saugrohrkrümmer und das bei *II* (Abb. 385) angeschlossene Saugrohr ab.

Die einzelnen Schüsse sind überlappt verbunden und an die Leitradringe angeschweißt (Abb. 385). Die überlappte Schweißung erleichtert, der Stumpfschweißung gegenüber, das Passen und ist wesentlich billiger. Stumpf geschweißt werden nur die Gehäuse kleiner Turbinen.

Abb. 386 zeigt die eine Hälfte eines geteilt ausgeführten Spiralgehäuses mit festen Leitschaufeln.

Die Gehäuse werden stehend oder liegend angeordnet. Als Stützung dienen angeschweißte Tragpratzen, die nach S. 48 oder nach Abb. 385 ausgeführt werden.

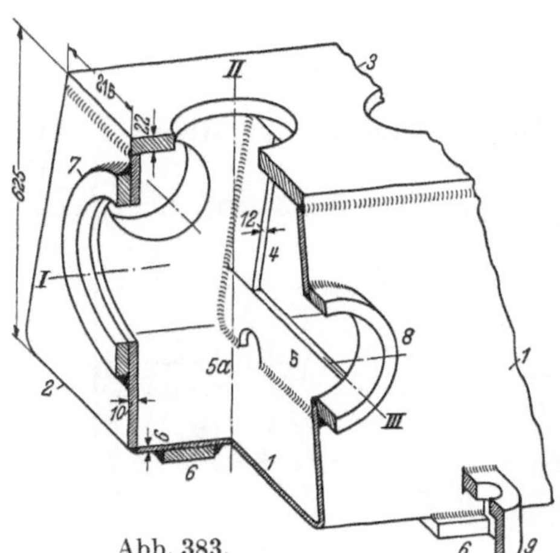

Abb. 383.

Abb. 385.

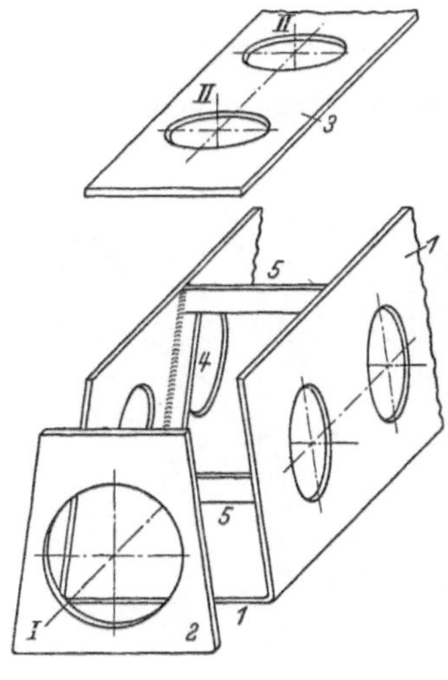

Abb. 384.

Abb. 386.

Abb. 385. Spiralgehäuse zu einer Francis-Turbine mit 950 mm Einlaufdurchmesser. Gefälle: 13 m. Leistung der Turbine: 322 PS.
(J. M. Voith, Heidenheim-Brenz).

Abb. 386. Eine Hälfte des geteilten Spiralgehäuses einer Francis-Turbine (J. M. Voith, Heidenheim-Brenz).
a = Einlaufstutzen; b = Leitradringe; c = Leitschaufeln, an den Leitradringen angeschweißt; d = Flanschen zum Zusammenschrauben der Leitradringe.

b) Magnetgestelle und Gehäuse für elektrische Maschinen. Bei großen Einzelausführungen ergeben sich die bekannten Vorteile (Ersparnisse an Werkstoff- und Modellkosten).

Das Schweißen kleiner Magnetgestelle und Ständergehäuse in der Reihenherstellung ist nur wirtschaftlich, falls geeignete Schweißvorrichtungen zur Verfügung

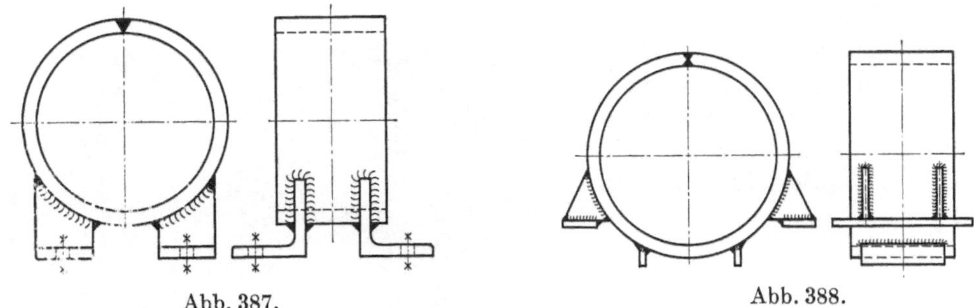

Abb. 387. Abb. 388.

stehen und durch sorgfältige Ermittlung der Blechzuschnitte der Abfall gering gehalten wird.

Abb. 387—391 zeigen Ausführungen von Magnetgestellen (Gehäusen) für Gleichstrommaschinen verschiedener Größe.

Abb. 387. Magnetgestell für einen kleinen Gleichstrommotor.

Der Magnetring ist aus Flachstahl rund gewalzt

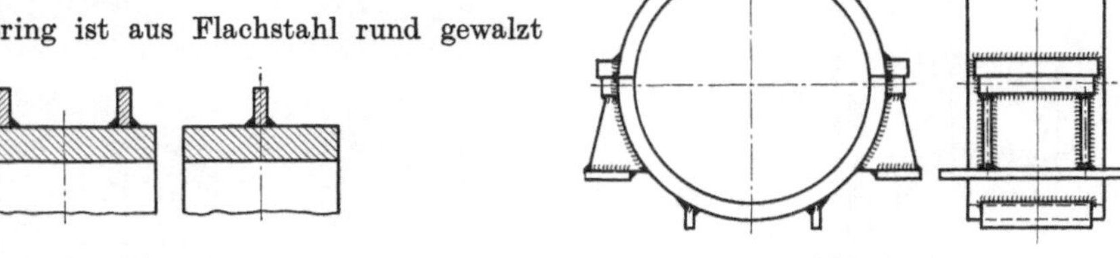

Abb. 389a u. b. Abb. 390.

und durch eine V- oder X-Naht stumpf gestoßen. Zum Tragen des Ringes sind am unteren Teil Winkeleisen angeschweißt.

Abb. 388. Magnetgestell für größere Maschinen. Als Stützung dienen zwei Fußplatten, die durch zwei Rippen mit dem Magnetring verbunden sind.

Abb. 389 a u. b. Der Magnetring, dessen magnetischer Querschnitt für die Steifigkeit des Gestelles nicht ausreicht, ist durch Ringe aus gebogenem Flacheisen versteift.

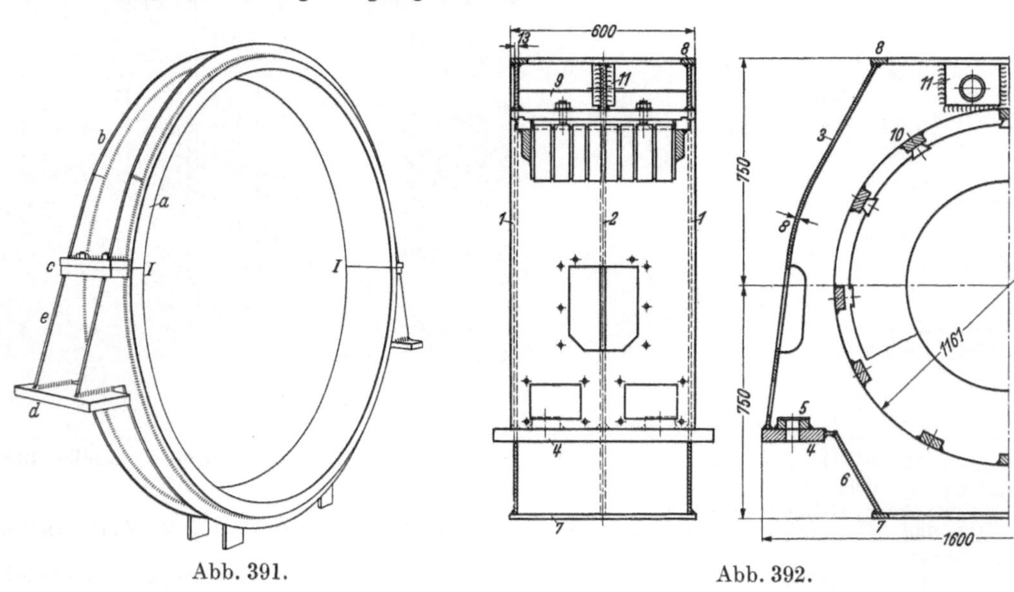

Abb. 391. Abb. 392.

Abb. 390. Geteiltes Magnetgestell. An der Teilebene sind zwei Flanschen angeschweißt.

Abb. 391. Geteiltes geschweißtes Magnetgestell einer Gleichstrommaschine (SSW, Berlin-Siemensstadt). Leistung: 600 kW. Drehzahl: 250/min. Innendurchmesser des Gehäuses: 2422 mm; Breite des Magnetringes: 360 mm.

I—I Teilfuge.

a = Magnetring; b = Versteifungsringe aus Flachstahl; c = Teilflanschen; d = Tragpratzen; e = Versteifungsrippen zu den Tragpratzen.

Abb. 392 u. 394 geben zwei Beispiele von Ständergehäusen für Drehstrommaschinen, von denen das eine ungeteilt und das andere geteilt ist.

Abb. 392 u. 393. Einteiliges Ständergehäuse zu einer Drehstrommaschine (AEG., Berlin). Hauptteile: *1* = Außenwände; *2* = Mittelwand (Schnittskizze s. Abb. 28 S. 10); *3* = Mantelblech; *4* = Fußplatten; *5* = Schraubenansätze zu den Fußplatten

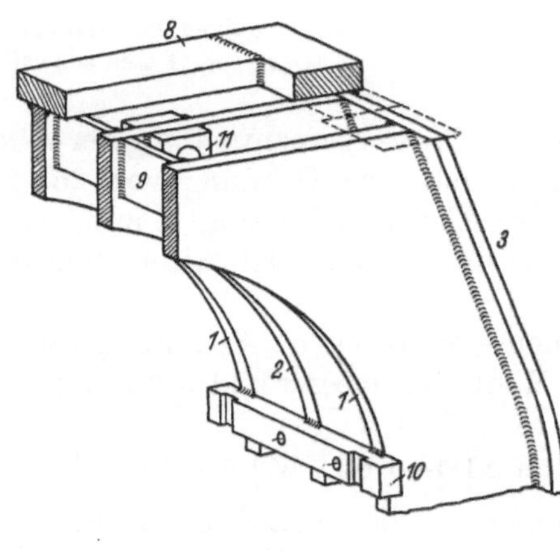

Abb. 393.

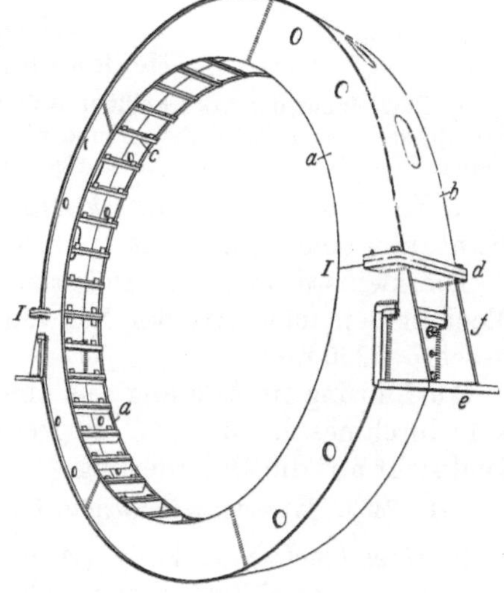

Abb. 394.

(aus Quadratstahl); *6* = untere Mantelbleche; *7* = untere, *8* = obere Randleisten; *9* = Querrippen; *10* = Stege zum Aufschrauben der Schwalbenschwänze (Blechträger); *11* = Verstärkungsstücke an der Mittelwand (für die Transportösen).

Abb. 394. Zweiteiliges Ständergehäuse zu einem Drehstromgenerator (SSW., Berlin-Siemensstadt). Leistung: 1030 kW; Drehzahl: 125/min.

I—I Teilfuge.

a = Stirnwände (aus ringförmigen Segmenten, die durch V-Nähte stumpfgestoßen sind); b = Mantelbleche; c = Stege zum Befestigen der Blechträger; d = Teilflanschen; e = Tragpratzen; f = Rippen zum Absteifen der Tragpratzen.

F. Rohre — Formstücke und Stutzen — Absperrorgane.

1. Allgemeines über Rohrleitungen.

Nach dem Verwendungszweck unterscheidet man: Rohrleitungen für Wasser und sonstige Flüssigkeiten und Rohrleitungen für Gase und Dämpfe.

Werkstoff. Die Wahl des zu verwendenden Werkstoffes hängt von dem Druck und der Temperatur, sowie dem chemischen Verhalten des fortzuleitenden Stoffes ab.

Die große Mehrzahl der Rohrleitungen wird bis zu den größten Durchmessern und Längen aus Stahl hergestellt. Zum Fortleiten von Laugen, Salzlösungen, Säuren usw. werden legierte Sonderstähle (s. S. 7) oder Nichteisenmetalle verwendet.

Für den Bau von Rohrleitungen aus Stahl sind die Normblätter DIN 2400—2450 maßgebend.

Vgl.: „Richtlinien für geschweißte Gasrohrleitungen von mehr als 200 mm Durchmesser und mehr als 1 atü Betriebsdruck" und „Richtlinien für Werkstoff von Heißdampf-Rohrleitungen der Vereinigung der Großkesselbesitzer". Für überhitzten Höchstdruckdampf werden schweißbare, warmfeste Sonderstähle verwendet.

a) Festigkeitsrechnung. Bei Rohren mit normalen Betriebsbedingungen ist meist keine Festigkeitsrechnung erforderlich, da die Abmessungen in den Normblättern DIN 2453 und DIN 2454 den Festigkeitsanforderungen Rechnung tragen.

Zur Berechnung der Wandstärke der unter höherem Innendruck stehenden Rohre wird nach DIN 2413 (Erläuterungen zur Berechnung von Flußstahlrohren) die für die Berechnung von Dampfkesseln geltende Gleichung $s = \frac{D \cdot p \cdot x}{200\, K_z \cdot v} + c$ (s. S. 107) angewendet. Für geschweißte Rohre wird das Festigkeitsverhältnis (Güteverhältnis) v unabhängig von dem Schweißverfahren $= 0{,}90$ gesetzt.

Beiwert x:

für Wasserrohre . . . . . . $x = 4{,}5$,
„ Gas- und Dampfrohre . . $x = 5{,}6$,
„ Heißdampfrohre . . . . $x = 7{,}1$.

b) Herstellung der geschweißten Rohre. Neben den bekannten fabrikmäßigen Schweißverfahren (Stumpfschweißung durch Ziehen und überlappte Schweißung durch Walzen, sog. Patentschweißung) werden folgende Schweißverfahren allgemein angewendet:

1. *Feuer- bzw. Wassergasschweißung.* Der bei der Wassergasschweißung verwendete Stahl hat eine Festigkeit von 36—45 kg/mm² und eine Dehnung von 25—20%.

Die kleinste noch mit Sicherheit schweißbare Blechdicke beträgt 6 mm. Größte Blechdicke je nach Art der Schweißeinrichtung: 40—90 mm. Kleinster Rohrdurchmesser ≈ 250 mm.

Ausführung im Umfang aus einem oder mehreren Blechen. Schußlänge je nach Rohrdurchmesser: 3—9 m. Begrenzung von Rohrdurchmesser und Rohrlänge durch Rücksicht auf die Beförderung.

(DIN 2453: Wassergasgeschweißte Flußstahlrohre für ND 1—6 bei NW 250—2000.)

2. *Gasschmelzschweißung* (*Autogenschweißung*). Arbeitsverfahren s. S. 2. Die Gasschmelzschweißung eignet sich besonders für Rohre mit Wandstärken bis etwa 10 mm, mit entsprechend großem Brenner bis 20 mm.

Es werden folgende Stöße angewendet:

Bördelstoß (s. Tafel 1, S. 17) bei Blechdicken von 0,5—2 mm.
Stumpfstoß (Abb. 49 S. 13) bei Blechdicken von 0,5—4 mm.
V-Stoß (Abb. 50 u. 51 S. 13) bei Blechdicken von 6—20 mm.
X-Stoß (Abb. 53 S. 13) bei Blechdicken über 10 mm.

(DIN 2454: Autogen geschweißte Flußstahlrohre für ND 1—6, bei NW 50—2000.)

3. *Elektrische Schweißung* (*Lichtbogenschweißung*). Arbeitsverfahren s. S. 1. Die elektrische Schweißung ist besonders geeignet für größere Wandstärken (über 5 mm) und größere lichte Weiten. Die Arten der Schweißnähte sind die gleichen wie bei der Gasschmelzschweißung.

2. Rohrverbindungen.

a) Nicht lösbare Verbindungen. Die gewöhnliche Rundnaht hat den Nachteil, daß sie nicht spannungsfrei und nur wenig dehnungsfähig ist. Sie kann daher keine größeren Biegespannungen aufnehmen.

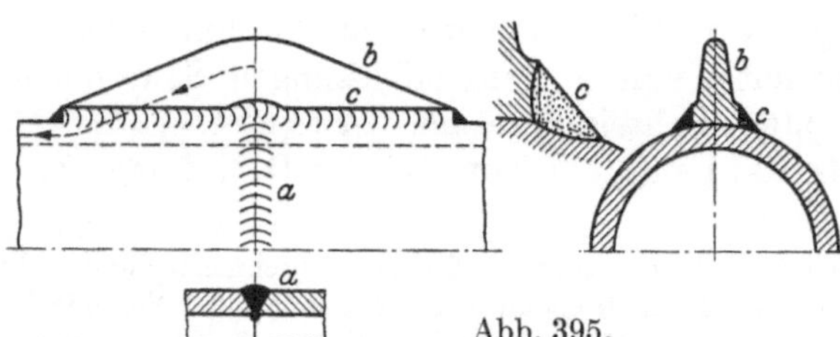

Abb. 395.

Hochbeanspruchte Rundnähte sind auszuglühen. Um gute Wurzelverschweißung zu erzielen, wird an der Schweißstelle ein Einlegering aus Stahl oder ein ausziehbarer Kupferring eingeschoben.

Besonders ungünstig sind Rundnähte beansprucht, die auf der Baustelle in Zwangslage und z. T. über Kopf geschweißt werden.

In diesem besonderen Fall sind Sicherungslaschen angebracht. Im Gegensatz zu einer einfachen, abgeschrägten Flacheisenlasche hat die Steglasche b Abb. 395 den Vorzug, daß sie einen günstigen Kraftlinienverlauf gewährleistet. Die Flankennähte c, die die Steglaschen mit dem Rohr verbinden, werden durchgeschweißt. Die Laschen haben seitliche Ansätze, die ein kerbfreies Ausführen der Flankennähte ermöglichen. Die im Gesenk hergestellten Steglaschen belasten die Rohrwand nur wenig und entlasten die zu sichernde Naht[1].

[1] Stoltenberg-Lerche: Elektroschweißung 1936, S. 237.

Abb. 396 u. 397 zeigen Rundnähte mit Dehnungswellen (Sicken).

Abb. 396. Rundnaht mit beiderseitigen Dehnungswellen. Die V-Naht kann kräftig gehalten werden, auch kann sich die Schweiße frei und ungehindert zusammenziehen, so daß Schrumpfspannungen in der Verbindung nicht auftreten.

Abb. 397. Das eine Rohrende ist muffenartig über das andere geschoben. Die zwischen der abgeschrägten Kante des linken Rohrteils und der Dehnungswelle gezogenen V-artige Rundnaht erfordert ein gutes Durchschweißen.

Die Verbindung hat, ebenso wie die Klöppermuffe (Abb. 402 u. 403) den Vorzug, daß sie durch Schräglegen des einen Rohrteils eine Abweichung bis zu 4° von der Geraden zuläßt.

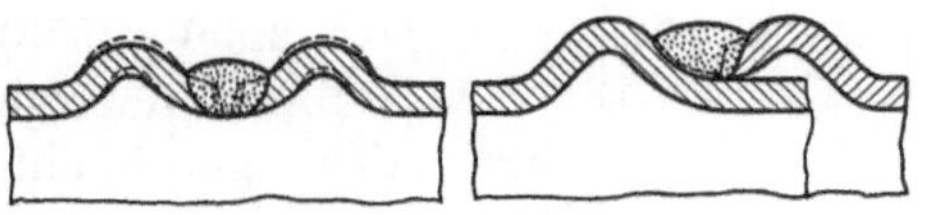

Abb. 396 u. 397.

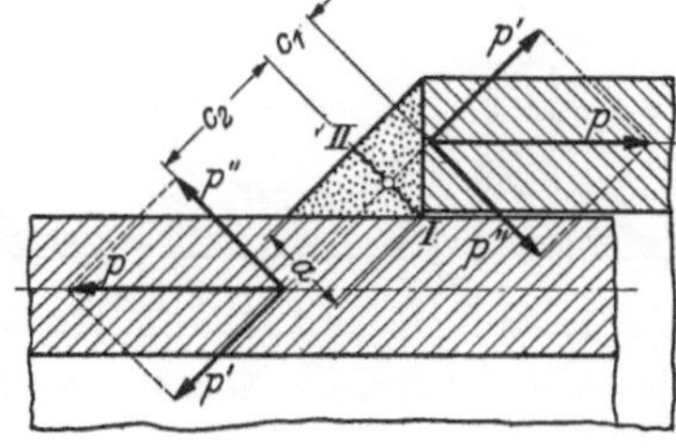

Abb. 398.

Muffenverbindungen (Abb. 399—403). Anwendung hauptsächlich bei Wasser- und Gasleitungen, insbesondere Ferngasleitungen. Die Muffenverbindungen dieser in der Erde verlegten Rohrleitungen werden an Ort und Stelle und mittels Gasschmelz- oder elektrischer Schweißung ausgeführt.

Die Kehlnaht einer einfachen Muffenverbindung (Abb. 398) ist in ihrem gefährlichen Querschnitt *I—II* auf Zug beansprucht. Hierzu treten noch zusätzliche Biegespannungen (und Schubspannungen), so daß die Gesamtspannung in der Naht einen hohen Wert erreicht. Legt man eine Längskraft p für 1 cm

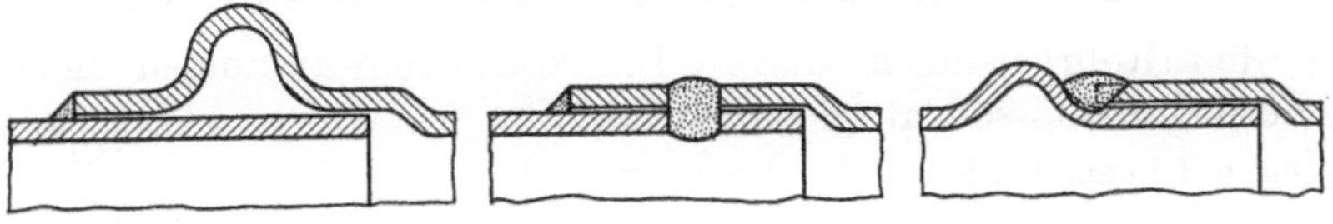

Abb. 399—401.

Nahtumfang zugrunde, so läßt sich die resultierende Spannung mit der Zugkraft p' und dem größeren Biegemoment $p'' \cdot c_2$ ebenso wie bei der einseitigen Kehlnaht (Abb. 99 S. 27) berechnen. Wird die Naht noch durch weitere, z. B. seitliche Kräfte belastet, so ist sie bei ihrer geringen Dehnungsfähigkeit nicht genügend bruchsicher.

Das Bestreben, die Kehlnaht zu entlasten, hat zu verschiedenen Bauarten von Muffenverbindungen geführt, die zum Teil patentamtlich geschützt sind.

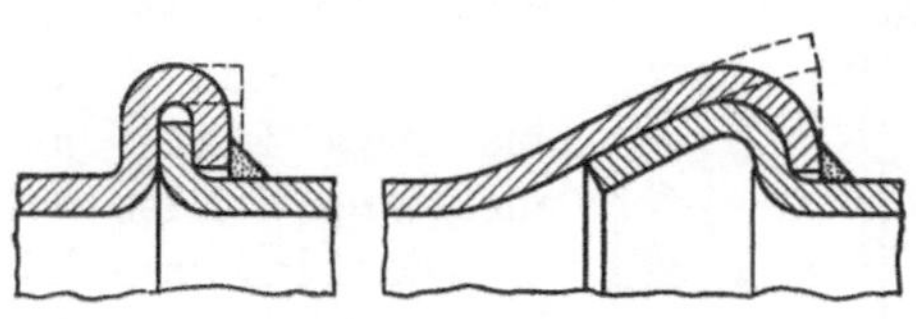

Abb. 402 u. 403.

Abb. 399. Schweißmuffe mit Dehnungswelle. Höhe der Dehnungswelle etwa gleich der vierfachen Blechdicke.

Abb. 400. Entlastung der Kehlnaht durch zusätzliche Lochnähte (s. S. 16).

Abb. 401. Muffe mit Dehnungswelle und V-Naht, ähnlich Abb. 397.

Bei Rohrleitungen, die durch Bodensenkungen stark beansprucht werden, ist eine größere Nachgiebigkeit der Verbindungen erforderlich, die durch die sog. Klöppermuffen (Abb. 402 u. 403) erreicht wird.

Abb. 402. Das eine Rohrende ist flanschartig umgebördelt, während das andere zylindrisch erweitert ist) in Abb. 402 gestrichelt). Beide Rohrenden werden übereinander geschoben und fest zusammengepreßt. Das muffenartige Ende wird dann in rotwarmem Zustand über den Flansch herumgebördelt und mit dem anderen Rohrteil verschweißt.

Abb. 403. Bei dieser Muffe ist das eine der Rohrenden hohlkugelig gestaltet (Kugelmuffe). Das kegelige Ende wird dann umgebördelt und mit dem anderen Rohrteil durch eine Kehlnaht verbunden. Die beiden Rohrteile können daher bis zu einem Winkel von 6° zueinander verlegt werden. Dies hat den Vorzug, daß besondere Bogenstücke entbehrlich werden und die Rohrverlegung vereinfacht wird.

Weitere Muffenverbindungen siehe: Thomas: Rohrverbindung durch Schweißnaht. Autogene Metallbearbeitung 1933, S. 193.

b) Lösbare Verbindungen. Flanschausführungen für mittlere Drucke und Durchmesser können nach Abb. 404—407 gestaltet werden.

Rohrleitungen mit großer lichter Weite (z. B. Leitungen für Wasserturbinen) erhalten als Flanschen angeschweißte, rund gebogene und stumpf gestoßene Winkeleisen. Diese Winkelringe werden mittels besonders gestalteter Zangen am Rohrende aufgezogen. Die beiden Kehlnähte des Schweißanschlusses sind durch den Wasserdruck auf Zug, Biegung und Schub beansprucht. Siehe auch S. 98.

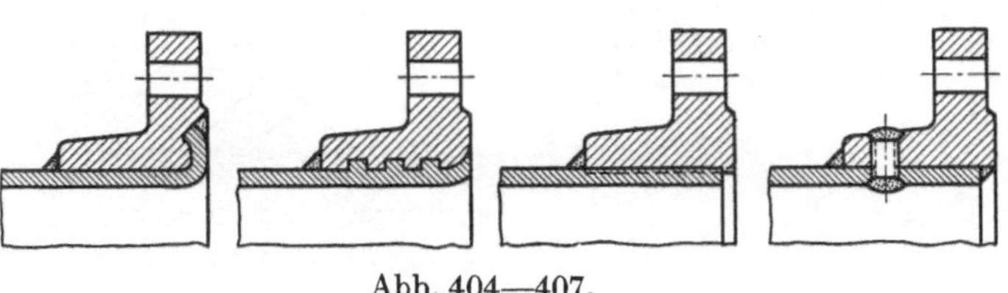

Abb. 404—407.

Für die Abmessungen der Flanschenverbindungen liegen zahlreiche DI-Normen (DIN 2500—2673) vor. Abb. 404—407 zeigen einige der gebräuchlichen Flanschverbindungen für Hochdruck-Rohrleitungen, die eine Entlastung der Schweißnaht bezwecken.

Abb. 404. Die Rohrenden sind umgebördelt. Die Flanschen haben eine Ausdrehung, werden gegen den Bordrand gedrückt und durch eine V-Naht mit dem Rohr verbunden.

Abb. 405. Die Flanschen sind aufgewalzt und durch eine Kehlnaht an das Rohr aufgeschweißt.

Abb. 406. Die Flanschen sitzen mit Gewinde auf den Rohrenden und sind durch Kehlnähte mit diesen verschweißt.

Abb. 407. Die Flanschen sind durch zwei Kehlnähte an das Rohrende angeschlossen. Zur Entlastung der Nähte sind auf dem Umfang gepaßte Gewindebolzen eingezogen, die außen und bei großer lichter Weite der Rohre auch innen mit den Flanschen verschweißt werden.

3. Dehnungsausgleicher (Kompensatoren).

Die in den Rohrleitungen durch Temperaturschwankungen hervorgerufenen Längenänderungen müssen ausgleichbar sein.

Die Wärmeausdehnung beträgt für 1 m Rohr bei:

100°	150°	200°	250°	300°	350°	400°	450°	500° C
1,17	1,80	2,40	3,00	3,70	4,40	5,10	5,90	6,50 mm.

Kleinere Längenänderungen können von den in der Rohrleitung vorhandenen Bogen aufgenommen werden. Lange Rohrleitungen erfordern jedoch besondere Dehnungsausgleicher wie Linsenausgleicher, Lyrabögen, Rohrschleifen (Faltrohrschleifen) u. dgl.

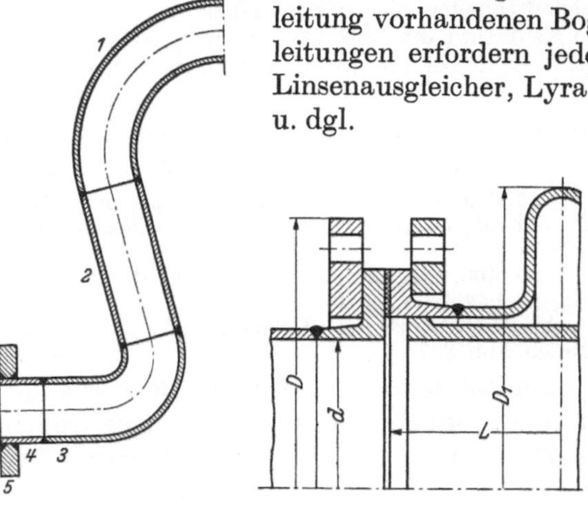

Abb. 410. Abb. 408 u. 409.

a) *Linsenausgleicher.* Sie werden bei Niederdruckleitungen bis etwa 2 atü und mehr angewendet.

Die Linsenausgleicher werden aus autogen geschweißten Rohren gewalzt (Abb. 408) oder geschweißt (Abb. 409) und mit verschiedenartigen Flanschen hergestellt[1].

Abb. 408. Linsenausgleicher für die Auspuffleitung einer Gasmaschine. Die gewalzte Linse hat an beiden Enden angeschweißte Stahlgußflanschen, an denen sich die Losflanschen anlegen. In den Ausgleicher ist ein Gußrohr eingesteckt. Der Raum zwischen dem Einsteckrohr und der Linse wird zweckmäßig mit einer Wärmeschutzmasse ausgefüllt.

Abb. 409. Geschweißter Linsenausgleicher. Er ist aus zwei Halbwellen und zwei Rohrstücken zusammengeschweißt.

[1] Abb. 408—410: Franz Seiffert & Co., A.-G., Berlin C 19.

Abb. 410. Geschweißtes Ausgleichrohr (Lyrabogen).

Je nach Größe der Längenänderung werden ein oder mehrere Wellen hintereinander angeordnet.

Die Linsenausgleicher lassen sich mit den verschiedensten Formstücken wie Krümmer u. dgl. (s. Abb. 415, S. 104) verschweißen.

b) *Ausgleichrohre* (*Lyrabögen und Rohrschleifen*). Sie nehmen nicht nur Dehnungen in Richtung der Rohrachse auf, sondern auch solche senkrecht oder schräg dazu, wie sie bei Erdverschiebungen im Bergbaugebiet vielfach vorkommen. Zur Herstellung der Lyrabögen und Rohrschleifen werden am besten gefaltete Rohrbogen[1] verwendet.

Der Lyrabogen (Abb. 410) besteht aus dem Bogenrohr *1*, den Rohrstücken *2* und den Krümmern *3*. An die Krümmer sind die Rohrstücke *4* mit den angeschweißten Flanschen *5* angeschlossen.

„Versuche mit Dehnungsausgleichern" siehe: Die Wärme 1934, Nr. 33 vom 18. VIII. 1934.

4. Rohrsysteme und Heizschlangen.

Rohrsysteme werden im Behälter- und Kesselbau (s. S. 112) bei Verdampfern, Kondensatoren, Kühlern, Heißwasserbereitern u. a. angewendet. Die Rohre werden entweder in die beiden Böden der Behälter oder in den Behältermantel eingeschweißt.

Abb. 411. Die Rohre sind durch eine Kehlnaht an den Behälterboden angeschlossen.

Abb. 412. Rohre und Behälterboden sind durch V-Nähte miteinander verbunden. Eingedrehte konzentrische Ringnuten ergeben eine bessere Wärmebindung beim Schweißen.

Der Anschluß der Rohre an die Behälterböden durch Kehlnähte (Abb. 411) erfordert im Gegensatz zum Anschluß mit V-Nähten (z. B. Abb. 412) keine Vorbereitung und ist daher billiger.

Abb. 411 u. 412.

Abb. 413.

Heizschlangen. Als Rohr dient meist ein Siederohr, das schraubenförmig um den zylindrischen Behälter gelegt und mit diesem z. B. nach Art von Abb. 413 verschweißt wird.

Durch Unterlegen von Keileisen *a* wird ein sattes Anlegen der Rohrschlange *b* erreicht, die dann durch die Nähte *c* mit dem Behältermantel verschweißt wird.

5. Formstücke und Stutzen.

a) Formstücke. Die Rohrleitungen verzweigen sich meist nach verschiedenen Abgabestellen und ändern den örtlichen Verhältnissen entsprechend ihre Richtung.

Es sind daher Formstücke, wie T-Stücke, Kreuzstücke, Krümmer, Bogen u. dgl. sowie besondere Verteilungsstücke mit mehreren Anschlüssen erforderlich (vgl. DIN 2430). Bei den geschweißten Rohrleitungen mit

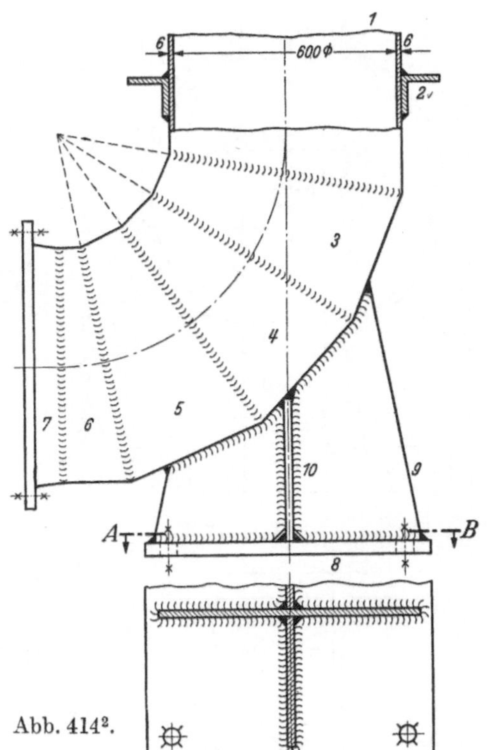

Abb. 414[2].

[1] Rohrbogenwerk, Hamburg.

[2] Berichtigung zu Abb. 414: Rippe *10* geht bis zur Rundnaht zwischen *3* und *4* durch.

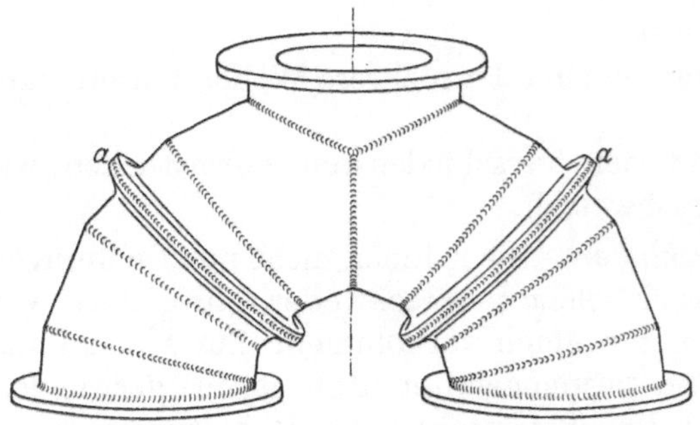

Abb. 415.

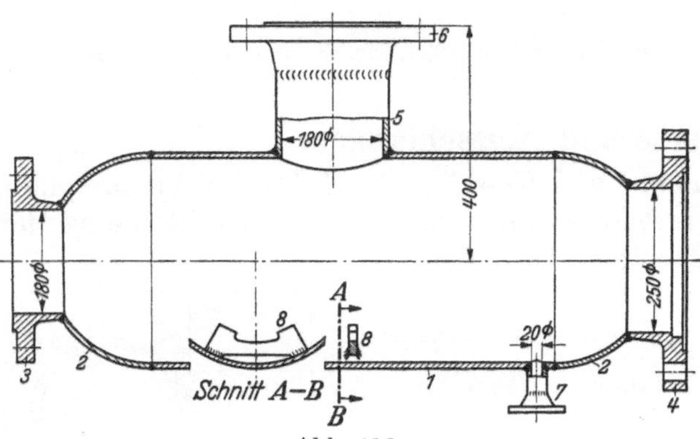

Abb. 416.

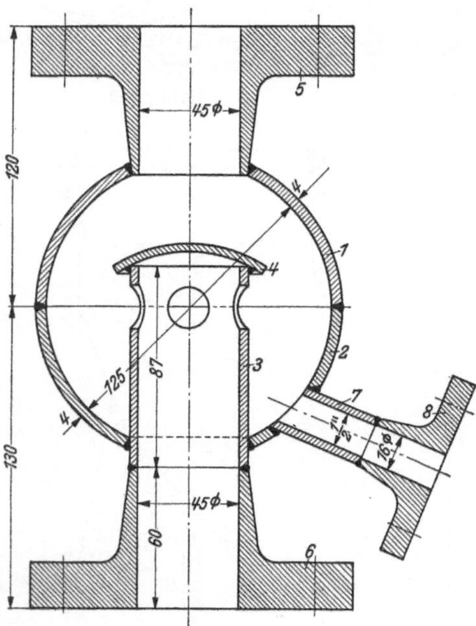

Abb. 417.

großer lichter Weite werden auch die Formstücke geschweißt. Diese Formstücke sind baulich sehr verschieden und mitunter schwierig herzustellen. Sie bedürfen einer sorgfältigen Vorbereitung, insbesondere hinsichtlich des Abwickelns der verschiedenen Schweißteile (s. S. 41 u. f.).

Abb. 414—417 zeigen verschiedene Bauarten von Formstücken.

Abb. 414. Geschweißter Krümmer zu einer Gasleitung von 600 mm l. W.[1]

Der Krümmer ist unten an das Eckventil Abb. 421 S. 105 angeschlossen und hat zur Abstützung des Ventils einen angeschweißten Fuß.

Teile der Schweißkonstruktion: *1* = Rohrstück (s. auch Abb. 421); *2* = Winkelring, an *1* angeschweißt; *3*—*6* = kegelige Schüsse, durch V-Nähte angeschlossen; *7* = Flansch aus Stahlguß; *8* = Fußplatte; *9* = Stegblech; 10 = Rippen.

Werkstoff: St 37 (L).

Abb. 415. Doppelkrümmer mit Linsenausgleichern zur Abdampfleitung einer Dampfturbine[2]. Lichte Weite 1000 mm.

Abb. 416. T-Stück für eine Dampfleitung[3]. Betriebsdruck: 22 atü, Probedruck: 30 atü.

Teile der Schweißkonstruktion: *1* = Zylindrisches Rohrstück, *2* = Preßstücke, *3*—*4* = Stahlgußflanschen, *5* = Rohrstück, *6* = Stahlgußflansch für den Anschlußstutzen, *7* = Anschlußstutzen für die Entwässerung, *8* = Verstärkung. Werkstoff: Flußstahl $\sigma_B = 45$ kg/mm², $\delta_5 = 20\%$ (G).

Abb. 417. Kugelformstück[3]. Betriebsdruck: 10 atü, Probedruck: 15 atü.

Teile der Schweißkonstruktion: *1*—*2* = gepreßte Halbkugelstücke, *3* = Rohrstück mit vier Löchern, *4* = Deckel, an *3* angeschweißt, *5*—*6* = Stahlgußflanschen, *7*—*8* = Stutzen mit Stahlgußflansch. Werkstoff: St 45 · 29 (G).

Nach dem Schweißen wird das Kugelstück spannungsfrei geglüht.

b) Stutzen. Abb. 418—420 zeigen die Ausführung der Stutzen im Rohrleitungs-, Behälter- und Kesselbau.

Abb. 418. Stutzen mit angeschweißtem Flansch (Stahlguß, St 37 od. St 42). Der Stutzen ist an der Anschlußstelle umgebördelt. Ausführung nach *b* verdient den Vorzug.

[1] Franz Seiffert & Co., Berlin.
[2] MAN., Werk Nürnberg.
[3] Krauß & Comp. — I. A. Maffei, A.-G., München.

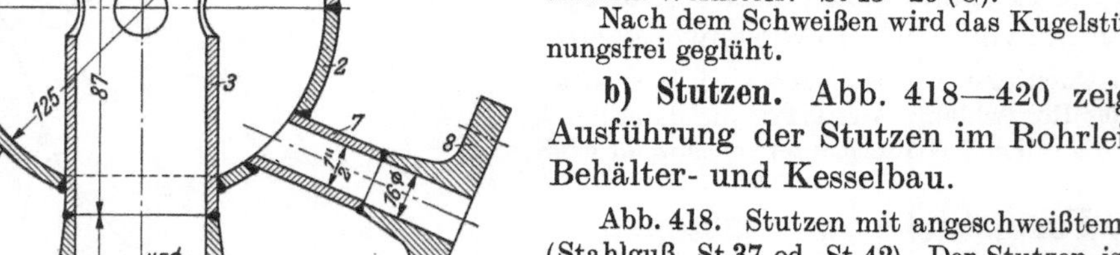

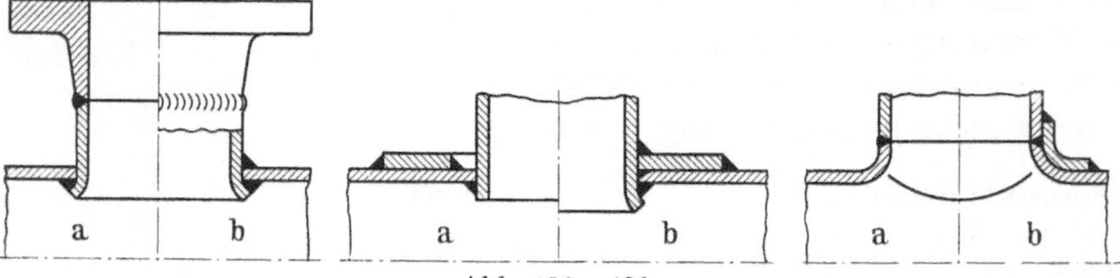

Abb. 418—420.

Abb. 419. Der Mantel ist durch einen aufgeschweißten Ring verstärkt. Ausführung *b* ist teurer, aber besser.

Abb. 420. Der Mantel ist umgebördelt. Der Stutzen ist durch eine V-Naht angeschlossen. In Ausführung *b* ist der Anschluß durch einen aufgeschweißten, gebördelten Ring verstärkt.

Mantelverstärkungen für Stutzenanschlüsse an Dampfkesseln s. Abb. 431 u. 432 S. 108.

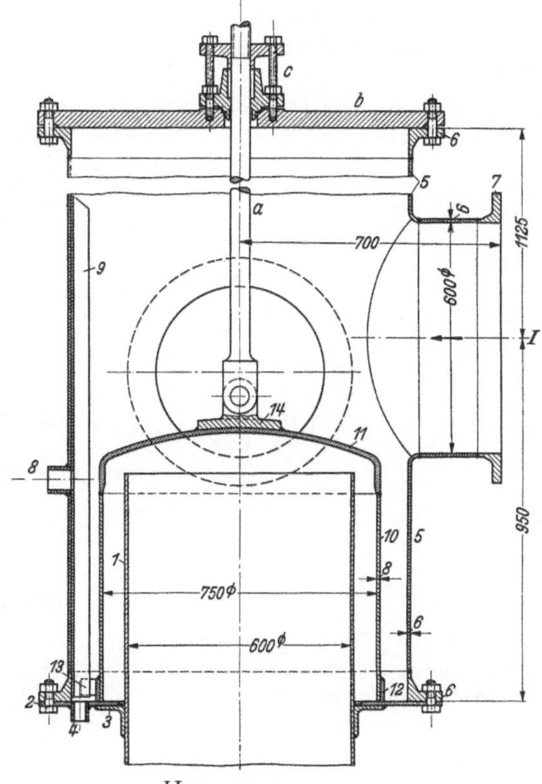

Abb. 421.

6. Absperrorgane.

Von den verschiedenen Absperrorganen werden **Ventile und Schieber mit größerer lichter Weite**, sowie Rückschlag- und Drosselklappen in neuerer Zeit geschweißt ausgeführt. Die Abb. 421 u. 422 zeigen ein Eckventil für eine Gasleitung und einen Absperrschieber für eine Wasserkraftanlage.

Abb. 421. Eckventil von 600 mm l. W. für eine Gasleitung. (Franz Seiffert & Co., Berlin.)
I = Gaseintritt, *II* = Gasaustritt in den Krümmer Abb. 414 S. 103.

Teile der Schweißkonstruktion:

1 = Mit dem Krümmer verschweißter Austrittsstutzen, *2* = Flansch, *3* = Winkelring, *4* = Entwässerungsstutzen, *5* = Mantel, *6* = Stahlgußflanschen, *7* = Stahlgußflansch zum Eintrittsstutzen; *8* = Entlüftungsstutzen; *9* = zwei Winkeleisen zur Ventilführung; *10* = Mantel der Ventilglocke; *11* = gewölbter Boden, am Mantel 10 angeschweißt; *12* = Sitzverstärkung; *13* = Führungslappen, am Unterteil der Ventilglocke angeschweißt; *14* = Gelenkstück, Anschluß für die Ventilspindel.

a = Ventilspindel; *b* = Ventildeckel; *c* = Stopfbüchse zum Abdichten der Spindel.

Abb. 422 u. 423. Absperrschieber für eine Wasserkraftanlage. (J. M. Voith, Heidenheim a. d. Brenz.)

Liste der geschweißten Teile:

a) Gehäuse (Unterteil): *1* = Stirnwände; *2* = Seitenwände; *3* = gewölbter Boden; *4* = Fußplatten; *5* = oberer Flansch (für den Anschluß der Brücke); *6* = Aussteifungsrippen; *7* = Stutzen; *8* = Flanschen zu den Stutzen; *9* = Dichtungsring; *10* = Führungsstück für den Schieber.

b) Schieber: *11* = gewölbte Platte mit angeschweißtem Dichtungsring; *11'* = Höchststellung

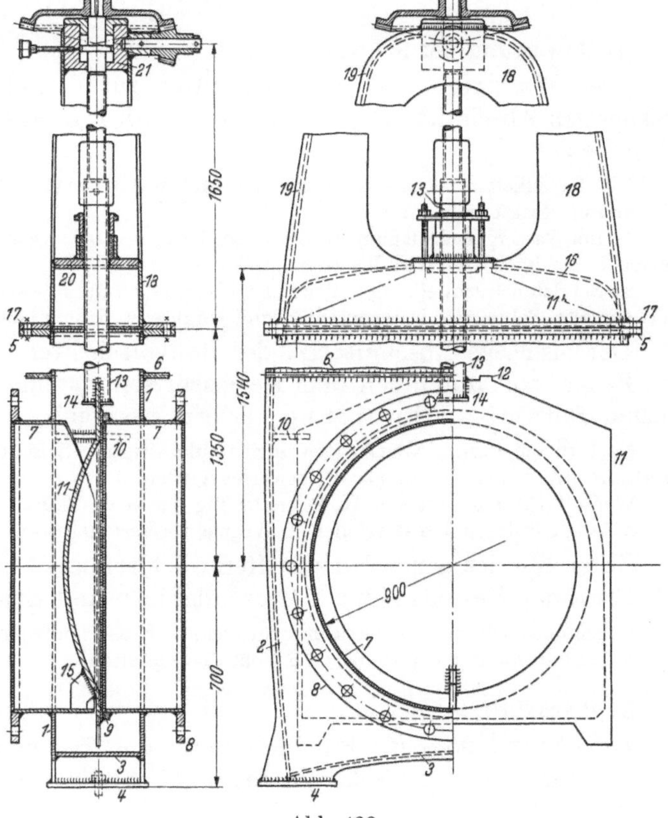

Abb. 422.

des Schiebers; *12* = Anschläge an der Schieberplatte (obere Hubbegrenzung); *13* = Führungsrohr; *14* = Verschlußplatte des Führungsrohres; *15* = Anschlag zum Aufsetzen des Schiebers (untere Hubbegrenzung).

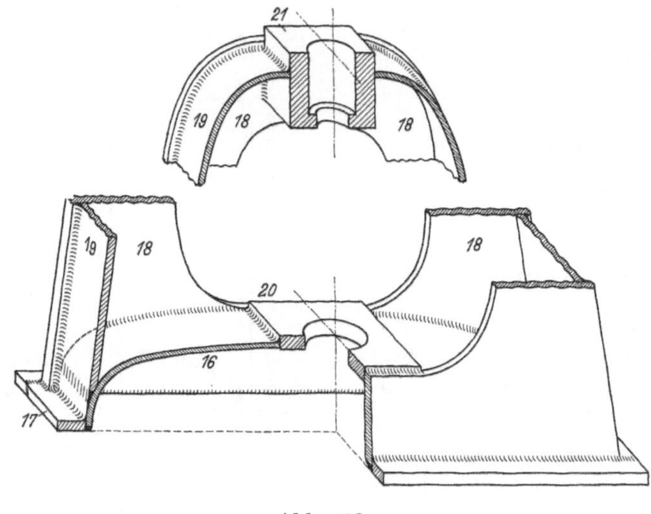

Abb. 423.

c) Brücke (Oberteil): *16* = Deckelplatte; *17* = Flansch für den Anschluß an das Gehäuse; *18* = Stirnwände; *19* = Seitenwände; *20* = Führungsstück; *21* = Lagerkörper.
Werkstoff der Schweißkonstruktion: St 37 (L).

G. Dampfkessel und Behälter.

1. Dampfkessel.

a) Bewertung der Schweißnähte.

Die „Werkstoff- und Bauvorschriften für Landdampfkessel" enthalten in dem bisherigen Abschnitt III „Schweißung und Bearbeitung im Feuer" folgende Angaben:

Die Festigkeit von Schweißnähten darf mit nachstehendem Güteverhältnis v (s. Gl. 16 S. 107) in Rechnung gesetzt werden:

1. Bei Wassergasschweißung in der Regel bis zu $v = 0,7$; wenn Leistungsfähigkeit durch besondere Versuche nachgewiesen wird bis zu $v = 0,9$.

2. Bei Schmelzschweißung in der Regel bis zu $v = 0,5$; in Ausnahmefällen bis zu $v = 0,55$; bei durch sachgemäßes Schmieden in erneuter Rotglut vergüteten Schmelzschweißungen bis zu $v = 0,65$.

Der bisherige Abschnitt III der Bauvorschriften „Schweißung und Bearbeitung im Feuer" soll durch den dem Reichswirtschaftsminister zur Annahme empfohlenen neuen Entwurf „Schweißung" ersetzt werden [1].

Nach diesen neuen Vorschriften dürfen zukünftig die Schweißnähte unabhängig von der Art des Verfahrens allgemein bis zu $v = 0,7$ bewertet werden.

Wenn darüber hinaus eine Höherbewertung bis zu $v = 0,9$ verlangt wird, „so ist der Nachweis der Zuverlässigkeit durch den Hersteller im Wege einer Verfahrensprüfung zu erbringen".

Ziffer B 4 der neuen Vorschriften „Schweißung" enthält ferner Angaben für das Glühen der Kesseltrommeln (Normalglühen und Spannungsfreiglühen).

Ungeglühte Schweißungen sind nur für kleinere Kessel (Betriebsdruck bis 8 atü) zulässig. Das Güteverhältnis darf dann den Wert $v = 0,5$ nicht überschreiten.

b) Werkstoff.

1. Statische Festigkeit. Für die Mäntel und Böden der Kesseltrommeln kommen vier Sorten Flußstahlbleche (unlegierter Flußstahl zur Verwendung:

[1] Vigener, K.: Die neuen Vorschriften für geschweißte Dampfkessel. Z. VDI 1936 S. 1217.

Sorte I: $\sigma_B = 35$ bis 44 kg/mm²;[1] $\delta_{10} = 27$ bis 22%;
„ II: $\sigma_B = 41$ „ 50 kg/mm²; $\delta_{10} = 25$ „ 20%;
„ III: $\delta_B = 44$ „ 53 kg/mm²; $\sigma_{10} = 22$ „ 20%;
„ IV: $\sigma_B = 47$ „ 56 kg/mm²; $\delta_{10} = 20\%$.

Bei Hochleistungskesseln sind die Bleche der Alterungsgefahr ausgesetzt. Für diese Kessel werden daher Stähle verwendet, die auch nach vorgenommener Kaltreckung und Anlassen auf 200—300° noch eine gute Kerbzähigkeit aufweisen. Sorten alterungsgeringer Stähle: III und IV. An legierten Stählen werden im Kesselbau verwendet: Molybdänstahl (Sorte I und II) und Kupfer-Molybdänstahl (Sorte II bis IV). Bei hohen Temperaturen (>350°) ist die Warmstreckgrenze und Dauerstandfestigkeit zu beachten.

2. Dauerfestigkeit. Zahlreiche in neuerer Zeit vorgenommenen Versuche über die Dauerfestigkeit von Werkstoffen und deren Verbindungen erfordern auch für den Kesselbau Beachtung [2].

Abb. 424. Dauerzugversuche an Schweißungen von Flußstahlblech. (Jul. Pintsch, Fürstenwalde.) Zugfestigkeit: $\sigma_B = 35$ kg/mm²; Streckgrenze: $\sigma_S = 20$—21 kg/mm². I = Belastungszahlen des Grundwerkstoffes. II = Belastungszahlen der Schweißnähte (X-Nähte); Raupen auf Blechdicke abgeschliffen. III = Belastungszahlen der gleichen Schweißnähte; Raupen nicht abgeschliffen.

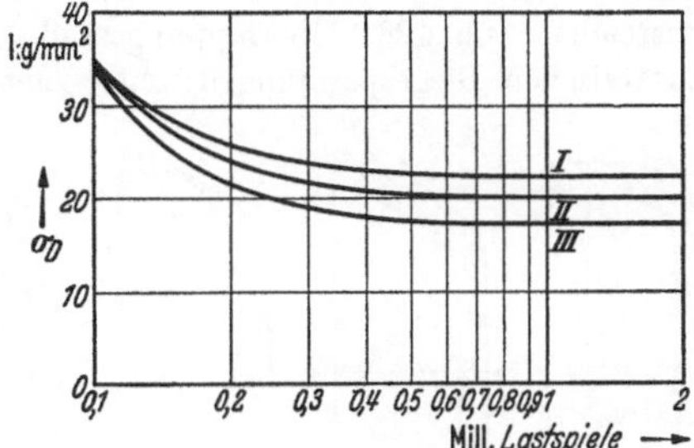

Abb. 424.

Die bei diesen Versuchen angewendete stark und häufig wechselnde Belastung liegt jedoch im Kesselbau im allgemeinen nicht vor. Die Beanspruchung in den Schweißnähten der Kesseltrommeln wechselt nur in geringem Maße und selten und liegt daher der statischen Beanspruchung näher.

Auch jene Werkstoffbeanspruchungen, die durch Temperaturveränderungen hervorgerufen werden, sind bei Kesseltrommeln nicht mit einer so hohen Lastwechselzahl zu erwarten, daß Rißbildungen eingeleitet werden.

Versuche von Moore haben gezeigt, daß die bei den Kesseltrommeln vorhandenen Bohrungen, Stutzen und Mannlöcher die Dauerfestigkeit des Werkstoffes stark herabsetzen. Durch diese Querschnittsänderungen wird der Kraftlinienfluß abgelenkt und es treten Spannungsspitzen auf, die schädlicher sind als geringe Fehlstellen in den Schweißnähten und an deren Oberfläche. Über Verstärkungen an diesen Stellen siehe S. 108.

c) Berechnung.

1. Blechdicke. Für die Berechnung ist nachstehende Gleichung maßgebend:

$$s = \frac{D \cdot p \cdot x}{200 \cdot K_z \cdot v} + 1 \text{ [mm]}. \quad (16)$$

Es bezeichnen D den Innendurchmesser des Kesselmantels in mm, p den Betriebsdruck in kg/cm², x einen Zahlenwert (für geschweißte Nähte: $x = 4{,}25$), v das Verhältnis der Mindestfestigkeit der Längsnaht zur Zugfestigkeit des vollen Bleches (Festigkeitsverhältnis v für geschweißte Nähte s. S. 106) und K_z die Berechnungsfestigkeit der verwendeten Blechsorte in kg/mm². Für Korrosionen, Abrosten u. dgl. ist ein Zuschlag von 1 mm eingesetzt, der sich bei Blechdicken über 30 mm auf 0,5 mm ermäßigt und bei $s > 40$ mm fortfallen kann. Mit der Berechnung der Blechdicke (s) ist auch die Beanspruchung der Längsnaht festgelegt (Zugspannung: $\sigma_1 = \frac{Dp}{2s} \ldots$ kg/cm²). Eine Nachrechnung der Rundnähte erübrigt sich, da diese nur halb so hoch wie die Längsnaht beansprucht sind (Zugspannung: $\sigma_2 = \frac{Dp}{4 \cdot s} \ldots$ kg/cm²).

2. Dicke der Kesselböden. Die Dicke der Kesselböden wird nach den, in den Vorschriften enthaltenen Gleichungen berechnet, wobei zwischen Vollböden und Mannlochböden unterschieden wird.

Böden, deren Dicke größer als die Blechdicke ist, werden am Anschluß der Rundnaht auf die Blechdicke verjüngt.

[1] Die Berechnungsfestigkeit K_z (kg/mm²) des zu dem Mantel verwendeten Bleches ist bei Sorte I 36 kg/mm², bei den übrigen Sorten gleich den Mindestwerten von σ_B.

[2] Ulrich: Wechsel-Wasserdruckversuche (Ermüdungsversuche) an Kesseln mit ungesicherten und mit gesicherten hochwertigen Schweißnähten. Mitt. Ver. Großkesselbes. 1933 Sonderheft 42. Berlin: Julius Springer 1933.

d) Bauliche Einzelheiten und Anordnung der Schweißnähte.

1. Längsnähte. Die am höchsten beanspruchten Längsnähte werden je nach Blechdicke als gute (wurzelverschweißte) V- oder X-Nähte ausgeführt. Bei sehr großen Blechdicken verwendet man U- oder Doppel-U-Nähte [1] Nahtformen s. S. 13.

2. Rundnähte. Ihre Dicke wird gleich der der Längsnähte genommen, trotzdem sie theoretisch nur halb so hoch beansprucht sind. Ebenso ist die Nahtform die gleiche wie bei diesen.

Abb. 425—428. Anschluß von Böden an den Kesselmantel. Die Stumpfstöße Abb. 425—427 sind die allgemein üblichen. Diese Nähte sind außer ihrer Zugbeanspruchung noch zusätzlichen Biegebeanspruchungen durch die Krempen der Böden, durch die Gegendrücke der Widerlager und durch Spannungen infolge ungleicher Wärmedehnungen (bei öfterem Anheizen) ausgesetzt. Da die Sicherheitszahl (x) bei den Rundnähten doppelt so hoch als bei den Längsnähten ist, kann man annehmen, daß ihre Bemessung ausreicht. Abb. 428: Überlappungsstoß. Er ist bei den Längsnähten wegen der in ihm auftretenden zusätzlichen Biegespannungen ungeeignet. Für den Anschluß der Kesselböden ist er anwendbar, da infolge der Steifigkeit der Bodenwölbung die Biegespannungen hier geringer sind. Überlappungslänge $l = 4s—6s$ (je nach Blechdicke).

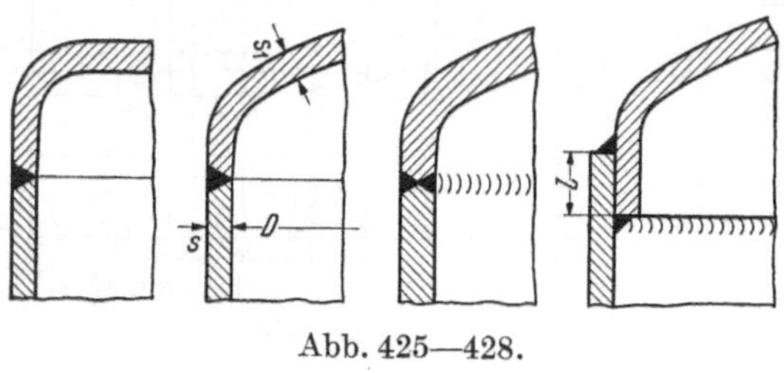

Abb. 425—428.

3. Randverstärkung von Mantelaussparungen. (Abb. 429—432.)

Abb. 429. Einfache Mannloch-Verstärkung.

Abb. 430. Das Mannloch liegt in der Längsnaht des Kesselmantels. Rand außen und innen verstärkt.

Abb. 431 u. 432. Verstärkung runder Mantelaussparungen.

Abb. 431. Verstärkung durch ein Rohrstück und einen Flacheisenrahmen.

Abb. 432 a u. b. Mantelausschnitt umgebördelt und verstärkt. Ausführung gut, aber teuer.

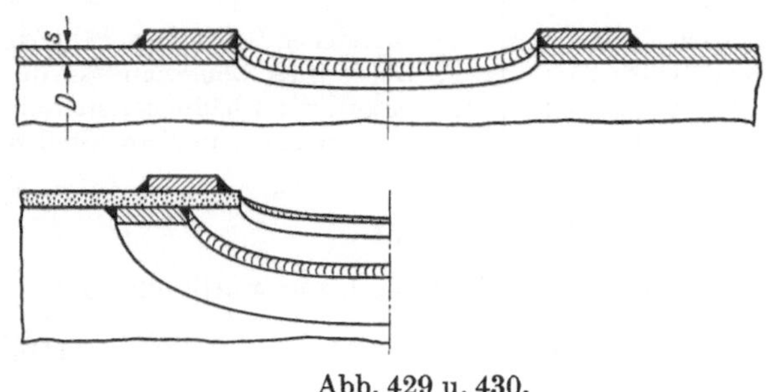

Abb. 429 u. 430.

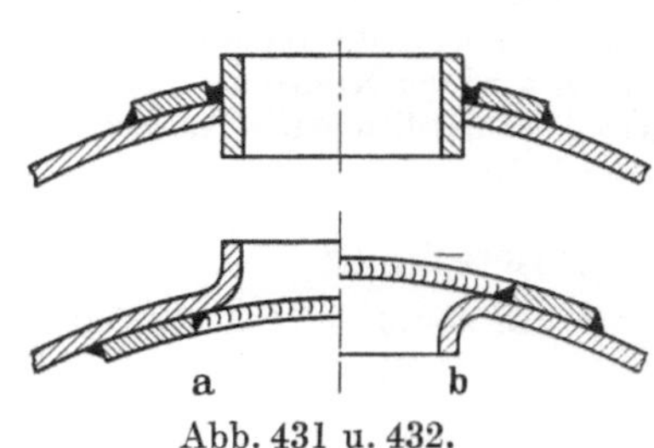

Abb. 431 u. 432.

4. Befestigung von Dampfdomen. (Abb. 433—435.)

Abb. 433. Der Dommantel ist unten umgebördelt und mit dem Kesselmantel verschweißt. Randverstärkung durch einen Ring aus Flachstahl.

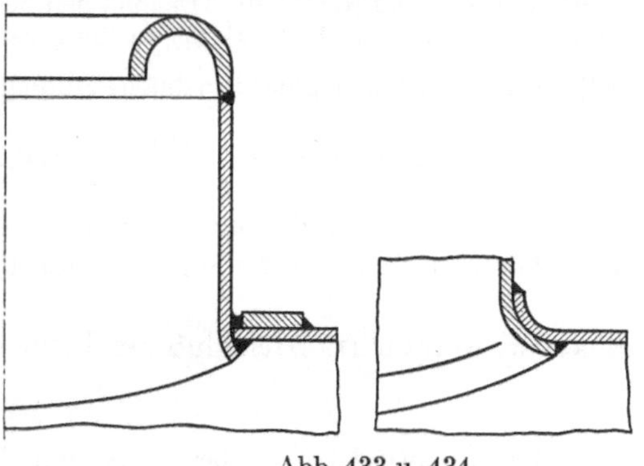
Abb. 433 u. 434.

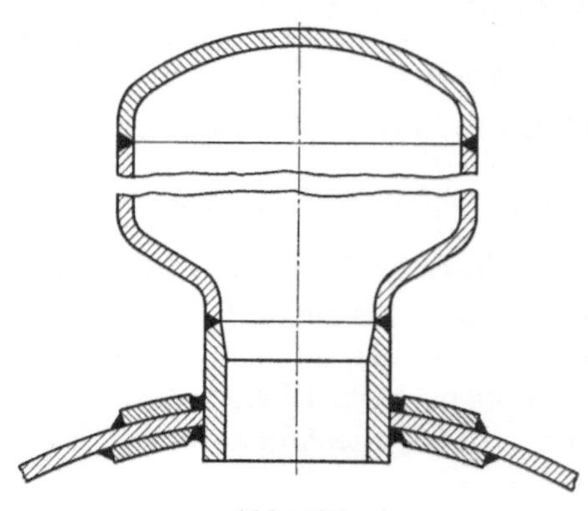
Abb. 435.

[1] In den „alten“ Vorschriften wird die Verstärkung der auf Zug beanspruchten Nähte durch Laschen verlangt. In den neuen Vorschriften ist diese Bestimmung nicht mehr enthalten, da man die Nachteile derartiger Laschen, namentlich bei Schwingungsbeanspruchung, erkannt hat.

Abb. 434. Kessel- und Dommantel sind umgebördelt und durch zwei Kehlnähte verbunden.

Abb. 435. Flaschenartiger Dom für einen Flammrohrkessel von 13 kg/cm² Betriebsdruck. Durch den engen Ausschnitt wird der Kesselmantel weniger geschwächt. (Nach einem Vorschlag von Höhn. Vgl. Höhn: Schweißverbindungen im Kessel- und Behälterbau. Berlin: Julius Springer 1935.)

5. Sonstige Einzelheiten. Abb. 436—441.

Bei kleinen stehenden Kesseln (mit Feuerbüchse und Querrohren) sind gewölbte Böden beim Anschluß an das Rauchrohr (Abb 436) zu vermeiden, da die Verbindung zu starr ist und zu Brüchen in der Naht zwischen Feuerbüchse und Rauchrohr geführt hat. Bei der Ausführung mit flachen Böden (Abb. 437) können beide Böden federn, so daß keine Bruchgefahr mehr vorhanden ist.

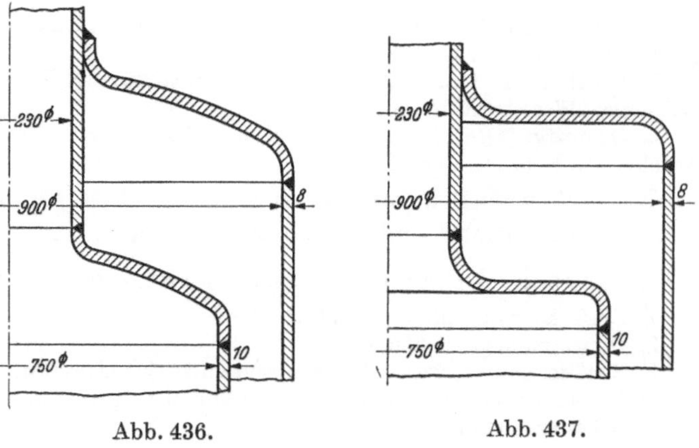

Abb. 436. Abb. 437.

Abb. 438. Schweißanschluß am Schürloch eines stehenden Kessels mit Querrohren.

Abb. 439. Anschluß der Querrohre an den Feuerbüchsmantel.

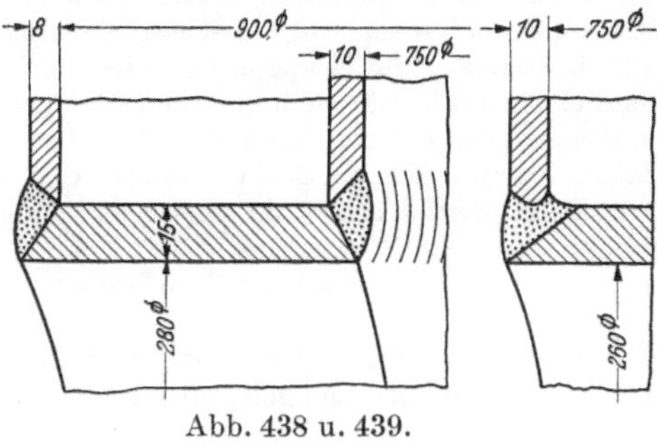

Abb. 438 u. 439.

Bei der Stützung stehender Kessel (und Behälter) ist darauf zu achten, daß durch das Anschweißen der Stützen und durch den Stützdruck keine gefährlichen Spannungen entstehen. Die Stützen nach Abb. 440 sind am Kesselmantel befestigt. Als Stützung von stehenden Behältern dient vielfach ein am Unterboden angeschweißter Ring (Abb. 443 S. 111). Hohe stehende Behälter werden seitlich mittels eines angeschweißten Ringes (Abb. 441) oder mit Hilfe von Pratzen (Abb. 187—190 S. 48) abgestützt.

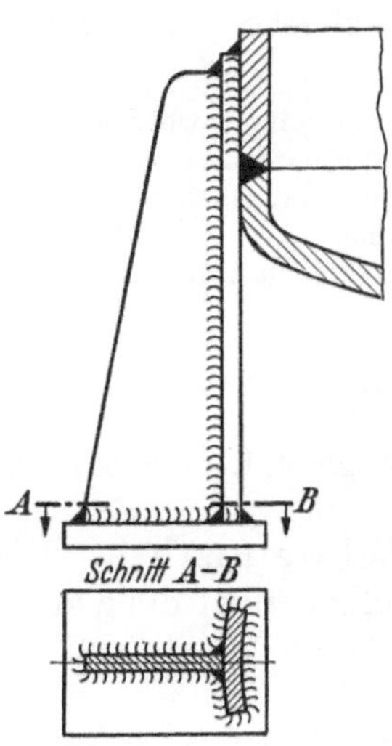

Abb. 441.

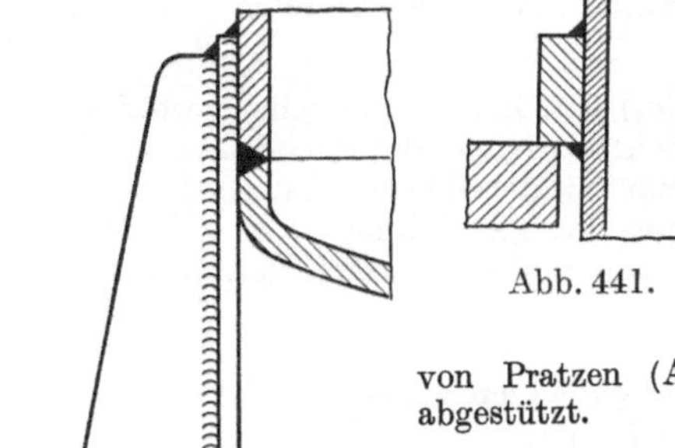

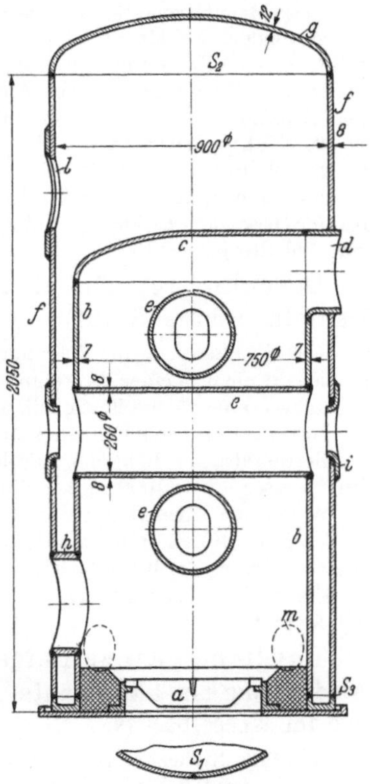

Abb. 440.

Abb. 442. Ausführungsbeispiel. Stehender Quersiederkessel mit seitlichem Rauchabzugrohr (Eisenwerk Theodor Loos, G. m. b. H., Gunzenhausen). Heizfläche = 5,2 m²; Rostfläche = 0,2 m²; Betriebsdruck = 7 atü.

a = Rost; b = Feuerbüchse; c = Feuerbuchsboden; d = an c angeschweißtes Rauchabzugrohr; e = Querrohre (Schweißanschluß an die Feuerbüchse (s. Abb. 439); f = Kesselmantel; g = Kesselboden; S_1 = Längsnaht des Mantels; S_2 obere Quernaht; h = Verbindung des Kesselmantels und der Feuerbüchse am Schürloch) Schweißanschluß (s. Abb. 438); S_3 = untere Quernaht; i = Mantelverstärkung an den Reinigungsöffnungen der Querrohre; l = Mannloch; m = Schlammlöcher.

Abb. 442.

2. Behälter.

a) Geschlossene Behälter.

Verwendungszweck. In der Industrie (besonders in der chemischen) werden zahlreiche Behälter und behälterartige Apparate verwendet, deren Werkstoff und Bauart vom Betriebszweck abhängt.

Je nach Art ihrer Füllung unterscheidet man:

1. Behälter für Flüssigkeiten (Benzin, Öl, Säuren, Laugen u. dgl., Zellstoffkocher, Imprägniergefäße, Kühlgefäße, Warmwasserbereiter u. a.).
2. Behälter für Gase und Dämpfe (Luftbehälter, Gasbehälter, Großbehälter für Leuchtgas, Wassergas, Wasserstoff u. a.).
3. Dampfgefäße, (Dampffässer) wie Braupfannen, Dekatier-, Vulkanisier- und Härtekessel, Autoklaven, Henzedämpfer u. a.

Nach dem Druck unterscheidet man Behälter mit geringem Innendruck, mit hohem Innendruck [1] und mit Unterdruck (Vacuum).

Bauarten. In baulicher Hinsicht unterscheidet man:

1. Einfache zylindrische Behälter.
2. Doppelwandige Behälter.
3. Behälter mit Rohren. a) mit Innenrohren (Kondensatoren, Kühler, Warmwasserbereiter u. a.); b) mit Außenrohren (Rohrschlangen) wie Verdampfer, Kühler u. a.
4. Behälter mit Rührwerken u. a.

Werkstoffe.

1. Stahl. St 37 ist für Behälter, die keinem großen Druck, keiner hohen Temperatur sowie keinen chemischen Einflüssen ausgesetzt sind, ausreichend. Behälter, die unter hohem Druck, insbesondere unter Dampfdruck stehen, werden aus Kesselblech I—IV (s. S. 107) hergestellt. Für Temperaturen über 500° C sind besondere hitzebeständige Stähle (Chrom- und Chrommolybdänstähle, Chromaluminiumstähle u. a.) zu verwenden. Behälter für Laugen, Salzlösungen, Säuren usw. werden aus rostsicheren Stählen hergestellt. Um an *VA*-Stählen zu sparen, werden in neuerer Zeit unlegierte, mit *VA*-Stahl plattierte Bleche verwendet. Zum Schutze gegen Anfressungen durch Säuren u. dgl. werden aus Stahl gefertigte Gefäße und Behälter auch mit Blei, Gummi oder Kunstharzen ausgekleidet.

2. Nichteisenmetalle. Wegen ihrer Beständigkeit gegen verschiedene chemische Einflüsse werden sie im Behälterbau in umfangreichem Maße verwendet.

Es kommen hauptsächlich folgende Metalle in Frage: Reinaluminium und Aluminiumlegierungen, Kupfer (besonders Elektrolytkupfer) und Kupferlegierungen, Blei, Reinnickel und gelegentlich (für kleinere Behälter) Reinsilber.

Berechnung. Die Berechnung ist im wesentlichen die gleiche wie bei den Dampfkesseln (s. S. 107).

Zur Verminderung der Spannung in den Längsnähten (σ_1) sind Behälter ausgeführt worden, deren Längsnaht nicht in einer Mantellinie liegt, sondern schraubenförmig angeordnet ist[2]. Derartige Nähte haben zwar eine höhere Festigkeit, sind jedoch bedeutend teurer als die einfachen Längsnähte.

Beispiel. Berechnung eines stehenden Druckluftbehälters von 1,8 m³ Inhalt.

Betriebsdruck: 10 kg/cm²; Probedruck: 16 kg/cm². Gestaltung des Kessels nach Abb. 443. Kesseldurchmesser: $D = 1000$ mm; Schußlänge: $l = 2000$ mm.

Werkstoff: Kesselblech Sorte I. $K_z = 36$ kg/cm².

Nach Gl. (16), S. 107 mit $x = 4{,}25$, $v = 0{,}7$ und einem Zuschlag von 1 mm wird die Blechdicke $s = 10$ mm. Die Berechnung der Kesselböden ergibt eine Blechdicke $s_1 = 12$ mm.

Vorhandene Zugspannung in der Längsnaht beim Betriebsdruck: $\sigma_2 = 500$ kg/cm², beim Probedruck: 800 kg/cm².

Bauliche Einzelheiten und Anordnung der Schweißnähte. Die Ausführung der Längsnähte, Rundnähte und der meisten Einzelheiten ist die gleiche wie im Kesselbau (s. S. 108).

Abb. 443. Stehender Druckluftbehälter.

I = Lufteintritt; *II* = Druckluftaustritt; *III* = Anschluß für das Sicherheitsventil; *IV* = Wasserablaß.

---

[1] Für Bau, Ausrüstung, Aufstellung und Überwachung von Behältern, die unter Dampfdruck stehen, sind die „Bestimmungen für Dampffässer" maßgebend.

[2] Dörrscheidt: Die Beanspruchung schraubenförmiger Schweißnähte an zylindrischen Gefäßen. Wärme (1932) S. 661.

Abb. 444—447 zeigen die Gestaltung doppelwandiger Behälter mit Dampfmantel).

Abb. 444. Doppelwandiger Behälter, Verbindung bei A durch eine Kehlnaht.

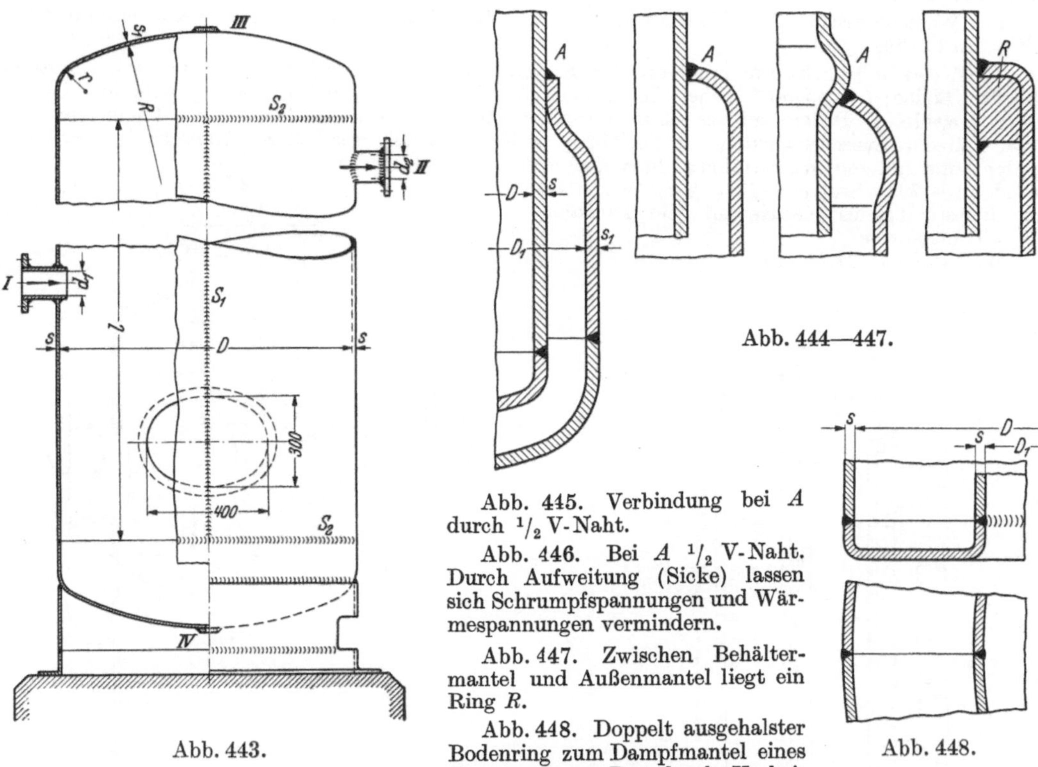

Abb. 443.

Abb. 444—447.

Abb. 445. Verbindung bei A durch $^1/_2$ V-Naht.

Abb. 446. Bei A $^1/_2$ V-Naht. Durch Aufweitung (Sicke) lassen sich Schrumpfspannungen und Wärmespannungen vermindern.

Abb. 447. Zwischen Behältermantel und Außenmantel liegt ein Ring R.

Abb. 448.

Abb. 448. Doppelt ausgehalster Bodenring zum Dampfmantel eines Gasgenerators. Der durch Vorbeigleiten der Schlacke starker Abnutzung unterworfene Boden ist aus verschleißfesterem Werkstoff hergestellt. Durch gleichmäßige Wanddicken werden Wärmestauungen vermieden.

Das Einschweißen von Heiz- oder Kühlröhren in die Behälterböden geschieht nach Abb. 411 u. 412 S. 103, das Anschweißen von Rohrschlangen an die Behältermäntel nach Abb. 413 S. 103.

Abb. 449—452: Ausführungen abnehmbarer Behälterdeckel.

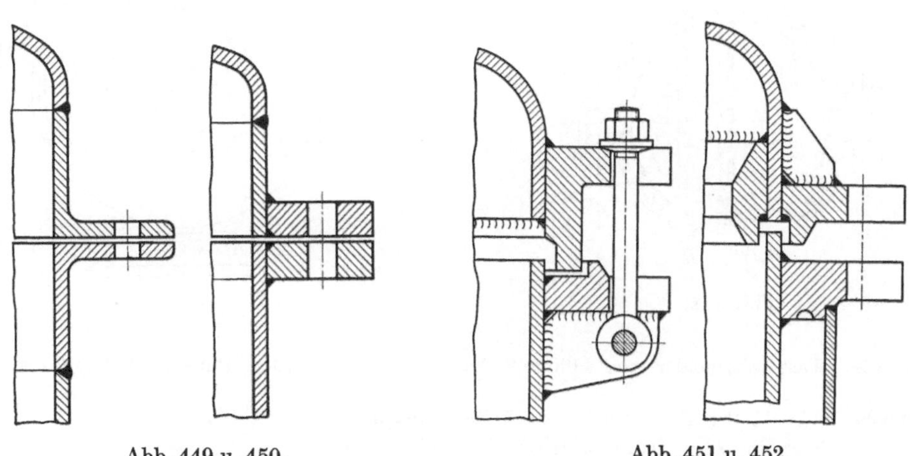

Abb. 449 u. 450.

Abb. 451 u. 452.

Abb. 449. An den Mantel und den oberen Boden sind ringförmig gebogene Winkelstahlringe angeschweißt, die als Flanschen dienen.

Abb. 450. Die Flanschen sind hier angeschweißte Flachstahlringe.

Abb. 451. Behälterverschluß mit Dichtungsrille und umklappbaren Augenschrauben.

Abb. 452. Deckelverschluß für einen Behälter mit Dampfmantel.

Ausführungsbeispiele.

Abb. 453. Heizwasserkessel von 520 mm Durchmesser und 3000 mm Höhe (Krauß & Comp.-I. A. Maffei, Akt.-Ges., München).

I = Wassereintritt; *I'* = Wasseraustritt; *II—II* = Dampfeintritt; *III* = Kondensataustritt; *IV* = Entlüftung.

Teile der Schweißkonstruktion: *1* = Kesselmantel; *2* = oberer (gewölbter) Boden; *3* = unterer (flacher) Boden; *4* = oberer (flacher) Innenboden; *5* = Wasserrohre, in *3* bzw. *4* eingeschweißt; *6* = innerer (gewölbter) Boden, mittels eines angeschweißten Flansches an dem Deckel *4* angeschraubt; *7* = senkrechte Zwischenwand, am Boden *3* bzw. am Kesselmantel befestigt; *8* = Flansch; *9* = gewölbter Boden zum unteren Wasserraum; *10* = Zwischenwand; *11—13* = Stutzen; *14* = Ring mit Flansch zur Befestigung des Kessels auf dem Fundament; *15* = Transportöse.

Werkstoff: St 37.21 (L).

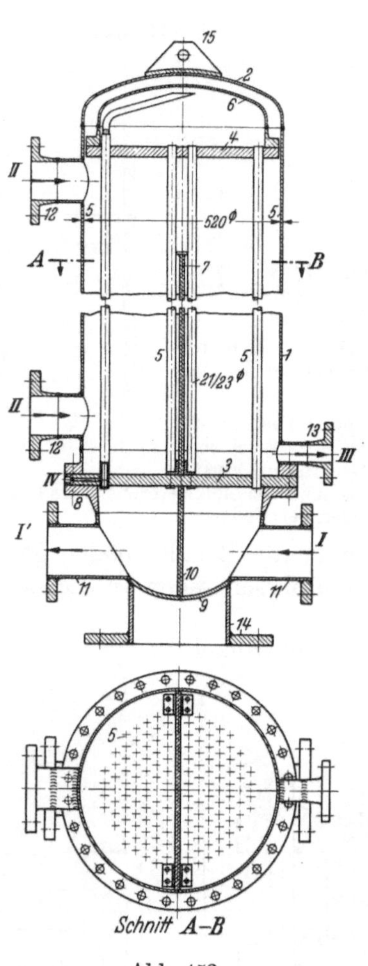

Abb. 453.

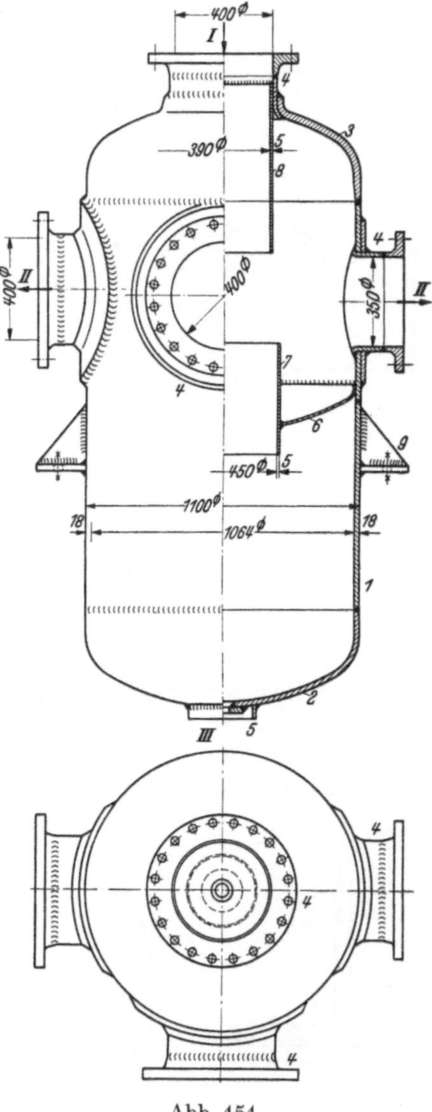

Abb. 454.

Abb. 454. Wasserabscheider von 1100 mm Außendurchmesser (Jul. Pintsch, A.-G., Fürstenwalde-Spree).

Betriebsdruck: 16 atü; Probedruck: 32 atü; Betriebstemperatur: 400° C.

I = Dampfeintritt; *II* = Dampfaustritt; *III* = Wasserablaß.

Teile der Schweißkonstruktion: *1* = Mantel; *2* = unterer, *3* = oberer Boden; *4* = Stutzen; *5* = Verstärkungsring; *6* = Innenboden; *7* = Rohr, im Innenboden eingeschweißt; *8* = Rohr, am oberen Stutzen eingeschweißt; *9* = Pratzen.

Der Mantel ist durch eine V-Naht stumpf gestoßen. Am Ansatz der Stutzen ist die Wandstärke von *1* durch aufgeschweißte Ringe verstärkt. Die Böden *2* und *3* sind tief gewölbt (Pintschform). Der Innenboden *6* hat an seiner tiefsten Stelle Löcher für den Ablauf des niedergeschlagenen Wassers.

b) Offene Behälter und Gefäße.

1. Flüssigkeitsbehälter.

Flüssigkeitsbehälter werden bis zu den größten Abmessungen geschweißt. Sie sind meist nur einem geringen Druck ausgesetzt und müssen vor allem dicht sein, was bei der geschweißten Ausführung leichter als bei der genieteten erreicht wird.

Kleinere, untergeordneten Zwecken dienende rechteckige Behälter erhalten scharfe Kanten. Größere rechteckige Wasserbehälter werden mit abgerundeten Kanten ausgeführt. Die Zahl der Blechstöße (Stumpfnähte) wird durch Verwendung größerer Blechtafeln, die an den Ecken rund gebogen werden, beschränkt. Anschluß des Bodens nach Abb. 143—145 S. 40.

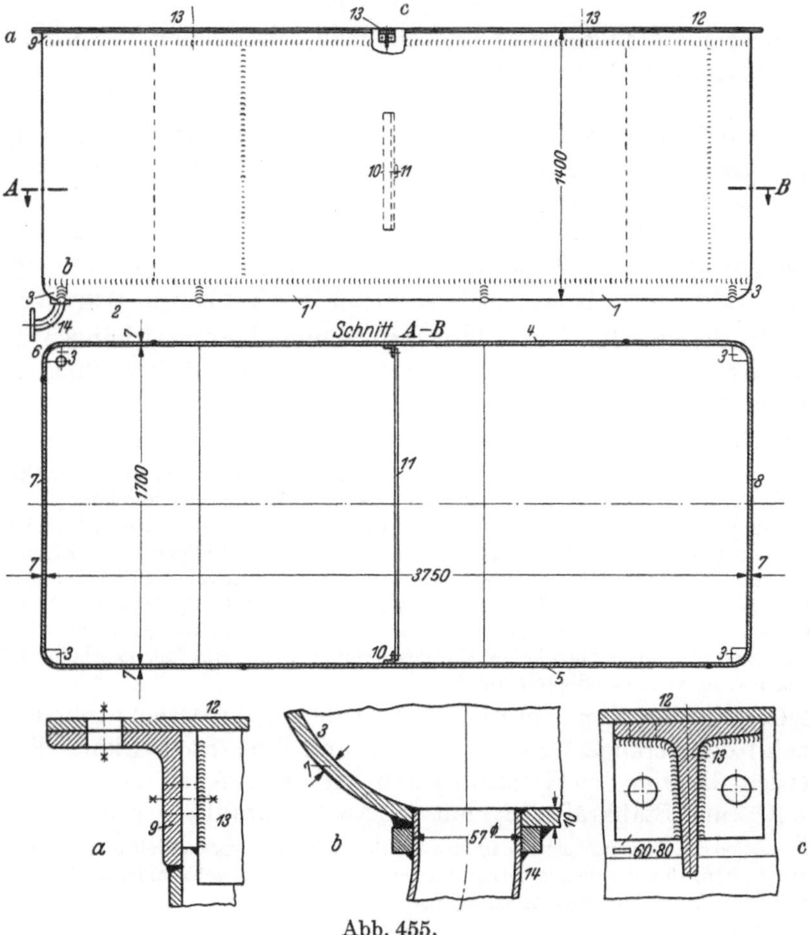

Abb. 455.

Randversteifung und Querversteifungen der Behälter durch Flachstahl oder Winkelstahl (Abb. 455a).

Schweißanschlüsse von Stutzen und Krümmern für den Wasserzu- und -ablauf s. Abb. 455b.

Abb. 455. Wasserbehälter von ~ 9 m³ Inhalt (Krauß & Comp.-I. A. Maffei, A.-G., München). Lichte Länge: 3750 mm; Breite: 1700 mm; Höhe: 1400 mm.

Teile der Schweißkonstrktion: *1, 1'* und *2* = an den Kanten abgerundete Bodenbleche (10 mm); *3* = kalottenförmige Eckstücke (7 mm); *4* und *5* = glatte Wandbleche (7 mm dick); *6* bis *8* = an den Ecken gebogene Wandbleche; *9* = Winkel für die Randversteifung; *10* = Winkel, *11* = Flacheisen zur Querversteifung; *12* dreiteiliger Blechdeckel; *13* = T-Eisen zur Randversteifung und Auflage des Blechdeckels; *14* = Ablaufkrümmer (die Stutzen für Wasserzu- und -abführung sind nicht eingezeichnet).

Anschluß der kalottenförmigen Bodenecken (*3*) an die Boden- und Seitenbleche nach Abb. 145 S. 40. Der Randwinkel (*9*) ist durch eine halbe V-Naht mit den Behälterwänden verbunden (Abb. 455a). Die T-Eisen *13* sind an den Enden mit Flacheisen verschweißt, die mit den Randwinkeln *9* verschraubt sind (Abb. 455c). Der Schweißanschluß des Ablaufkrümmers (Abb. 455b) ist durch einen Ring verstärkt.

Werkstoff: St 37.11, St 37.12 und St 37.21 (L).

2. Sonstige Behälter.

Schmelzpfannen, Verzinkungspfannen, Hochbehälter (Bunker) für Schüttgüter, Fördergefäße für Schüttgüter (Kippkübel, Klappgefäße, Schürfkübel und Selbstgreifer). Näheres im Sonder-Schrifttum.

H. Stahltragwerke der Krane.

1. Berechnungsgrundlagen.

a) Allgemeines.

Maßgebend für die Berechnung und bauliche Durchbildung sind die „Berechnungsgrundlagen für Stahlbauteile von Kranen und Kranbahnen" (DIN 120) [1].

Diese Vorschriften sind z. Zt. noch auf das Nieten eingestellt und enthalten keine Angaben für die Berechnung der Schweißverbindungen. Für geschweißte Bauteile ist die Berechnung der Bauglieder die gleiche wie für genietete. Zur Berechnung und Ausführung der Schweißverbindungen sind — bis zur weiteren Regelung — die Vorschriften für geschweißte Stahlbauten" (DIN 4100) sinngemäß anzuwenden.

1. Belastungen. An Belastungen kommen im Kranbau in Betracht:

a) Hauptkräfte (ständige Last, Verkehrslast und Wärmewirkungen);

b) Zusatzkräfte (Winddruck, Bremskräfte aus der Fahrbewegung und waagerechte Seitenkräfte).

2. Stoßzahl, Ausgleichzahl und Wechselbeanspruchung.

a) Stoßzahl. Ist das zu berechnende Stahltragwerk fahr- oder drehbar, so verursachen die Eigengewichte (ständige Last) im Zusammenhang mit den aus der Bewegung herrührenden Stößen keine rein ruhenden Spannungen. Damit nun diese aus der ständigen Last sich ergebenden Spannungen mit denen für ruhende Belastung sich vergleichen lassen, werden die von der ständigen Last (Eigengewicht) herrührenden Momente (M_g), Querkräfte (Q_g) und Stabkräfte (S_g) mit einer von der Eigenfahrgeschwindigkeit abhängigen Stoßzahl φ vervielfacht. Für ruhende Stahltragwerke ist die Stoßzahl $\varphi = 1$; für Eigenfahrgeschwindigkeiten bis 60 m/min ist $\varphi = 1{,}1$ und für Eigenfahrgeschwindigkeiten über 60 m/min ist $\varphi = 1{,}2$ einzuführen. Haben die Laufschienen keine oder geschweißte Schienenstöße, so erhöht sich die für die Stoßzahl φ zugelassene Geschwindigkeit um 50%.

b) Ausgleichszahl ψ. Um dem Einfluß der häufigen Wiederholungen der Belastung (Lastspielzahl) der veränderlichen Lastgröße und ihrer Stoßwirkung Rechnung zu tragen, werden die von den Verkehrslasten hervorgerufenen Biegemomente (M_p), Querkräfte (Q_p) und Stabkräfte (S_p) mit der Ausgleichzahl ψ vervielfacht.

Hierdurch werden die Belastungskräfte in ideelle ruhende Kräfte verwandelt und die mit ihnen ermittelten Spannungen können wie ruhende betrachtet werden. Die Ausgleichzahl ist nach den vier Gruppen der Krane nach der Schwere der Arbeitsbedingungen abgestuft.

Gruppe	I	II	III	IV
Ausgleichszahl	$\psi = 1{,}2$	1,4	1,6	1,9

Werkstätten- und Lagerplatzkrane großer Tragkraft fallen z. B. in die Gruppe II, solche kleiner Tragkraft in die Gruppen II und III. (Krane kleiner Tragkraft werden häufiger überanstrengt und stoßweise belastet.)

c) Wechselbeanspruchung (DIN 120 S 7). Wechselt in einem Querschnitt die von der ständigen Last und der Verkehrslast hervorgerufene Spannung ihr Vorzeichen, so ist bei Biegeträgern der zahlenmäßig größte Grenzwert $\max M_I = \varphi\, M_g + \psi\, M_p$ und bei Fachwerkstäben der Größtwert der Stabkraft $\max S_I = \varphi\, S_g + \psi\, S_p$ bei der Spannungsermittlung mit dem Schwingbeiwert γ zu vervielfachen (γ-Verfahren).

[1] Mit Runderlaß d. Preuß. Finanzministers vom 28. 12. 1936 und Erläuterungen, sowie Grundsätzen für die bauliche Durchbildung von Oberregierungsrat Wedler. Beilage zum „Zentralblatt der Bauverwaltung" 57. Jahrgang 1937, Heft 4. Ernst & Sohn, Berlin.

Inhalt: Einteilung der Krane (in vier Gruppen je nach Art und Schwere des Betriebes). — Belastungsannahmen. — Festigkeitsberechnung. — Zulässige Spannungen. — Bemessungsregeln. Aus dem Inhalt werden hier nur jene Abschnitte kurz angegeben, die unmittelbar mit der Beanspruchung der Schweißnähte zusammenhängen.

Der Beiwert γ ist von dem Verhältnis min M_I/max M_I bzw. min S_I/max S_I abhängig. Für den Schwellbereich (Spannung wechselt das Vorzeichen nicht) ist allgemein $\gamma = 1$. Für den Wechselbereich (Spannung wechselt das Vorzeichen) sind die γ-Werte für St 37 und St 52 in Abb. 456 zeichnerisch dargestellt. Die mit max M_I bzw. max S_I errechneten (gedachten) Spannungen dürfen zusammen mit etwaigen Spannungen aus Wärmewirkung die zulässige Spannung für den Belastungsfall *1* (s. unter 3) nicht überschreiten.

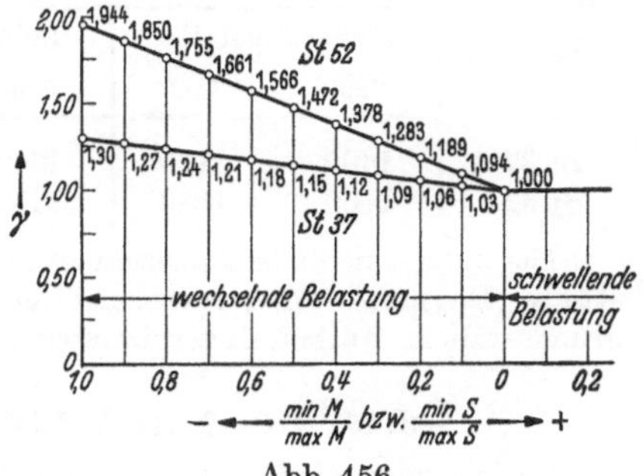

Abb. 456.
Schwingbeiwerte γ für ungestoßene Bauteile. Werkstoff: St 37 bzw. St 52.

3. Zulässige Spannungen.

Es sind folgende Belastungsfälle zu unterscheiden:

Belastungsfall 1: Es sind nur die Hauptkräfte (ständige Last, Verkehrslast und Wärmewirkungen) wirksam. Zur Verkehrslast zählen auch alle im Betrieb auftretenden Massenkräfte, gegebenenfalls auch Schrägzug der Last, jedoch nicht die Bremskräfte aus der Fahrbewegung.

Belastungsfall 2: Gleichzeitige ungünstigste Wirkung der Hauptkräfte und Zusatzkräfte (Winddruck, Bremskräfte aus der Fahrbewegung und waagerechte Seitenkräfte). Maßgebend für die Querschnittsermittlung ist der Belastungsfall, der den größten Querschnitt ergibt.

Abb. 457. Schaubild der zulässigen Spannungen $\sigma_{D\,zul}$ (Spannungsgehäuse nach Kommerell) für geschweißte vollwandige Eisenbahnbrücken aus St 37 [1].

Spannungswerte in kg/mm² (Zug +, Druck —).

Schaulinie A = Dauerfestigkeit des Werkstoffs.

Schaulinie B = desgl. der guten, wurzelverschweißten Stumpfnaht (V- und X-Naht).

Schaulinie Ia, Ib = ungestoßene Bauteile im Zug- und Druckgebiet.

Schaulinie IIa, IIb = gestoßene Bauteile im Zug- und Druckgebiet in der Nähe von Stumpfnähten und die Stumpfnähte selbst, wenn die Wurzeln nachgeschweißt und die Nähte bearbeitet sind. Zuggebiet: $\alpha = 0{,}8$; Druckgebiet: $\alpha = 1$.

Schaulinie $IIIa$, $IIIb$ = desgl. wenn die Wurzeln nicht nachgeschweißt werden.

Bei Schaulinie $IIIa$ ist $\alpha = 0{,}8$ nur für min M/max $M \geqq +0{,}29$;

Bei Schaulinie $IIIb$ ist $\alpha = 0{,}8$ nur für min M/max $M \geqq +0{,}11$.

Schaulinie IVa, IVb = zulässige Hauptspannungen nach der Formel:

$$\sigma = \frac{\sigma_I}{2} + \frac{1}{2}\sqrt{\sigma_I^2 + 4\tau_I^2}\,;$$

$\alpha = 1{,}1$.

Schaulinie Va, Vb = Bauteile in der Nähe von Stirnkehlnähten und am Beginn von Flankennähten; Stirnnahtübergänge und Flankenkehlnahtenden unbearbeitet.

$\alpha = 1{,}0$ nur für min M/max $M \geqq +0{,}29$.

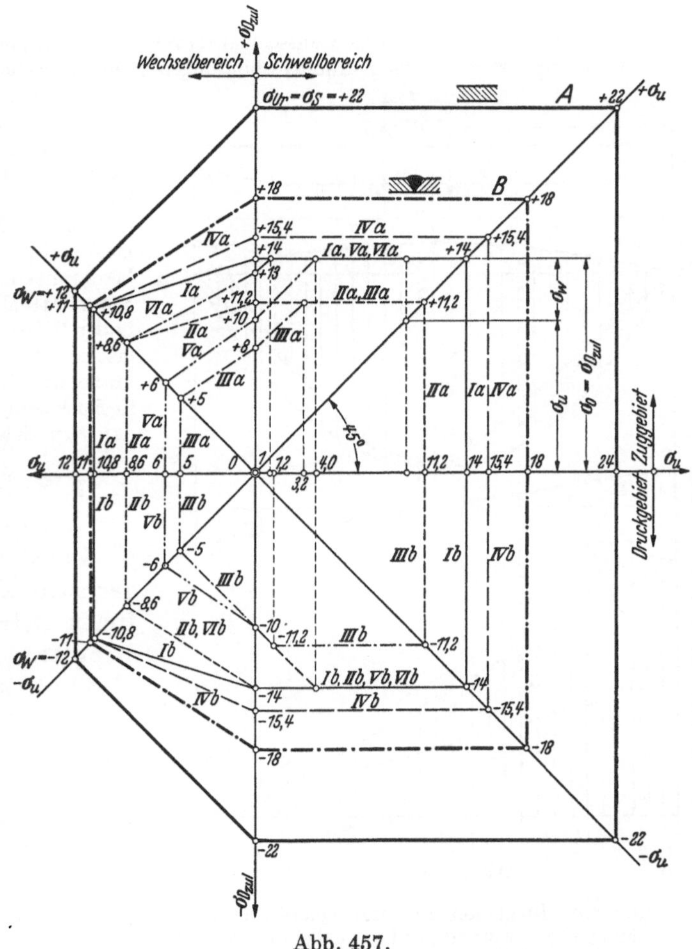

Abb. 457.

Schaulinie VIa, VIb = desgl. bei bester Bearbeitung der Stirnnahtübergänge und der Flankennahtenden.

Bei Schaulinie VIa ist $\alpha = 1$ nur bei min M/max $M \geqq +0{,}07$.

[1] Erläuterungen zu den Vorschriften für geschweißte Stahlbauten (II. Teil: Vollwandige Eisenbahnbrücken). 4. Aufl. Berlin: Ernst & Sohn 1934.

a) Zulässige Spannungen in nicht gestoßenen Bauteilen (Blech- u. Trägerquerschnitt). Bei vollwandigen Trägern, Fachwerken und Stützen sind folgende zulässige Spannungen festgelegt (DIN 120 S 13):

Tafel 6: Zulässige Spannungen in kg/cm².

Werkstoff	Belastungsfall 1		Belastungsfall 2	
	σ_{zul}	τ_{zul}	σ_{zul}	τ_{zul}
St 37	1400	1120	1600	1280
St 52	2100	1680	2400	1920

b) Zulässige Spannungen in den Schweißnähten von Vollwandträgern (Stegstoß, Gurtungsstoß, Halsnaht usw.) nach dem α-γ-Verfahren von Kommerell, das für vollwandige Eisenbahnbrücken aufgestellt ist und von der Reichsbahn auch für die Berechnung von Kranträgern und Kranbahnen angewendet wird.

Die unterschiedliche Dauerfestigkeit der verschiedenen Schweißnahtverbindungen wird durch Beiwerte (Formzahlen) α berücksichtigt, die in dem Spannungsgehäuse Abb. 457 eingetragen sind. Der grundsätzliche Aufbau dieser Darstellung wurde zuerst von Weyrauch angegeben.

2. Berechnung und bauliche Durchbildung der Laufkranträger.

Im folgenden werden nur die Hauptträger (Lastträger) der Laufkrane betrachtet. Auf andere Tragwerkgebilde (Ausleger, Torgerüste u. a.) sind die Ausführungen sinngemäß zu übertragen. Die Hauptträger werden je nach Größe der Tragkraft (Q) und der Spannweite (L) des Kranes als Vollwandträger (I-Träger und Blechträger) oder als Fachwerkträger ausgebildet.

a) Vollwandträger.

Vollwandträger aus St 37 werden — auch bei größeren Spannweiten als bisher — allgemein geschweißt ausgeführt.

St 52, der in Rücksicht auf Gewichtsersparnis verwendet wird, hat den Nachteil, daß die Dauerfestigkeit (Ursprungsfestigkeit) der Schweißverbindungen nicht wesentlich höher ist als bei St 37, auch treten bei nicht geeigneter Legierung des Werkstoffs leicht Härterisse auf, die das Tragwerk schädigen[1]. Das Schweißen von Vollwandträgern aus St 52 ist daher auf Krane mit nicht zu hoher Belastungshäufigkeit (Lastspielzahl), kleiner bezogener Belastung (die Last ist meist kleiner als die Höchstlast) und gewöhnlichen Stößen (DIN 120 S. 4) zu beschränken. Beispiele: Maschinenhaus- und Werkstättenlaufkrane. Die Träger von Kranen mit hoher Belastungshäufigkeit, großer bezogener Belastung und starken Stößen (z. B. Hüttenwerkskrane, die Tag und Nacht arbeiten) sind dagegen in Rücksicht auf Betriebssicherheit und Lebensdauer zu nieten.

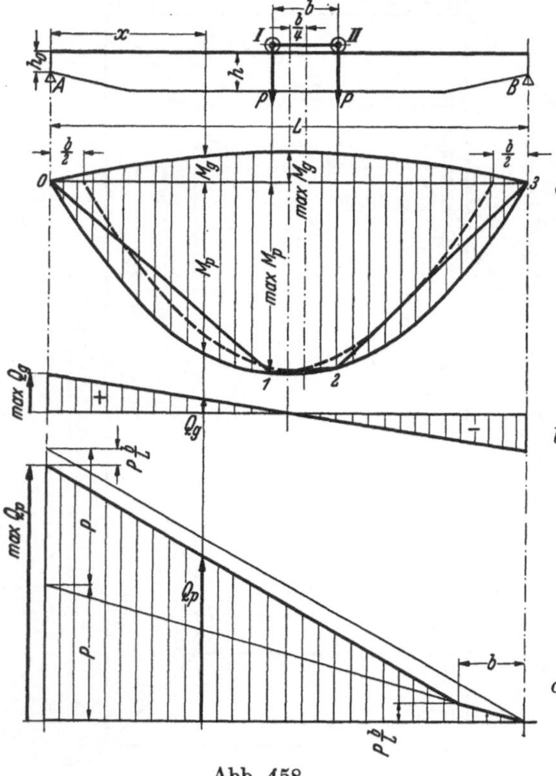

Abb. 458.

1. Zulässige Durchbiegung, Trägheitsmomente.

Für die Bemessung der Vollwandträger ist in Rücksicht auf einen einwandfreien Betrieb die zulässige Durchbiegung unter dem Einfluß der Verkehrslast maßgebend. Aus der Durchbiegung wird das erforderliche Trägheitsmoment bestimmt[2].

2. Biegemomente und Querkräfte. Sie werden in bekannter Weise berechnet und zeichnerisch dargestellt (Abb. 458).

Abb. 458. Biegemomente und Querkräfte des Vollwandträgers.
a Momente aus ständiger Last (M_g) und Verkehrslast (M_p); *b* Querkraftlinie aus der ständigen Last (Q_g); *c* Querkraftlinie aus der Verkehrslast (Q_p).
0—1—2—3 Momentenlinie M_p für die ungünstigste Laststellung (Mitte Katze um $b/4$ außerhalb der Kranmitte).

[1] Schäden an geschweißten vollwandigen Straßen- und Eisenbahnbrücken s. Schaper: Der hochwertige Baustahl St 52 im Bauwesen. Die Bautechnik 1938 S. 649.

[2] Dubbel: Taschenbuch f. d. Maschinenbau, 6. Aufl., II. Bd., S. 529. Berlin: Julius Springer 1935.

3. Querschnittsbildung. Nach Berechnung des erforderlichen Trägheitsmomentes wird der Trägerquerschnitt angenommen (Abb. 459—469).

Abb. 459 bis 461: I-Träger mit aufgeschweißter Flachstahl- bzw. Breitfußschiene. Durch Aufschweißen einer Gurtplatte am unteren Trägerflansch (Abb. 461) wird der Faserabstand e_1 in Abb. 460 verkleinert und die Zugspannung im Untergurt vermindert. Wahl der Gurtplattendicke in Abb. 461 zweckmäßig derart, daß die Faserabstände e_1 und e_2 gleich werden.

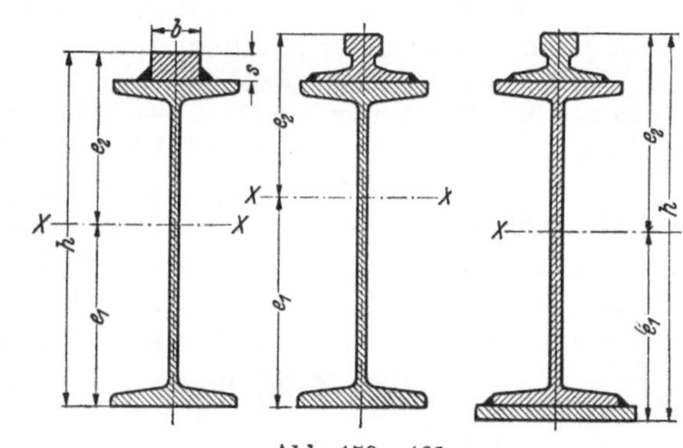

Abb. 459—461.

Abb. 462: Verjüngung der Höhe h eines I-Trägers auf die Endhöhe h_0. Aus dem Steg des Trägers wird ein keilförmiges Stück autogen herausgeschnitten, der Untergurt wird passend abgebogen und mit dem Steg verschweißt.

Ist bei größerer Tragkraft und Spannweite des Kranes ein I-Träger (oder ein P-Träger) nicht mehr ausreichend, dann führt man den Hauptträger als geschweißten Blechträger (Abb. 463—469) oder als Fachwerkträger (s. S. 119) aus.

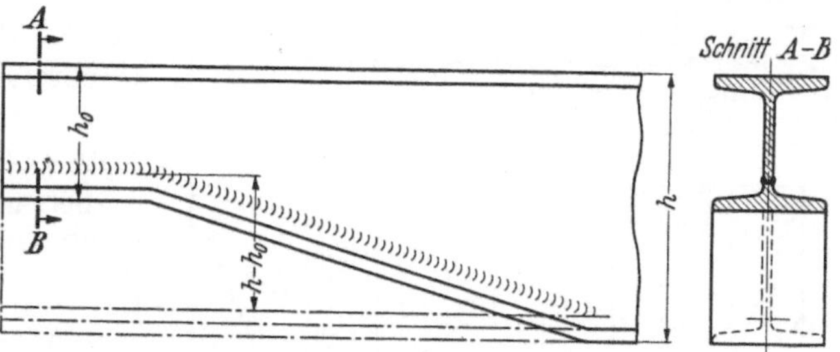

Abb. 462.
Querschnittsverjüngung bei einem I-Träger.

Abb. 463. Blechträger mit aufgeschraubter Breitfußschiene. Vorzüge: Auswechselbare Schiene und symmetrischer Querschnitt. Stegblechdicke: $s = 8$ bis 12 mm; Gurtplattendicke: $s_1 = 15$ bis 40 mm.

Abb. 464. Blechträger mit aufgeschweißter Flacheisenschiene. Die Plattendicken im Ober- und Untergurt wähle man so, daß man annähernd gleiche Faserabstände (e_1 und e_2) und damit auch annähernd gleiche Biegespannungen σ_1' und σ_2' erhält (Abb. 465.)

Die Halsnähte in Abb. 463 u. 464 werden entweder als Flachnähte oder als Hohlnähte ausgeführt (Abb. 66 bzw. 68 S. 15).

Abb. 466—469. Anschluß der Gurtungen an das Stegblech (Sonderausführungen).

Abb. 466. Union-Nasenprofil; erleichtert den Zusammenbau des Trägers.

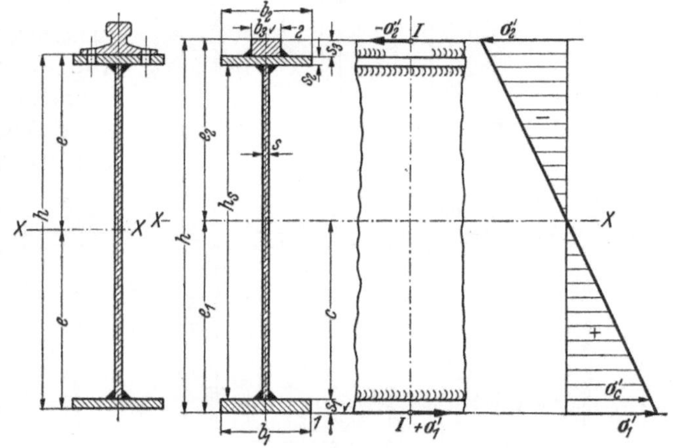

Abb. 463—465.
Querschnittsgestaltung des Vollwandträgers. Schaulinie der Biegespannungen.

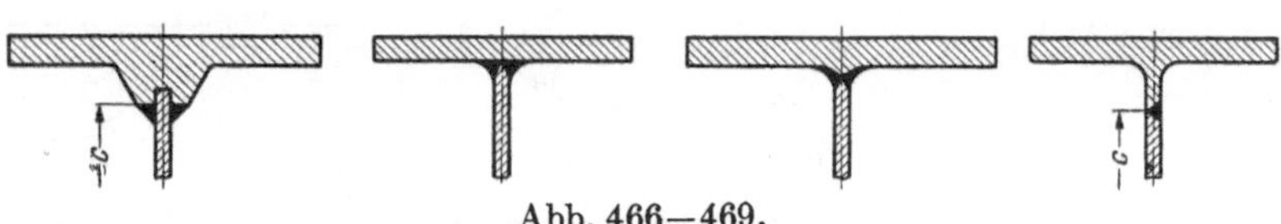

Abb. 466—469.

Abb. 467. Doppelseitige Eckstumpfnaht ohne Fuge (s. auch Abb. 64 S. 14).
Abb. 468. Wulstprofil nach Dörnen.
Abb. 469. ST-Profil nach Krupp.

Bei Abb. 469 ist der Abstand c von der neutralen Faser kleiner als bei Abb. 466—468; Nähte daher weniger beansprucht.

4. Nachweis der Spannungen (Abb. 470—474). Zu berechnen sind:

a) Die größten Biegespannungen in den ungestoßenen und gestoßenen Bauteilen.

b) die Schubspannungen im Stegblech und Stegblechstoß.

c) die Spannungen in der Halsnaht.

Abb. 470. Anordnung der Trägerstöße.
a Momentenlinie und Momentendecklinie. *I—I* Nachweis der Spannungen im ungestoßenen Trägerquerschnitt. *II—II* Gurtplattenstoß (im Zuggurt). *III—III* Nachweis der größten Scherspannung im Stegblech. *IV—IV* Stegblechstoß.

Abb. 471—474. Gurtplattenstoß; größte Scherspannung im Stegblech; Stegblechstoß.

Abb. 475. Schrägstoß der Gurtplatten mit Sicherung nach Dörnen (Briefmarken).

Zu a. Man ermittle die größten Momente M_I, M_{II} usw. in den Schnitten *I—I*, *II—II* usw. Abb. 470. Aus $M = \varphi\, M_g + \psi\, M_p$ ergeben sich die gedachten (erhöhten) Spannungen σ_I (Zuggurt) und σ_{II} (Druckgurt) nach den Gleichungen:

$$\sigma_I = +\gamma/\alpha \cdot M/W_1 \text{ und } \sigma_{II} = -\gamma/\alpha \cdot M/W_2 \ldots \text{kg/cm}^2 \qquad \text{(I)}^1$$

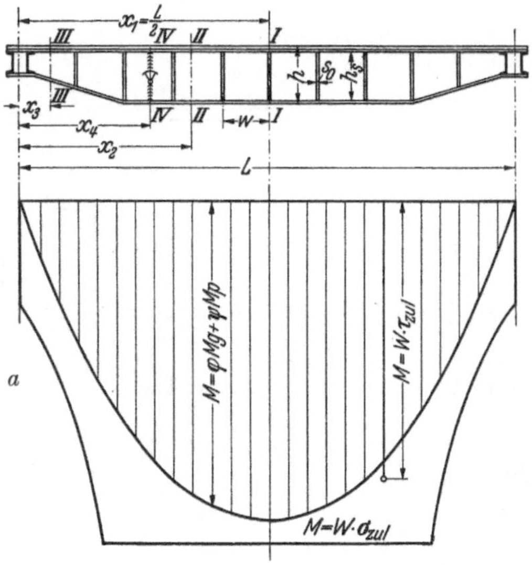

Dabei ist $W_1 = J_x/e_1$, $W_2 = J_x/e_2$. Schaulinie der Biegespannungen s. Abb. 465. Bei St 37 und Belastungsfall 1 muß das so berechnete $\sigma \leq 1400$ kg/cm² sein. Beiwert γ nach Abb. 456; Beiwert α nach Abb. 457.

Bei ungestoßenen Bauteilen, z. B. Mittelschnitt *I—I*, Abb. 470 ist $\alpha = 1$, Schaulinie *Ia* u. *Ib*, bei gestoßenen Bauteilen, z. B. Gurtstoß (Abb. 471), Schnitt *II—II* (Abb. 470), Wurzel nachgeschweißt, ist $\alpha = 0{,}8$. — Schrägstoß siehe Abb. 475. Zugspannung σ_c in der Halsnaht, im Abstand c von der Neutralfaser, siehe Abb. 465.

Abb. 470.

Zu b. Die Schubspannungen werden aus der größten Querkraft $Q = \varphi Q_g + \psi Q_p$, Abb. 458b und c S. 116 ermittelt. Z. B. Schnitt *III—III* im Abstand x_3 vom Auflager, Abb. 470 (größter Wert von Q und kleinste Stegblechhöhe h_s, daher größte Beanspruchung).

Nachweis der größten Schubspannung im Stegblech:

1. Querkraft Q wird von Steg und Gurtung übernommen:

τ (in der Neutralfaser)

$$= \frac{\gamma}{\alpha} \cdot \frac{Q \cdot M_{ST}}{J_x \cdot s} \leq \sigma_{zul} \cdot \qquad \text{(II)}$$

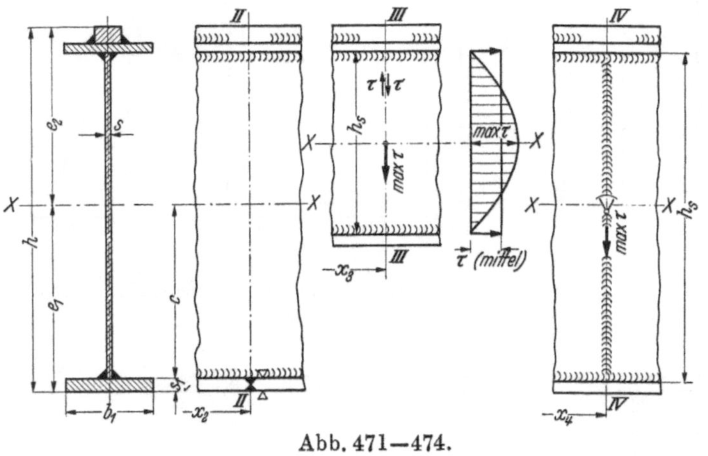

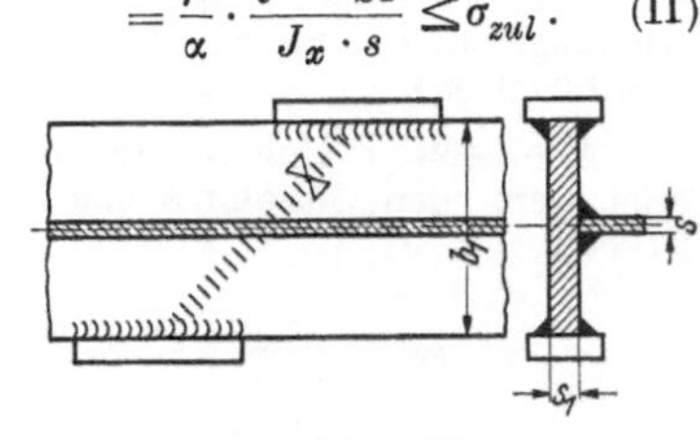

Abb. 471—474.

Abb. 475.

M_{ST} = statisches Moment der halben Trägerfläche, bezogen auf Achse *X—X*, Abb. 472.

α (für ungestoßenes Blech, Schnitt *III—III*) = 0,8[2];
α (für den Stoß, Abb. 474, Schnitt *IV—IV*) = 0,65.

[1] Nach Seite 34 ist $M/W = 1/V \cdot c_1 \cdot c_2 \cdot c_3 \cdot \sigma_{nG}$; nach obiger Gleichung I ist $\dfrac{\varphi\, M_g + \psi\, M_p}{W} = \dfrac{\alpha}{\gamma} \cdot 1400$. Der grundsätzliche Unterschied liegt also in der Deutung der Beiwerte.

2. Näherungsweise Berechnung unter der Annahme, daß das ungestoßene Stegblech allein die Querkraft aufnimmt (Abb. 472):

$$\tau_{\text{mittel}} = \frac{\gamma}{\alpha} \cdot \frac{Q}{h_s \cdot s} \text{ und } \max \tau \approx 1{,}5\, \tau_{\text{mittel}} \leqq \sigma_{zul} \text{ (Abb. 473).} \qquad \text{(III)}$$

Zu c. Haupt- oder Halsnaht. Abb. 463 u. 464 S. 117.

1. Berechnung auf Schub:

Schubspannung τ_c nach Gleichung (II) mit M_{ST} = statisches Moment der unteren Gurtung. Für Nahtdicke $a < s/2$ ist die Kehlnaht nachzurechnen und in Gleichung II statt s der Wert $2a$ zu setzen.

2. Nachrechnung auf zusammengesetzte Festigkeit:

Vergleichsspannung $\sigma_v = 1/\alpha \cdot (\sigma_c'/2 + 1/2\sqrt{\sigma_c'^2 + 4\,\tau_c'^2}) \leq 1400$. σ_c' und τ_c' sind die in der Naht herrschenden, nicht mit dem Formwert α multiplizierten Teilspannungen;

also $\sigma_c = M \cdot c\,/J_x$ und $\tau_c' \approx Q\, M_{ST}/J_x \cdot s$ ... (s. Gleichung I u. II).

Trägeraussteifungen (Abb. 476).

Kleinste Nahtdicke $a = 3$ mm. Die Aussteifungen dürfen an Druckgurtungen unmittelbar angeschweißt werden (Abb. 476, oben). An Gurtungen, die Zug aufnehmen, werden die Spannungen durch die quer zum Gurt laufenden Nähte N, Abb. 476 unten links wesentlich erhöht. Ist dies unzulässig, so sind zwischen Zuggurt und Aussteifung Plättchen a scharf einzupassen, die mit der Aussteifung, aber nicht mit der Gurtung verschweißt werden dürfen (Abb. 476, unten rechts). Die Aussteifungen sind so auszuschneiden, daß die Hauptnähte zwischen Stegblech und Gurtung frei bleiben und der Untersuchung zugänglich sind. Bei $w > 1{,}3$ m (Abb. 470 S. 118) sind die verwendeten Träger auf Ausbeulen zu untersuchen.

Berechnungsbeispiel eines geschweißten vollwandigen Laufkranträgers nach DIN 120 und dem α—γ-Verfahren von Kommerell siehe: Fördertechnik 1938 S. 124 u. 144.

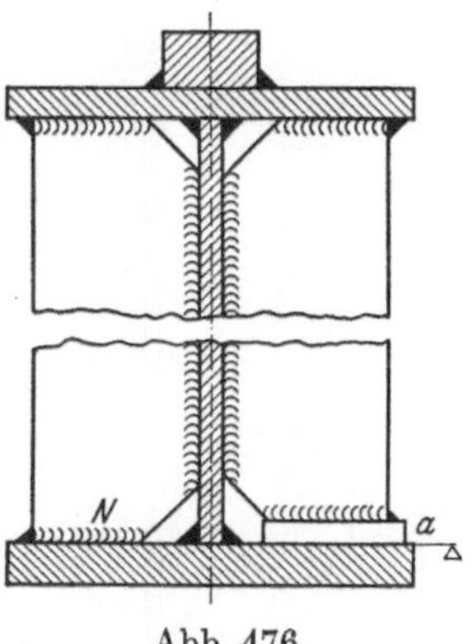

Abb. 476. Aussteifung der Träger.

b) Fachwerkträger.

Seit dem Eindringen der Schweißtechnik in den Kranbau sind zahlreiche Stahltragwerke in Fachwerkbauart (Träger, Torgerüste, Verladebrücken und Drehkranausleger), sowohl in St 37, wie auch zur Gewichtsersparnis in St 52 hergestellt worden [1]. Manche dieser Krane haben schon eine längere Betriebsdauer hinter sich und haben hinsichtlich der Schweißkonstruktionen bisher keine wesentlichen Beanstandungen ergeben.

Trotzdem gibt man in neuerer Zeit, auch bei Trägern mit größerer Spannweite oft dem Vollwandträger den Vorzug, obwohl der Fachwerkträger bei größeren Spannweiten wesentlich leichter ist.

Dies ist wohl darauf zurückzuführen, daß die „Dauerfestigkeitsversuche mit Schweißverbindungen" des Fachausschusses für Schweißtechnik (s. Anm. 2 S. 21) verhältnismäßig geringe Dauerfestigkeiten für Flanken- und Stirnkehlnähte ergeben haben (s. S. 24). Es treten an den Enden der Nähte hohe Spannungsschwellen auf, die sich nur durch örtliches Nachgeben des Werkstoffes teilweise abbauen lassen. Um dies zu erreichen muß die Schweiße gut verformbar sein und eine Mindestdehnung von 15% haben. Auch müssen die Nähte an der Wurzel gut vorgeschweißt sein. Eine Erhöhung der Dauerfestigkeit der Flankennahtanschlüsse wird dadurch erreicht, daß die kritischen Kraterenden abgefräst werden.

Versuche an einem geschweißten Fachwerkträger aus St 37 [2]) haben ebenfalls geringe Dauerfestigkeitswerte für die Anschlüsse der Füllungsstäbe, insbesondere der Zugdiagonalen ergeben.

Das Schweißen der Fachwerkträger der Laufkrane mache man, ebenso wie bei den Vollwandträgern, von der Betriebsart der Krane abhängig (s. S. 116).

Von dem Schweißen der Fachwerkträger ist bei mittlerer und hoher stündlicher Lastspielezahl aus den bereits genannten Gründen vorläufig Abstand zu nehmen.

---

[1] Geschweißter 30 t-Turmdrehkran. Arcos-Zeitschrift 1934 S. 1152. — Laufkran von 5 t Tragkraft und 19,5 m Spannweite. Desgl. 1936 S. 1527. — Geschweißter 20 t-Drehkran. Desgl. 1937 S. 1717.

[2] Mortada: Beitrag zur Untersuchung der Fachwerke aus geschweißtem Stahl- und Eisenbeton unter statischen Dauerbeanspruchungen. Eidg. Mat.-Prüf.-Inst. ETH Zürich, Bericht Nr. 103. Zürich 1936.

Wesentlich für das Schweißen der Fachwerkträger sind ein schweißgerechtes System und eine richtige Ausbildung der Schweißanschlüsse der Füllungsstäbe.

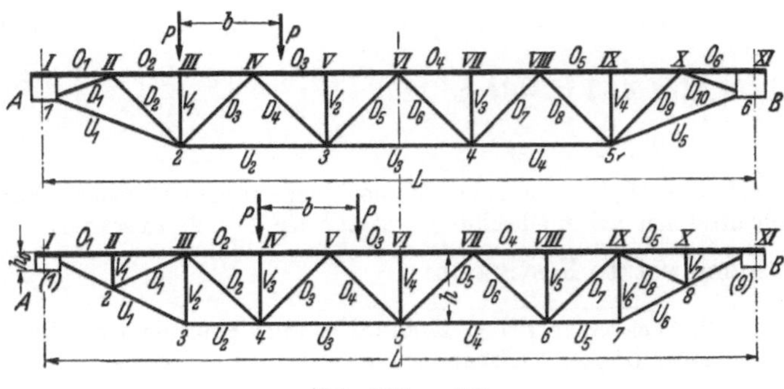

Abb. 477 u. 478.

Abb. 477. Trägersystem, bei dem sich die Schweißnähte, z. B. bei den Untergurtknoten 3 und 5 anhäufen und zusätzliche Spannungen durch Wärmewirkungen auftreten. Bei genieteten Kranen allgemein angewendetes System.

Abb. 478. Schweißgerechtes Trägersystem.

1. Querschnittsbildung. Die Stabkräfte werden in bekannter Weise (durch Cremonapläne, Einflußlinien usw.) ermittelt.

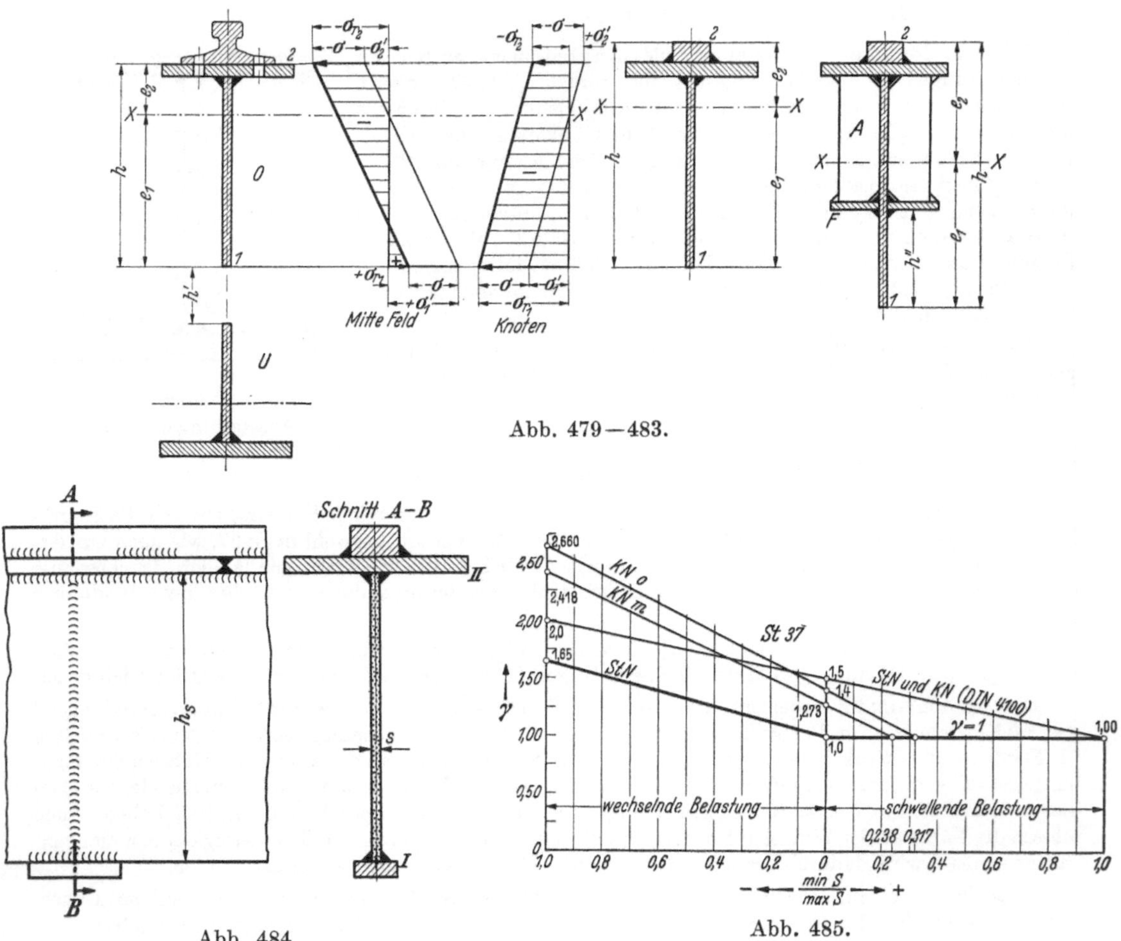

Abb. 479—483.

Abb. 484.

Abb. 485.

Der Obergurt erhält Druck (aus ständiger Last und Verkehrslast) und Biegung durch die Raddrücke P—P der Laufkatze (Abb. 478). Querschnittsform nach Abb. 479 bis 483.

Abb. 479—483. Gestaltung des Ober- und Untergurts. Spannungsschaulinien zum Obergurt (Abb. 480 u. 481).

Abb. 479: T-förmiger Querschnitt mit aufgeschraubter Breitfußschiene. Vorzug: Auswechselbarkeit der Schiene. Nachteil: Erhöhung des Trägergewichtes.

Abb. 482: Desgl. mit aufgeschweißter Flachstahlschiene. Der untere Faserabstand e_1 wird größer und damit auch die Biegespannung.

Abb. 483. Verkleinern von e_1 durch Anschweißen von Flachstahl F (A = Aussteifung). Höhe h'' muß für die Schweißanschlüsse ausreichen (Ausführung der MAN.).

Werden statt der geschweißten Profile (Abb. 479 u. 482) ½ I-Profile gewählt, so werden die Halsnähte zwischen Gurtung und Steg gespart, das Trägergewicht wird jedoch erhöht.

Abb. 484. Stegblechstoß des Obergurts.

Gurtplattenstoß entweder normale X-Naht bearbeitet oder Schrägnaht (Abb. 475 S. 118). Dauerfestigkeit gegenüber dem gewöhnlichen Stumpfstoß erhöht ($\sigma_{Ur} = 22$; $\sigma_W = +\,13$ kg/mm²), aber auch höhere Kosten. Der Stoß ist durch seitlich angeschweißten Flachstahl (Briefmarken) gesichert.

Der Untergurt erhält nur Zug. Querschnitt zwischen Knoten 3 und 7 (Abb. 478 S. 120) ebenfalls T-förmig (Abb. 479 unten).

Die Stegblechhöhe wird nur so groß angenommen, als es der Anschluß der Füllungsstäbe (Vertikale und Diagonale) erfordert.

Abb. 485 Schwingbeiwerte γ der Schweißanschlüsse für St 37.
StN = Stumpfnähte; *KN* = Kehlnähte; *KNo* = Kehlnähte ohne, *KNm* = Kehlnähte mit Anfräsen.

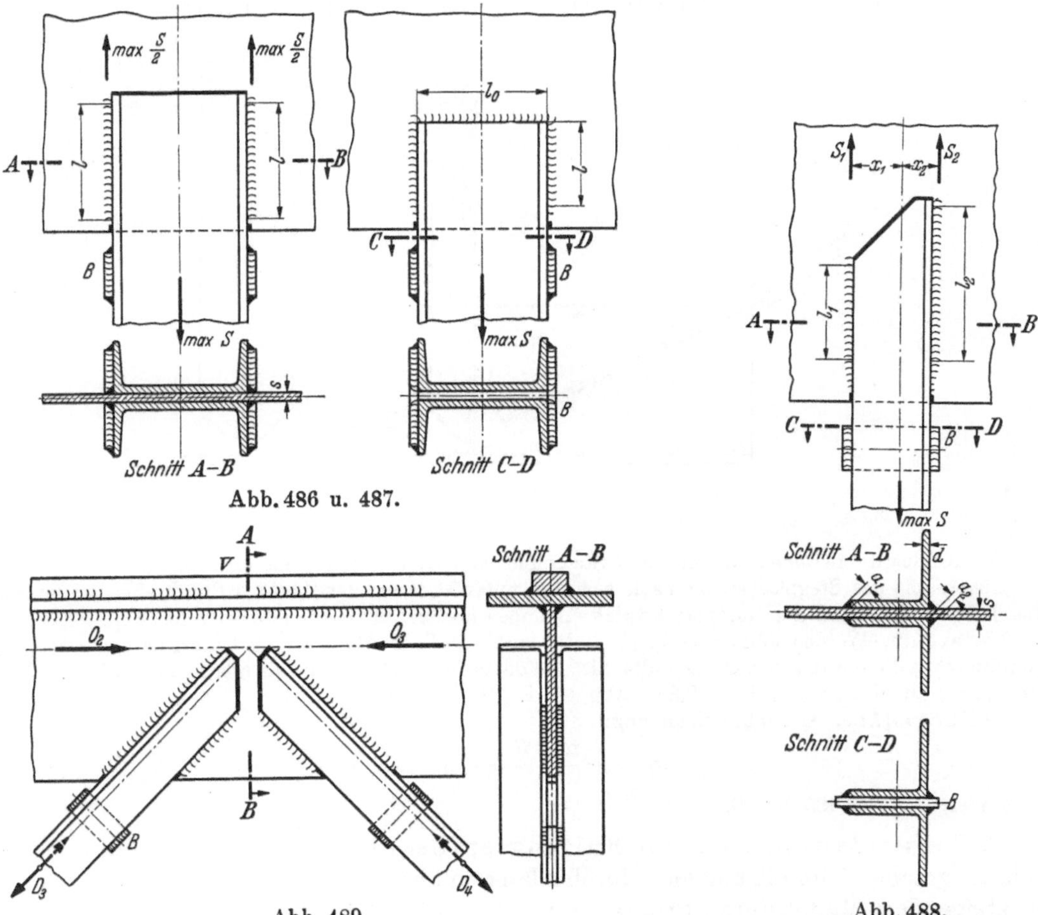

Abb. 486 u. 487.

Abb. 489.

Abb. 488.

Die Füllungsstäbe (Vertikale und Diagonale, Abb. 478) wurden bisher — aus Mangel an schweißgerechten Profilen — meist aus zwei ∟-Eisen (Abb. 488), zwei ⊥-Eisen, oder zwei [-Eisen (Abb. 486) gebildet und durch Flankennähte an die Stegbleche des Ober- und Untergurts angeschlossen. Wegen der geringen Dauerfestigkeit dieser Flankennahtanschlüsse geht das Bestreben dahin, die Füllungsstäbe mit entsprechendem Querschnitt durch Stumpf- und Flankennähte anzuschließen (Abb. 491 S. 123).

Abb. 486 u. 487. Schweißanschlüsse von zwei [-Eisen.

Abb. 486. Anschluß mit Flankennähten; Abb. 487. Desgl. mit Flanken- und Stirnnähten. B = Bindebleche; Erhöhung der Dauerfestigkeit durch Anfräsen der Endkrater.

Abb. 488. Anschluß von zwei ∟-Eisen. B = Bindeblech.

2. Spannungsermittlung. Für den auf Druck und Biegung beanspruchten Obergurt ist der Querschnitt nach Abb. 479 bzw. 482 schätzungsweise anzunehmen. Er ist mit der größten Stabkraft $\max S = \varphi\, S_g + \psi\, S_p$ und den Momenten M_M (Obergurt, Feldmitte, unter dem Rad) und M_K (über dem benachbarten Knoten unter Einsetzen der Ausgleichzahl ψ nachzurechnen. Für die Füllungsstäbe und den auf Zug beanspruchten Untergurt wird der erforderliche Querschnitt $F_{\text{erf}} = \gamma \cdot \max S/\sigma_{\text{zul}}$. (Für Zug- oder Druckstäbe, Schwellbereich, ist $\gamma = 1$, für wechselnd beanspruchte Stäbe (z. B. D_2, D_3, D_4 ...) ist γ aus Abb. 456 S. 115 zu entnehmen. Die auf Druck beanspruchten Stäbe und ihre Bindebleche sind auf Knickung nachzurechnen (ω = Verfahren).

Obergurt. Die aus der Stabkraft max S erhaltene Druckspannung $-\sigma$ und die aus dem Mittenmoment M_m bzw. dem Knotenmoment M_K berechneten Biegespannungen $+\sigma_1'$ und $-\sigma_2'$ bzw. $-\sigma_1'$ und $+\sigma_2'$ werden zu resultierenden Spannungen σ_{r_1} und σ_{r_2} zusammengesetzt (Abb. 480 bzw. 481). Der Größtwert $-\sigma_{r_1}$ am Knoten unten (Abb. 481) wird der zulässigen Spannung (σ_{zul}) gegenübergestellt.

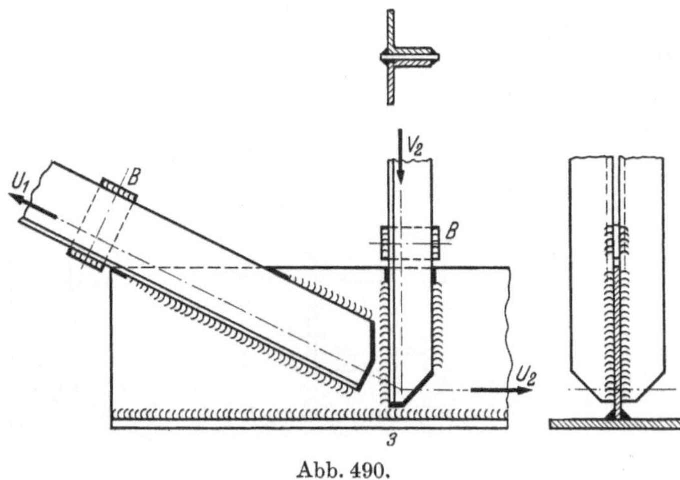

Abb. 490.

Die Kehlnähte zwischen Gurtung und Steg sind nach Gl. (II) S. 118 nachzurechnen.

Ausbildung des Stegblechstoßes nach Abb. 484 unter Deckung der Zugfaser durch eine Briefmarke (nach Dörnen). Stoß der Gurtplatte durch eine oben und unten bearbeitete X-Naht (Abb. 484).

Untergurt. Werden Füllungsstäbe (z. B. die Vertikale V_2 in Abb. 491) am Untergurt angeschweißt, so schwächen diese Nähte den Querschnitt. Sie sind daher für den Untergurt als Stirnnähte zu betrachten, für die bei Zug die Formzahl $\alpha = 0{,}8$ (s. Abb. 457 S. 115) einzusetzen ist.

Füllungsstäbe. Gedachte Spannung:

$$\sigma_I = \gamma \cdot \frac{\max S}{F} = \sigma_{\text{zul}}.$$

γ-Werte s. Abb. 485 S. 120.

3. Schweißanschlüsse der Füllungsstäbe (Abb. 486—491). Der Schweißanschluß geschieht im allgemeinen durch Flankennähte (Abb. 486—490), seltener (aber in steigendem Maße) durch Stumpfnähte (Abb. 491). Bei kurzem Schweißanschluß werden die Flankennähte noch durch Stirnnähte ergänzt (Abb. 487).

Der erforderliche Querschnitt des Schweißanschlusses ist bei Flanken- und Stirnnähten:

$$F_{\text{Schw}} = \Sigma(a \cdot l) = \frac{\gamma}{\alpha} \cdot \frac{\max S}{\sigma_{\text{zul}}} = \frac{\gamma}{\alpha} \cdot \frac{\varphi\, S_g + \psi\, S_p}{\sigma_{\text{zul}}} \ldots \text{cm}^2.$$

Beiwert γ nach Abb. 485 S. 120; Formzahl $\alpha = 0{,}65$ (s. auch S. 24).

Mindestnahtdicke für tragende Kehlnähte: $a = 4$ mm. Für den Anschluß eines Winkeleisens mit der Schenkeldicke d an ein Stegblech mit der Dicke $s > d$ ist $a_1 \leq 0{,}7\, d$ und $a_2 > a_1$. Siehe Abb. 488.

Um eine Schwächung des Stegbleches zu vermeiden, dürfen die Flankennähte erst hinter der Stegblechkante beginnen. Anschluß mit abgefrästen Nahtenden erhöht die Dauerfestigkeit.

Die Stellen des Schweißanschlusses, an denen keine tragenden Nähte angeordnet sind, erhalten schwache Decknähte, durch die das Eindringen von Feuchtigkeit in den Schweißanschluß vermieden wird (in den Abb. 486—490 durch starke Striche gekennzeichnet).

Die Schwerlinien sollen mit den Netzlinien des Systems zusammenfallen. Kleine Abweichungen sind zulässig.

Bei symmetrischen Stäben, z. B. Abb. 486 wird die Stabkraft von den beiden linken und rechten Nähten zu gleichen Teilen aufgenommen. Bei einem Stabquerschnitt mit zwei Winkeleisen (Abb. 488) ist die Kraftübertragung unsymmetrisch.

Mit den tragenden Nahtdicken a_1 und a_2 sind die erforderlichen Nahtlängen:

$$\Sigma l_1 = F_{\text{Schw}} \cdot \frac{x_2}{(x_1 + x_2) \cdot a_1}; \quad \Sigma l_2 = F_{\text{Schw}} \cdot \frac{x_1}{(x_1 + x_2) \cdot a_2} \ldots cm$$

Die Bindebleche (B in Abb. 486—490) sind an den Stabenden und mindestens in den Drittelpunkten der Gesamtknicklänge vorzusehen.

Berechnung s. DIN 120 S. 11.

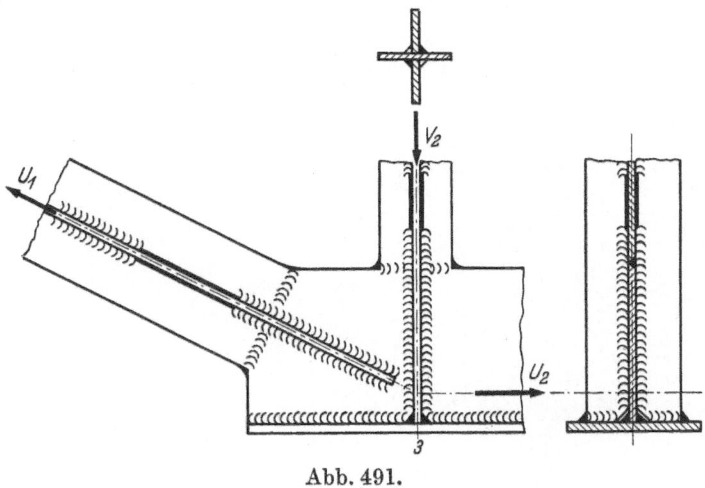

Abb. 491.

Abb. 489 u. 490 zeigen die Ausführung der Stabanschlüsse mit Flankennähten bei einem Träger mit dem System Abb. 478 S. 120.

Abb. 489. Obergurtknoten V mit den angeschlossenen Diagonalen D_3 und D_4.

Abb. 490. Untergurtknoten 3 mit den Anschlußstäben U_1 und V_2. Die Kraft max S verteilt sich ungleichmäßig auf die Nähte. Mit den Bezeichnungen der Abb. 488, S. 121 ist

$$S_1 = \max S \cdot \frac{x_2}{x_1 + x_2} \text{ und } S_2 = \max S \cdot \frac{x_1}{x_1 + x_2}.$$

In Abb. 491 sind die Stäbe U_1 und V_2 durch Stumpf- und Flankennähte an den Untergurt angeschlossen. Die Belastung der Stumpfnähte ist durch die zulässige Beanspruchung (Schaulinie *II a* und *II b* in Abb. 457) festgelegt. Für Zug (Stab U_1) ist $\alpha = 0{,}8$, für Druck (Stab V_2) ist $\alpha = 1$. Der Rest der Beanspruchung des Schweißanschlusses entfällt auf die Flankennähte ($\alpha = 0{,}65$).

Schrifttum.

Gehler: Die Grundlagen für die Dauerfestigkeit geschweißter Stabverbindungen und spröder Stoffe im allgemeinen. Wissensch. Abh. d. Deutsch. Materialprüfungsanst. 1. Folge, Heft 2, S. 1. — Graf: Über Erkenntnisse, welche bei der Gestaltung der Schweißverbindungen im Stahlbau zu berücksichtigen sind. Desgl. S. 19. — vom Ende: Bemerkungen zur Dauerfestigkeit geschweißter Stabanschlüsse an Fachwerkträgern im Kranbau. Desgl. S. 41. — Volk, C.: Dauerfestigkeit und Belastungsgrenze geschweißter Proben. Elektroschweißg. Bd. 10 (1939) S. 54. — Maier: Schweißen im Kranbau. Schorsch-Mitt. 1938 S. 217. — Geschweißter 40 t-Laufkran in Rahmenkonstruktion (Spannweite: 20,7 m; Breite: 6,0 m; Gewicht der Katze: 12 t; Gesamtgewicht des Kranes: 50 t). Desgl. S. 263.